우리, 마을만들기

우리, 마을만들기

'Ma-eul-man-deul-gi'(community design) - Korean experiences

초판 1쇄 펴낸날 2012년 6월 4일
초판 3쇄 펴낸날 2014년 10월 15일

글쓴이 _ 김기호, 김도년, 김세용, 김은희, 박소현, 박재길, 안현찬, 이영범, 이윤석, 장옥연, 허윤주, 황희연
펴낸이 _ 신현주
펴낸곳 _ 나무도시
신고일 _ 2006년 1월 24일 ‖ 신고번호 제396-2010-000140호
주소 _ 경기도 파주시 조리읍 봉일천리 88-32
전자우편 _ namudosi@chol.com
전화 _ 031-915-3803 ‖ 팩스 _ 031-622-9410
편집 _ 남기준 ‖ 디자인 _ 임경자
필름출력 _ 한결그래픽스 ‖ 인쇄 _ 백산하이테크

ISBN 978-89-94452-16-6 03530

* 파본은 교환하여 드립니다.

정가 19,000원

우리, 마을 만들기

12인의 전문가가 국내사례를 통해 살펴본
마을만들기의 현황과 전망!
우리의 마을만들기 어떻게 해야 할까?

김기호
김도년
김세용
김은희
박소현
박재길
안현찬
이영범
이윤석
장옥연
허윤주
황희연
지 음

나무도시

마을만들기
- 도시계획을 넘어서

마을만들기를 마치 기존의 도시계획¹을 좀 더 참여적으로 추진하는 것이라고 생각하는 경향이 있다. 물론 관점에 따라서 전혀 틀린 말은 아닐 수 있다. 그렇지만 마을만들기가 함의하고 있는 다양성을 충실히 드러내는 데에는 부족한 것이 사실이다. 마을만들기라는 말이 '마을+만들기'의 단순한 조합으로 보여, '마을'이라는 물리적 실체를 이럭저럭 물리적으로 '만들어'가는 것처럼 생각하는 사람들이 많아서 생기는 오해가 아닐 수 없다. 마을만들기는 이보다는 더 폭넓은 개념으로 바라보아야 한다. 무엇보다 마을만들기의 중심에는 물리적 공간에 대한 관심보다 오히려 (마을)사람들의 관계에 대한 관심이 큰 비중을 차지하고 있다. 어쩌면 물리적 환경의 개선이나 기타 과제의 해결은 사람들의 관계 형성을 위한 도구라고 볼 수 있을 정도이다. 이 같은 개념의 설정은 지속가능한 마을만들기를 위해서도 유용한 것으로서, 물리적 환경은 누구나 만들 수 있고 쉽게 변화시킬 수 있지만 도시 내 사람들 사이의 관계는 참으로 만들어지기 쉽지 않지만 일단 끈끈한 유대가 형성되고 나면 지속적일 수 있기 때문이다.

그럼에도 사람들의 삶이 기본적으로 공간을 바탕으로 이루어지기에, 공간환경의 조성이나 개선 등은 사실 마을만들기와 구별하여 생각하기 어려운 경우가

---

1 제도권에서는 흔히 도시계획을 도시시설계획, 용도지역지구계획, 도시개발사업계획 등의 3가지로 이해해 왔다. 법규에서도 이러한 3가지에 대한 사항들이 주류를 이루어 왔다.

많다. 또 이런 이유 때문에 수많은 도시계획이나 건축 또는 조경 관련 전문가들이 마을만들기에 관심을 갖고 참여하고 있는 것이 사실이다. 이렇게 보면 기존의 도시계획이 마을만들기의 중요 특성 중 하나인 주민들의 참여를 새로운 도시계획의 기회요소로 본 것은 무리가 아니며, 이런 식의 도시계획적 마을만들기를 가볍게 볼 것도 아니라는 생각이 든다. 어쨌거나 도시계획은 주민참여라는 마을만들기의 중요방식을 채용함으로써 궁극적으로 관계형성으로서의 마을만들기를 구체적으로 실천하기도 하고, 나아가 이에 기여하고 있기 때문이다.

우리나라는 지난 50여 년간 산업화와 민주화를 동시에 이룬 세계의 유일한 나라라고 일컬어진다. 그러나 우리에게는 아직도 갈 길이 멀다. 특히, 민주화 부문에서는 더욱 그러하다. 도시계획이 시민의 손으로 돌아오지 않는 한, 진정한 민주화는 아직 멀리 있다고 할 수 있다. 우리 사회 민주화의 큰 상징 중 하나가 바로 지방자치라고 할 수 있다. 자치단체는 모두 계획고권計劃高權Planungshoheit이라고 하는 계획의 권리를 부여 받는다. 이렇게 주어진 권리를 지방에서 누가 행사하고, 누릴 것이냐는 각 지방의 사정에 따라 다를 수 있으나, 어느 경우에서든 주민이 그 권리의 행사에서 소홀히 취급되어서는 안 된다는 것은 자명하다. 그러기에 지방자치를 통한 민주주의의 실천과 경험의 중요한 도구가 바로 도시계획이라고 할 수 있다. 그러나 아직도 이 도구는 자치단체 행정의 손을 떠나지 못하고 있다. 시민과 주민들은 아직도 국외자이다. 주민들은 여전히 행정의 시혜를 입어야 하는 대상으로 여겨지고 있다. 이런 식으로 교육된 시민들은 자신들의 삶의 환경을 으레 남들이 만들어서 그들에게 주는 것으로 여기게 되고, 자신들이 할 일은 시시때때로 민원이나 제기하는 것이라는 소극적인 자세를 갖게 된다. 그러나 이렇게 만들어진 도시환경의 주인은 그 누구도 아닌 바로 주민이다. 때문에 주민은 주인으로서의 권리와 함께 주인으로서의 역할과 책임을 좀더 적극적으로 가져야 한다. 즉, 주민이 도시환경 창조의 주체가 되어야 하는 것이다. 이를 뒷받침하기 위해서는 좀 더 시민과 주민이 참여하고 주체가 되는, 즉 민주주의를 실천하는 도시계획 모델이 필요하다. 여기에 바로 마을만들기를 통한 도시환경 조성이 그 의미를 더해 가는 것이다. 마을만들기는 바로 민주주의 실천의 장이며, 결국 지방자치의 성패를 좌우하는 하나의 잣대가 될 것이다.

『우리, 마을만들기』는 바로 이렇게 주인이 주인으로서 행동하고 권리를 찾은 경험을 해 본 국내의 마을만들기 사례를 바탕으로 꾸려진 책이다. 여기서 '우리'는 우리가 경험해 본 사례라는 의미 이외에 우리가 정리한 내용이라는 의미, 우리의 도시환경에 대한 고민이라는 의미 등 중첩된 뜻을 갖는다. 그동안 도시계획이든 마을만들기든 어떤 과제가 생기면 우선 바다 건너로 시각을 돌려서 그들의 노하우와 경험이 담긴 책을 수입하여 이를 전파하는 것을 최우선적으로 해야 할 일이라고 생각하는 경향이 있었던 것이 사실이다. 또 이런 역할을 하는 사람이 최고의 전문가로 대접받기도 했다. 그러나 이제 우리 사회도 변화하고 주민이 주인이라는 의식이 서서히 자리 잡게 되면서, 우리 땅 곳곳에서도 좀 더 다른 방식의 도시환경 창조와 도시계획, 기존의 도시계획을 넘어서는 다양한 시도들이 현재진행형으로 추진되고 있다. 하지만 안타깝게도 여러 가지 이유²로 이런 우리들의 경험이 개인의 경험으로 그치게 되는 경우가 많아, 귀중한 우리의 자료들이 고스란히 사장되어 왔다. 이 책은 그동안 이렇게 소홀히 취급되고 사장되어버린 우리의 경험을 정리하고 소개하는 것이 절실하다는 바람에서 시작되었다. 마을만들기는 바로 우리가 사는 사회와 마을에 대한 관심과 공부로부터 시작되는 것이기 때문이다.

이 책을 내게 된 다른 하나의 계기를 만드신 분은 강병기 교수님이시다. 벌써 6년 전(2006년) 선생님께서는 일본 측의 와타나베 슌이치 교수 등의 한국 방문을 계기로 한국·대만·일본의 마을만들기 비교연구를 추진하셨다. 그러나, 너무나 뜻밖에도 다음해 여름 바로 우리나라의 마을만들기에 대한 세미나가 서울시정개발연구원에서 열리던 날 사회를 맡으셨던 강선생님의 자리는 끝내 비어 있었고 선생님은 다시는 돌아오지 못하셨다. 리더를 잃은 한국 측의 연구참여자들

---

2 어떤 사람은 책을 내는 것이 별로 수입이 되는 일이 아니기에 전문가들이 책을 펴내는데 관심을 갖지 않는다고 하기도 하고, 또 다른 사람들은 주로 교수인 전문가들에게 책 내는 것이 연구실적으로 크게 인정되지 않는 대학의 교수업적가제도가 문제라고 하기도 한다.

은 너무도 참담하고 혼란스러웠다. 당장 2007년 요코하마에서 열리는 ASCOM(한국·대만·일본 마을만들기 연구자 모임) 국제회의 참가를 걱정해야 했고, 나아가 2008년 서울에서 개최하기로 예정된 국제회의를 어떻게 준비해야 하는가가 과제였다. 선생님의 이름에 누가 되지 않도록 하기 위하여 선생님께서 만들어 주신 '한국 마을만들기 연구회'의 회원들은 서로를 격려하며 예정된 행사들을 추진하였다. 그리고 이러한 협력과 공동연구의 과정은 자연스럽게 우리의 것을 정리하여 책을 내보자는 쪽으로 마음이 모아졌다. 2009년을 목표로 정리 및 집필 작업을 진행하였으나, 그 진행은 여러 가지 사정으로 여의치 못하였으며, 2010년은 거의 휴지기같이 지나가 버렸다. 그래도 희망의 불씨를 되살려 2011년에는 다시 활발하고 구체적인 작업을 진행하여 책에 대한 생각을 시작한 지 5년여 만에 드디어 책을 세상에 내놓게 되었다. 책 출간의 작업에는 젊은 연구진들의 헌신적인 기여가 결정적이었다. 안현찬, 이윤석, 허윤주 등은 스스로의 원고 작업과 함께 다른 사람들의 원고 독촉, 취합, 정리, 출판사와의 협조 등 많은 일들을 스스로 나서 진행해주어 결국 결과물을 만들어 낼 수 있었다. 이 자리를 빌어 깊이 감사드린다.

무려 5년을 끈 지리한 작업을 그래도 물러서거나 포기하지 않고 오늘 여기 책을 출판하기까지 함께 한 필진들께도 감사드린다. 세상의 어떤 것도 성실하고 꾸준한 것을 이길 수 없음을 새삼 느끼게 해준다. 서울의 중심, 광화문에 연구진 모임을 위한 공간을 제공하고 도움을 준 도시연대에도 또한 감사드린다. 도시연대는 우리나라에서 마을만들기에 매우 실천적인 경험과 작업을 쌓아온 단체로서 이 책의 내용과 그 궤를 같이하기에 더욱 뜻깊다고 할 수 있다.

처음에는 같이 출발하였으나, 여러 가지 개인적인 사정으로 이번에는 같이 글을 모으지 못한 여러 동료 마을만들기 전문가들에게 다음번에는 꼭 함께 하자는 약속으로 이 글을 접는다.

2012년 6월
글쓴이들을 대표하여
김기호

차 례

마을만들기는 운동이다

김은희 _ 걷고싶은도시만들기시민연대 사무처장

들어가는 말

마을만들기에 대한 정의는 관련 전문가마다 약간의 차이는 있지만 일상 생활환경 문제를 함께 해결하고 개선해나가는 주민참여 활동을 의미한다. 그리고 과정마다 지속적인 상호학습과 의사소통 과정을 통해 사람과 사람, 사람과 장소, 사람과 사회와의 풍부한 관계만들기를 목표로 한다. 그 속에서 주민자치와 민주주의가 발현되기 때문이다.

마을만들기가 한국 사회에 도입된 배경에 대해 많은 연구자들은 1995년 이후 일본의 마을만들기(마치즈쿠리まちづくり)가 소개되면서 시작되었다고 하는데 일본의 마을만들기를 접하면서 시민운동의 방향을 모색하게 된 것은 사실이지만 한국의 마을만들기 운동은 시민단체들의 다양한 주민참여 활동 경험이 축적되면서 어떻게 운동으로 자리매김할 것인가를 찾아나가는 고민의 결과물이었다.

또한 마을만들기 운동은 다양한 역사적 흐름 속에서 변화과정을 겪었다. 이런 측면에서 필자는 마을만들기를 자생적 마을만들기와 마을만들기 운동, 계획수법으로서 마을만들기로 구분하였으며 마을만들기 운동을 중심으로 글을 전개하고자 한다. 마을만들기를 자생적 마을만들기와 마을만들기 운동, 계획수법으로서 마을만들기로 구분한 이유는 주체에 대한 구분(주민 주도, 시민단체 주도, 행정 주도)과 대상지에 대한 구분(주거지, 상업지, 도시형, 농촌형)으로 나누어 마을만들기에 대해 연구했던 기존의 방식으로는 마을만들기의 변화 흐름과 관계성, 다양한 주체들의 역할과 상호작용, 마을만들기 운동의 역할 등을 규명하기에는 한계가 있다고 판단했기 때문이다.

우리 사회의 주민참여 흐름을 살펴보면 한국 사회의 변화와 성장 속에서 지속과 단절을 반복하면서 이어져왔음을 볼 수 있는데 정주성이 강한 주거형태였던 1970년대에는 주민간의 커뮤니티가 자연스럽게 형성되면서 나름대로 마을규범이 만들어지고 운영되었던 '자생적 마을만들기'가 나타난다. 자생적 마을만들기는 특별한 사례지를 갖고 있지는 않은데 이는 저층 주거지 대부분에서 보여지는 일상의 모습들이기 때문이다. 동대문구 용두동 꽃길골목, 은평구 한양주택, 강동구 천호동 등이 대표적인 사례지로 소개되는 이유는 서울시 푸른마을상을 수상하면서 회자되었기 때문이다.

1990년대에 들어서면서 시민단체들이 중심이 된 다양한 형태의 주민참여 활동들이 시작되었고 본격적으로 '마을만들기 운동'으로 전환되는 시점은 1999년도이다. 걷고싶은도시만들기시민연대(이하 도시연대)의 통학로 개선 활동, 인사동, 북촌, 부평 문화의 거리 등은 일상적인 생활공간에서 주민참여만이 아니라 정책과 결합을 시도하면서 제도화의 토대를 만들어내기도 했다. 대구 YMCA의 삼덕동 골목가꾸기는 가출청소년들을 마을 구성원으로 받아들이면서 담장 허물기, 벽화 조성, 마을축제, 커뮤니티 비즈니스 등 다양한 실험을 지속하고 있다. 부산 희망세상의 반송동은 풀뿌리 주민 활동을 통해 마을환경과 복지, 교육, 느티나무도서관 등 괄목할 만한 성과를 보여주고 있으며 서울 마포구 성미산마을은 주민들에 의해 최초로 공동육아시스템을 만들어 낸 사례지이다.

마을만들기 운동에 대한 가치가 사회화되면서 2000년대부터 행정이나 전문가에 의한 '계획수법으로서 마을만들기'가 시작되고 있다. 하향식 행정방식에서 벗어나 상향식 행정에 대한 모색, 규제가 아니라 지원과 협력이라는 시스템의 필요성을 행정과 전문가들이 인식하기 시작하면서 마을만들기 운동에 내포된 '주민참여'가 도시계획의 새로운 수법으로 적용되기 시작한 것이다. 대표적으로 인사동 지구단위계획, 기성상업지 활성화를 위한 노유거리가꾸기, 북촌가꾸기 기본계획이 2000년도 초반에 시도된 것이며 이후 마을만들기형 지구단위계획(휴먼타운), 경관협정사업 등이 있다.

이처럼 우리나라의 마을만들기는 '자생적 마을만들기', '마을만들기 운동', '계획수법으로서 마을만들기'로 구분될 수 있으며 각각 협력과 갈등을 반복하면서 새로운 전망들을 찾아나가고 있다.

모든 운동은 역사적 흐름 속에서 성장한다[1]

한국전쟁 후 재건을 위한 주민 노력과 국가의 주민 동원

마을재건을 위한 주민들의 자구노력

한국전쟁 후 파괴된 국토 재건 과정에서 국가 행정력 부재와 부족한 정부자원의 한계를 극복하기 위해 주민 스스로 삶터 및 일터를 재건해 나가는 사례들이 나타나기 시작한다. 그러나 이 시기 주민들의 마을재건 활동은 생존을 위한 피할 수 없는 자구노력으로 참여과정의 자발성면에서는 마을만들기와 성격이 맞닿아 있지만 사회적 · 정치적 참여보다는 어쩔 수 없는 필연적 참여였다.

한국전쟁 이후 주민들의 협력 속에서 마을을 재건하고 생활 속의 문제를 해결하기 위해 직접 공동조직을 만들면서 실천방법을 개발하는 등 주민들의 힘과 자원으로 다양한 공동사업을 성공시켜온 대표적인 사례가 경기도 동두천시 봉암리이다. 주민들은 학교, 도로 등 부족한 기반시설을 스스로 조성해나가면서 공동체를 형성하게 된다. 1975년, 마을주민인 조용순 씨는 아이들에게 책을 읽

---

1 본 글 중 '모든 운동은 역사적 흐름 속에서 성장한다'는 허윤주(서울특별시청 기획조정실 주무관)와 함께 논의를 진행하면서 정리한 글임을 밝혀둔다.

봉암리 마을문고

게 해 준다면 도시 아이들과 격차를 줄이는데 도움이 되지 않을까라는 생각에 딸아이가 읽던 책을 마을 아이들에게 빌려주는 120권 규모의 안방문고를 시작했다. 주민들의 일일찻집, 양묘작업, 고물수집 등을 통해 추가 도서자금을 마련하면서 안방문고는 마을문고로 이어졌고 유아들을 위한 장난감도서관도 열게 되었다. 또한 고리채의 비싼 이자에 대응하기 위해 마을 주민 35명은 신우회를 조직하여 7만원의 기금을 모았는데 이후 신용협동조합을 거쳐 새마을금고로 성장했다. 의용소방대 및 자율방범대 등 자치조직 설립, 약수터 정비, 모험놀이터 조성, 어린이집 유치, 봉암리장학회 결성 등 50여 년 동안 다양한 활동을 지속시켰다.

주민협력형 농촌개발정책과 새마을운동

주민들의 자발적 마을복구운동이 확대되면서 한편으로 정부는 농촌지역을 중심으로 주민협력형 지역개발정책에 나서게 되었는데 1958년에는 '지역사회개발사업', 1960년 '시범농촌건설사업'이 시행되다가 1970년대에 새마을운동이 도입되기에 이르렀다.

  새마을운동은 박정희 대통령이 1970년 10월 전국 33,267개 마을에 각각 335포대의 시멘트를 무상으로 지원하여 농촌 주민 스스로 마을환경을 개선하도록 지시한 마을가꾸기 운동의 점화제가 되었다. 초기에는 1,2차 경제개발계획을 추진하는 과정에서 발생한 도시와 농촌간의 현격한 환경 및 소득 격차를 극복하기 위해 환경 개선, 실용기술 보급, 재정 지원 등이 이루어졌는데 1970년대 중반부터 도시와 직장, 공장 등으로 새마을운동이 확산되었다.

새마을운동을 농촌 마을만들기 운동의 출발로 보는 이유는 지역 내부의 인력을 교육하고 조직화하여 주민참여를 이끌어냈다는 점, 정부는 최소한의 자원을 지원하고 주민들이 보다 큰 자원과 비용을 부담했다는 점, 정부가 제시한 환경 개선사업의 범위에서 주민들이 사업을 선택하도록 했다는 점 등이다.

그러나 한편으로는 1971년 대통령선거를 앞두고 공업화의 그늘에서 낙후된 농촌의 지지율을 회복하기 위한 정치적 도구로 출발하였다는 태생적 한계, 절대 권위주의적인 유신정권의 지속을 위한 의도적인 정신개조운동의 일환, 민주적인 과정을 통해 주체화된 주민이 아닌 의식화된 집단의 개체로 양성된 주민들의 강제된 참여와 협력이라는 비판에서 자유롭지는 못하다.

급격한 공업화 · 도시화의 진전에 따른 도시문제 분출과 주민운동

산업단지 주변 주민들의 공해반대운동

1970~80년대에는 과도하게 추진된 공업화정책의 산물로 공해에 대한 피해가 산업단지 주변에서 발생하기 시작한다. 공해로 인해 직접적인 피해를 입은 주민이나 노동자들은 보상을 요구하는 집단행동에 나섰고 경제성장 및 공업화의 현실 아래에서 착취당하는 노동자들을 대변하는 노동운동도 나타나기 시작했다. 그러나 이 당시 한국 사회는 독재정권의 철저한 감시와 탄압하에서 반독재 민주화운동으로 집약되었기 때문에 공해반대운동은 사회적 관심을 받기가 어려웠다.

공해반대운동의 사례로는 1970년대 부산 감천화력발전소나 울산 한국알미늄공장 설립으로 피해를 입은 농민들의 농작물 피해보상 요구, 1980년대 중반 온산지역 비철공장 건설로 인한 바다 오염으로 생계를 잃게 된 어민들의 어업권 보상 및 오염지역으로부터 이주운동 전개 등이다. 그러나 장기간 독재정권을 통해 형성된 경제발전에 대한 과도한 믿음 아래에서 공해문제나 노동착취 주범인 업체들은 오히려 지역의 성장동력으로 인식되었기에 피해자들에 대한 공감은 이루어지기 힘들었고 그 결과 공해반대운동은 지역주민의 지지를 얻은 지역운동으로 결합하거나 사회운동으로 발전하기에는 한계를 가질 수밖에 없었다.

종교단체 중심의 도시빈민운동 확산

급격한 공업화는 농촌인구의 도시유입을 증가시켰는데 도시로 유입된 빈민들은 하천변과 산중턱에 판자촌과 토막촌 등 주거지를 만들어나가기 시작했다. 1960년대 후반부터 판자촌을 철거하고 시민아파트를 짓는 움직임이 시작되었고 1970년대 들어 본격적인 도심재개발이 시행되면서 정주지를 빼앗기고 외곽지역으로 강제이주당하는 철거민들이 사회문제로 부각되었다. 이 과정에서 종교단체가 철거민들의 재정착 지원을 통한 선교활동에 나선 것이 도시빈민운동의 출발이다. 당시 종교단체의 빈민선교활동은 교리의 전파보다는 주민들의 자주적인 행동을 지역문제 해결의 동력으로 보고 가난한 주민들이 스스로를 조직함으로써 자신들의 삶의 수준과 의식을 변화시키도록 돕는 것이었다. 이를 통해 주민들의 재정착과 자립을 돕는 자활운동이었다. 양평동 철거민이 세운 공동체마을 '복음자리', 1980년대 초 목동 철거민들의 '한독주택마을'과 '목화마을' 등이 빈민운동의 주요 사례지이다.

자생적 마을만들기
정주의 안정성과 공동체 형성, 도시개발과 공동체 해체

안정적인 정주성이 보장된 단독주택지에서 마을만들기는 크게 어려운 일이 아니었다. 외부공간으로 쉽게 연결되는 주거 형태, 작고 친밀한 동네 규모, 커뮤니티 공간으로서 골목길, 점진적인 마을의 변화, 마을단위 계모임이나 공동부업, 소유자와 세입자의 자연스러운 공존, 마을어른 존재 등은 1970~80년대의 일상적 모습이었는데 마을 주민들의 친밀한 관계 속에서 서로에 대한 자발적 강제도 가능했다. 단독주거지는 주민들에게 '우리동네' 라는 공동체 의식을 형성시켰으며 이는 주민 스스로 마을환경을 개선하는 동력이기도 했다.

1975년, 서울 관악구 신림동 한 주택가 골목길은 주민들 스스로가 자발적으로 비용을 모아 골목환경을 개선한 곳이다. 20여채 집들이 마주보고 있는 골목길은 동네 아이들의 놀이공간이었는데 몇 명의 주민들이 모여서 골목환경을 개선하자는데 뜻을 모았고 초기 주도 주민들이 절반의 비용을 부담하고 다른 집들은 형편에 맞게 자발적으로 분담하도록 설득하면서 골목환경을 개선한 사례이다. 대부분 10년 이상 거주한 주민들이었기에 서로간의 협력이나 신뢰가 돈독했던 것이 골목환경개선을 가능하게 한 요인이었는데 당시 주도한 어른들의 말을 빌리면 한편으로는 높은 행정 문턱이 주민 스스로 나서게 하는 이유였다고도 한다.

'자생적 마을만들기' 의 대표적인 사례는 서울 동대문구 용두동 꽃길골목과 서울 은평구 한양주택이다. 서울시 동대문구 용두동 작은 골목길은 1985년도에 이사 온 한 주민에 의해 꽃길골목이 만들어진 사례이다. 도시형 한옥이 옹기종기 모여있던 동네에 화초가꾸기가 취미인 주민의 골목 화단가꾸기는 이웃집

용두동 꽃길골목 철거 전 후

으로까지 자연스럽게 퍼져나가 골목길 전체가 꽃길로 조성되었고 골목은 사랑방 역할까지 톡톡히 해냈다. 그리고 1996년 서울시 푸른마을상을 수상하여 상금 300만원으로 주민들은 골목에 장미를 심고 골목잔치를 개최하기도 했다. 이후 인근 골목길 주민들도 자발적으로 꽃길골목을 만들어 내는 등 자연스럽게 확대되면서 마을만들기 우수사례로 자리잡았다. 그러나 2006년 재개발로 인해 흔적도 없이 사라졌으며 20여 년 동안 정을 붙이고 살았던 주민들은 뿔뿔이 흩어졌다.

서울시 은평구 한양주택 역시 25년 동안 주민들이 가꿔 온 곳으로 서울시 아름다운마을상까지 수상했으나 2005년 은평뉴타운사업이 결정되면서 주민들과 시민단체들의 격렬한 반대에도 불구하고 끝내 철거되는 운명을 맞았다.

1970년대 서울시 전체 주택의 88.4%였던 단독주택은 2005년 19.8%로[2] 급감했는데 이처럼 자생적 마을만들기는 전면 철거형 도시재개발사업으로 거의 대부분 와해되고 있다. 흔히 마을만들기를 주민공동체와 동일시하는 견해가 있는데 이는 엄밀하게 말해 '자생적 마을만들기'를 일컫는 것이며 자생적 마을만들기는 안정적인 정주성이 전제되어야 한다. 그러나 현재와 같은 도시공간의 저변을 흔들어버리는 자본의 폭력성 속에서 자생적 마을만들기는 지속성을 갖기가 매우 어려우며 뉴타운 등 재개발에 의해 자생적 마을만들기의 대부분은 초토화된 상태다. 이는 폭력적인 대자본, 주민들을 현혹시키는 정비업체, 부동산을 통한 경제적 이익에 매몰된 주민 등이 함께 결탁한 결과이지만 지역의 성격에 맞는 다양한 개발방식이나 환경정비정책, 주민들의 삶이 녹아있는 커뮤니티를 외면하고 끊임없이 높이를 완화하면서 고층아파트 중심의 물리적 계획에만 치중한 행정의 책임이 가장 크다.

---

2 진희선, "마을만들기와 지구단위계획의 만남", 서울시 살기좋은마을만들기 심포지엄, 2009.

주거형태의 변화와 새로운 공동체문화 출현

무분별한 도시재개발로 한국의 주거형태는 1980년대 후반 들어 급격히 변화했는데 단독, 저층 주거지가 있던 자리는 고층아파트가 대신했으며 이로 인해 전통적인 이웃관계나 마을단위의 커뮤니티 활동들은 사라지게 된다. 그러나 아파트라는 새로운 주거형태는 공동체 활동에 매우 유리한 조건을 갖게 되는데 비슷한 계층의 주민, 아파트 가격 등 공동의 경제적 이해관계, 부대시설의 공유, 부녀회나 입주자 대표회의와 같은 주민조직, 공동관리를 위한 규약 등이 그것이다.

1995년 행정구역 개편에 따라 인천시에 편입된 S아파트는 1998년 12월에 준공되었는데 기반시설 미비로 인한 주민들의 생활불편 해소를 위해 입주자대표회의, 부녀회, 노인회, 통반장 등은 문화와 복지증진에 관심을 갖기 시작했다. 이 과정 속에서 아파트 관리비 운영의 투명화, 부녀회 활동 및 회계에 대한 공개 등이 가장 우선되었으며 회계처리의 투명성 속에서 관리동 빈공간을 활용한 도서실, 문화센터 설립, 단지 내 물리적 환경 정비 등의 활동을 차근차근 실현해 나갈 수 있었고 아파트 마을만들기의 우수사례로 소개되기도 했다. 그러나 2003년도에 들어서면서 집행부 운영을 둘러싼 갈등으로 수많은 우여곡절을 겪기도 했다.

경기도 고양시 P아파트는 사이버공간에서 공동체를 형성하면서 주민들의 가장 절실한 요구였던 초등학교를 유치해 낸 사례이다. 맞벌이 등으로 바쁜 주민들과 소통을 위해 시민단체 도움으로 홈페이지를 개설했는데 인터넷을 통한 소소한 일상사의 공유는 아파트 주변 환경개선에 대한 논의로 확대되었고 온라인 관계는 오프라인으로 전환되기 시작했다. 온라인과 오프라인을 넘나드는 모임을 통해 초등학교 유치를 위한 주민대표자를 선출하고 행정에 초등학교 유치 압력을 넣게 되는데 결국 주민들의 요구가 실현된 사례이다.

그 외에도 아파트 마을만들기는 부녀회를 중심으로 문화교실, 문화행사, 축제 등 문화를 통한 공동체 활동, 관리비 투명화로부터 시작한 주민자치조직의 민주적 운영, 체육시설과 도서관 등 공공공간 조성, 단지 내 환경개선, 자원재활용을 통한 생태아파트만들기 등 다양한 형태로 분화되고 있다. 이러한 긍정적인 성과에도 불구하고 한편으로는 아파트 단지의 경제적 가치가 중심이 되면서 내부 주민들의 이해관계에만 치중하는 폐쇄성을 어떻게 극복할 것인가가 과제로 남아있다.

마을만들기 운동
지방자치 부활과 주민참여 관심 증가

독재정권 아래에서 민주주의의 토대를 잠식당한 채 억눌려왔던 한국 사회는 1987년 6월항쟁을 계기로 다양한 영역에서 시민참여가 시작되었고 시민운동에도 변화가 나타났다. 경제, 환경, 소비자, 교통, 교육, 여성 등 각 분야의 생활영역으로 시민운동이 확대되기 시작했으며 1990년도에 들어서면서 전국 규모의 시민단체가 조직되기에 이른다.

1991년도 지방자치의 부활과 1995년 민선자치단체장 선출, 1999년도에 시행한 동사무소의 주민자치센터 전환은 주민들의 직접적인 참여욕구와 풀뿌리 민주주의에 대한 사회적 관심을 촉발시켰다. 특히 동사무소의 주민자치센터 전환은 획일적인 하향식 행정을 주민참여를 통한 상향식 행정으로 전환하게 했는데 2000년부터 모든 동사무소의 주민자치센터 개설 및 주민자치위원회 구성이 시행된다. 그러나 주민자치에 대한 이해 및 경험부족으로 형식적인 주민참여, 문화프로그램으로 대체하는 주민참여 등의 문제점을 극복하기 위한 모색이 시작되었는데 광주광역시 북구가 대표적이다. 광주광역시 북구는 일본 마을만들기 사례를 접하면서 적극적으로 마을만들기 운동을 홍보하고 이를 체계적으로 지원하기 위해 2004년 '광주광역시 북구 아름다운 마을만들기 지원조례'를 제정한다. 마을만들기 운동에 대한 행정의 지원이 본격화된 것이다.

시민단체에 의한 주민참여형 마을만들기 운동 모색

시민단체에 의한 마을만들기 운동은 1993년 도시연대의 안전한 통학로만들기, 1996년 도시연대의 인사동, 1994년 서울 마포구 성미산마을, 1996년 부평 상인들에 의한 부평 문화의 거리 만들기, 1996년 부산 희망세상의 지역공동체 반송마을만들기, 1997년 대구 YMCA의 삼덕동 골목가꾸기 등이 대표적이다.

대표적인 사례들을 살펴보면 마을만들기 운동에 대한 모색 속에서 시작된 것이 아니라 현행 제도나 법으로 해결되지 못하는 현실의 문제에 행정의 무관심을 겪게 되면서 스스로 대응하고 해결하기 위해 주민참여라는 방식을 찾아나가는 과정이었다.

도시연대는 1993년부터 일본의 마을만들기와 관련된 문헌들을 접하고 있었지만 그것이 어떤 형태인지에 대해서는 막연한 상태였는데 어린이에게 안전한 통학로만들기 활동 속에서 법과 제도적 문제로 어쩔 수 없이 선택한 주민참여라는 방식의 의미와 유효성을 인식하기 시작했다. 이후 걷고싶은거리만들기, 인사동, 부평 문화의 거리 등의 활동을 통해 1993년도에 접한 마을만들기가 주민참여를 담아낼 운동이라는 판단을 하게 된다. 주민참여라는 방식을 운동이라는 틀 안에 담아내지 않으면 기능적 도구에 머물 수밖에 없을 것이라는 위기의식이 작용했기 때문이다. 1999년 도시연대가 개최한 '걷고 싶은 도시와 주민참여에 대하여'라는 제목의 워크숍은 도시연대가 마을만들기 운동을 본격화하는 자리였다. 이후 마을만들기 순회교육, 사례집 제작 등의 활동이 이루어졌는데 대구 삼덕동과 부평 문화의 거리 역시 도시연대와 비슷한 과정을 거쳤다.

삼덕동은 마을만들기 운동을 하기 위해 시작한 것은 아니었다. IMF로 가정 해체가 급속도로 늘어나면서 가출청소년쉼터가 삼덕동에 들어온 것이고 가출청소년쉼터를 운영하면서 주민과 벌어지는 마찰에 대응하기 위해 담장을 허물고 다양한 프로그램을 진행하게 되었다. 즉 마을만들기라는 목적을 가지고 접근한 것이 아니라 가출청소년쉼터를 마을에 자리매김하기 위해 골목가꾸기라는 제목의 운동을 진행한 것인데 마을만들기라는 용어는 1999년 도시연대의 워크숍에 참가하면서 사용하기 시작했다. 삼덕동 활동을 마을만들기 운동으로 표현하는 것이 적합하다는 생각을 했기 때문이다.

- 대구 YMCA 김경민 총장

대형마트 등장, 소비패턴의 변화라는 재래시장 주변 환경 변화와 IMF 가 본격화되기 전 시장경제의 침체 등에 대응하기 위해 1996년 부평상 인들은 6천만원을 걷어 부평문화의 거리 만들기를 행정에 요구했다. 차 없는 문화의 거리를 만들면 살아나지 않겠는가라는 소박한 생각은 행정 의 무관심과 노점상과의 갈등으로 거리는 조성했지만 운영관리에 난항 을 겪고 있었다. 1998년 부평상인들의 손을 잡아준 도시연대를 만나면 서 주민참여의 중요성을 깨닫게 되었다. 행정이나 노점과의 갈등과 대 립을 넘어 협의와 합의의 일상성을 인식하였고 이러한 인식이 토대가 되면서 부평문화의 거리는 진화하게 된다. 이후 도시연대를 통해 접한 마을만들기 운동은 상인들에게 도시에 대한 철학을 갖게 했으며 현재에 는 대형마트에 대항하는 전국재래시장상인연합회까지 조직하여 다양한 활동을 하고 있다.

- 부평상인회 인대연 고문

이처럼 시민단체들의 마을만들기 운동은 목적의식적으로 시작했다기 보다 지역의 현안에 대응하면서 주민참여의 필요성에 대해 인식하고 지속성과 새로 운 전망을 찾아나가면서 마을만들기 운동으로 자리잡게 된 것이다.

시민단체들의 마을만들기 운동 본격화

2000년대에 들어서면서 시민단체들의 마을만들기 운동에 대한 관심이 본격화되 기 시작한다. 그동안 이슈파이팅 중심의 운동이 갖는 한계, 풀뿌리 민주주의에 대 한 관심 증가, 지역사회에 대한 새로운 인식 등이 나타나면서 도시연대 등 몇 단 체들의 마을만들기 운동이 하나의 대안이 될 수 있다는 판단을 하게 된 것이다.

한편으로는 행정의 민간단체지원사업도 마을만들기 운동이 활발하게 전개되 는 요인 중 하나인데 2000년 비영리민간단체지원법 제정과 2004년 광주광역 시 북구의 마을만들기 지원조례가 대표적이다. 이는 주민참여 활성화를 통한 지 역 정체성 확립, 마을공동체 형성, 지방자치활성화, 풀뿌리 민주주의의 확산 등 을 꾀하기 위해서는 적절한 행정의 지원이 필요하다는 것을 인식한 결과인데 특히 안산시는 신도시임에도 정주성이 취약하다는 현실적인 문제를 개선하기 위해 마을만들기 운동에 집중하면서 이를 지속적으로 지원할 시스템으로서 '안산 마을만들기 지원센터'를 설립한 케이스다.

마을만들기 운동이 폭발적으로 확산되는 계기는 중앙부처의 정책적 지원사업인 '살고 싶은 도시/마을만들기 사업(약칭 살도사업)'을 통해서다. 2007년부터 3년간 국토부에서 총괄했던 살도사업은 선정된 도시에는 1년에 10~30억원, 마을은 1~2억원의 사업비를 지원해줬는데 살도사업은 다양한 유형의 마을만들기가 성장하는 계기를 마련해줬으며 동사무소와 주민자치센터는 지역경쟁력 강화 차원에서 적극적으로 참여하기도 했다.

그러나 한편으로는 사업선정을 위해 급조된 주민참여, 사업비를 중심으로 하는 마을만들기로 사업비를 모두 소진하면 동시에 마을만들기 역시 중단되는 문제를 낳기도 했다. 특히 사업을 선정하는데 가장 비중이 높은 항목인 '주민의식 및 참여도'는 역으로 마을만들기에 대한 지원형태에서 '빈익빈 부익부貧益貧 富益富'가 심화되는 문제를 발생시켰다. 공공의 지원이 어느 지역보다 우선되어야 하는 환경적으로나 주민의식이 매우 열악한 지역은 중앙부처의 지원에서 계속 소외되는 현상이 발생한 것이다.

마을만들기 운동 사례[3]

자생적 마을만들기나 계획수법으로서 마을만들기와 달리 마을만들기 운동은 운동전망을 제시해나가야 한다. 권력이나 자본 등 우리 사회를 왜곡시키는 현상에 대응하면서 도시의 건강성을 만들어야 하며 주민참여를 통해 정치 권력과 결정 권한의 분산을 꾀해야 한다. 살기 좋은 마을만들기에 한정되는 것이 아니라 살기

---

3 도시에서 진행한 마을만들기 운동은 매우 다양하지만 객관적 기술에 한계를 가질 수밖에 없어 본 글에서는 걷고싶은도시만들기시민연대(약칭: 도시연대)의 운동을 중심으로 살펴보았다.

좋은, 건강한 사회만들기로 나아가야 한다. 그래서 마을만들기 운동은 우수 사례지를 만들어내는 것에 머무는 것이 아니라 사례들을 객관화시키면서 사회적 가치를 도출해내고 지역을 넘나들면서 사회적 가치를 확산시키는 역할을 해야 한다.

도시연대의 마을만들기 운동 역시 이러한 역할에 충실했다고 보기는 어렵다. 프로젝트에 매몰되면서 형식적인 주민참여라는 오류도 있었고 운동의 가치에 대한 진지한 고민보다 사업에 치중하면서 단편화시키기도 했다. 그러나 자동차 중심의 도시에 대응하기 위한 걷고 싶은 서울만들기 운동, 개발자본에 대응한 인사동·북촌·고치며 살자, 편견과 배제에 대응한 영구임대아파트에서의 마을만들기 등은 우리사회에 대한 끊임없는 질문과 마을만들기 운동에 대한 성찰 및 반성의 결과물이었다.

자동차 중심의 도시를 사람 중심의 도시로

우리 도시는 자동차에게만 과도한 혜택을 부여했을 뿐 보행이나 이동약자에 대한 배려는 매우 인색하다. 보도공간을 축소해서라도 차도를 설치해야 했으며 차량의 원활한 통행을 위하여 보행자들을 공중으로 지하로 내몰아 버렸는데 도시를 계획하고 만들어나가는데 가장 중요한 '사람'을 생각해야 함에도 불구하고 '사람'은 고려 대상이 아니었다.

통학로 교통안전시설물 설치 운동

현재에도 OECD 국가 중 우리나라 보행자 교통사고 비율은 가장 높지만 1993년도 우리나라 14세 미만 어린이 교통사고 통계를 살펴보면 총 4만1천905건의 사고 중 998명이 사망하고 2만2천398명이 부상당하는 등 심각한 상황이었다. 특히 교통사고의 약 70%가 집과 학교 부근에서 보행 중에 발생했다는 점인데 이는 자동차 중심의 교통체계 때문이다. 1년에 7~8건의 교통사고가 발생함에도 최소한의 시설물 설치 요구(횡단보도 및 신호등)도 받아들여주지 않는 행정에 지친 학부모들은 도시연대에 도움을 청해오기 시작했고 도시연대는 통학로 안전을 위한 시설물 설치운동에 집중하게 된다. 1993년도부터 서울 및 수도권을 중심으로 진행한 보행안전시설물 설치 운동은 녹록하지 않았다. 결국 도시연대가 고육지책으로 떠올린 것은 집단 주민서명 방식인 주민참여였다. 주민참여가 무엇인지 인식하지 못한 상태에서 막연하지만 이를 시도한 이유는 자동차 중심의 법제도와 행정의 냉담, 주민들의 다양한 이해관계 충돌 때문이었는데 당시의 주민참여는 이해관계를 조절하기 위한 주민참여, 집단민원 형태의 주민참여라는 낮은 차원의 주민참여였다.

걷고 싶은 서울만들기 운동

통학로 교통안전시설물 설치 운동은 나름대로 성과를 거두었지만 여전한 자동차 중심의 도시구조 속에서 사고 지점별 시설물 설치는 한계를 가질 수밖에 없었다. 현장조사 및 주민들의 집단 서명, 민원 제출을 통한 시설물 설치만으로는 사람 중심의 도시로 바꾸기에는 역부족이었으며 '횡단보도는 육교, 지하도, 다른 횡단보도로부터 200미터 이내에 설치해서는 안된다' 는 도로교통법의 횡단보도설

걷고 싶은 서울만들기 운동본부 발족 및 워크숍

서울시청 앞 보행자광장 조성 캠페인(1996년)

시청 앞 광장 조성 토론회(2002년)

치규정은 여전히 발목을 잡고 있었다.

도시연대 강병기 대표의 '걷고 싶은 서울만들기 운동' 제안은 지점별 시설물 설치 운동에 한계를 느낀 도시연대가 본격적으로 자동차 중심의 도시구조에 대응해나가는 운동이었다.

1996년 도시연대는 '걷고 싶은 서울만들기 운동본부' 를 출범시킨다. 서울시 보행조례 제정, 시청 앞 보행자광장 조성, 횡단보도 설치 요구 등은 '길' 이 갖고 있는 가치를 되찾아오려는 시도였으며 약자보다는 강자의 논리, 효과보다는 효율의 논리, 공존보다는 배제의 논리, 가꾸기보다는 개발의 논리가 활개치는 자본 중심의 공간 전략을 인간 중심의 공간 전략으로 바꾸려는 시도였다. 특히 자동차 통행만을 위해 존재하는 서울시청 앞 교통광장을 시민들의 자유로운 보행과 소통을 담아내는 보행자광장으로 만들자는 요구는 숭례문과 덕수궁, 경복궁으로 이어지는 서울의 대표적인 걷고 싶은 거리를 조성해보자는 것이었다. 한편으로는 시민 위에 군림하는 시청이 아니라 시민들의 요구와 목소리에 귀를 기울이는 공간으로서 광장문화를 형성하여 풀뿌리 민주주의 실현의 장이라는 의미도 담겨 있었다. 도시연대와 전문가, 서울시, 서울시의회 의원이 함께 한 1년의 과정을 거치면서 1997년 1월 5일 '서울시 보행권 확보와 보행환경 개선에 관한 기본조례' 가 제정되었고 1998년 취임한 고건 시장은 '걷고 싶은 서울만들기' 를 가장 주요한 시책으로 삼았다. 시청 앞 보행자광장은 경찰청과 전문가들의 격렬한 반대에 부딪혀 공전을 거듭하다가 월드컵을 계기로 다시금 공론화시킴으로써 2003년도에 조성되었다.

걷고 싶은 서울만들기 운동은 시민단체의 문제의식과 요구가 행정에 파급되어 정책화되었다는 점과 더불어 사람 중심의 도시라는 가치가 전면에 부상하는 성과를 이루어냈다.

어린이에게 안전한 통학로 만들기

1990년대 초반부터 시민단체들의 어린이보호구역 설치 요구는 1996년 내무부의 어린이보호구역에 관한 법률 제정으로 새로운 전환기를 맞게 된다. 학교 주변 300미터 이내의 주차금지, 속도 제한, 횡단보도 및 신호등 설치, 일방통행 등 교통안전을 위한 다양한 정책은 행정의 적극적인 의욕으로 전국 초등학교로 확대되었다. 그러나 어린이보호구역이 실질적인 안전을 담보하지 못하고 있다는 문제도 끊임없이 제기되었는데 가장 큰 문제는 통학로에 대한 면밀한 진단 없이 물량 중심으로 사업이 추진되었기 때문이다. 어린이보호구역 대부분은 주택가 생활도로에 입지해있다. 즉 일방통행이나 속도감속, 주차규제 등은 주민들의 동의 없이는 실행 불가능한 정책이기 때문에 각 지역의 생활도로 기능 및 도로 형태, 주민들의 이용 상태 등에 대한 종합적인 검토가 선행되어야 했다. 이는 다양한 방법의 주민참여와 주민설득, 동의, 합의과정을 가져야 한다는 것을 의미한다. 또한 도로구조상 시설물 설치가 불가능한 경우가 많기 때문에 시설물 중심의 사고에서 벗어날 필요가 있었다.

1997년 도시연대는 서울녹번초등학교를 대상으로 '어린이에게 안전한 통학로만들기 운동'을 시작했다. 그동안 지점별 시설물 설치방

연천초등학교 안전한 통학로만들기 전시회

식에서 벗어나 동네에 대한 진단을 주민과 함께 하고 다양한 의견을 조율해나가면서 대안을 모색했는데 이러한 경험은 2003년부터 4년간 지속된 연천초등학교 안전한 통학로만들기로 연결된다. 구청과 동사무소, 구의원, 초등학교, 주민, 도시연대가 함께 4년간 진행한 연천초등학교 안전한 통학로만들기는 2년 동안 동네를 돌아보고 작은 문제점들을 하나씩 개선해나가면서 의견을 모아나갔다. 그리고 또 2년 동안 통학로 전체에 대한 개선방안 마련, 차량통행 방식에 대한 주민과 상인의 갈등 조정을 위한 토론회 및 답사, 축제 형식을 빌린 통학로 개선방안 제시 등이 진행되었으며 행정은 이미 짜여진 일정을 전면 취소하고 적극적으로 주민들의 요구를 받아들이기 시작했다. 단순 시설물 설치가 아니라 차도를 최소한으로 축소하고 빈집은 매입하여 쉼터로 조성하는 등 보행자의 쾌적성을 확보하는 과정이었으며 상인들은 보도 위에 상품 적치를 금지한다는 합의를 이루어내기도 했다. 주민참여는 이해관계에서부터 출발하며 이해관계는 필연적으로 갈등을 낳게 되고 갈등은 새로운 대안을 만들어나가는 중요한 동력임을 인식한 것이다.

자본 중심의 개발에서 역사와 환경을 존중하는 개발로
인사동

침체된 인사동 거리를 활성화시키기 위한 인사동보존회의 노력 속에서 1997년 인사동 차 없는 거리가 시행되었고 갈 곳 몰라 방황하던 서울 시민들은 대거 인사동으로 몰려들기 시작했다.

외형상으로는 분명 호황을 누리기 시작했지만 도시연대가 1년간 조사한 결과는 전망이 그리 밝지 않았다. 임대료 상승으로 인한 인사동 고유업종의 퇴출이 시작되었고 인사동과 일체화되지 못한 이벤트형 행사로 급격한 거리 이미지 변화, 거리 활성화 주체인 상인들의 역할 부재, 개발에 대한 욕구들이 서서히 꿈틀거렸다. 1998년도에 도시연대가 개최한 인사동 사랑방은 인사동 상인들이 주체로 자리매김하는 출발이었고 이를 계기로 도로를 확장하여 합필재개발과 상점 대형화를 시도하려는 건물주에 대응하는 움직임이 시작되었으며 소방도

인사동 작은가게 살리기 운동

로 개설로 헐릴 위기에 처한 민익두 가秌 살리기도 힘을 얻었다.

한편으로는 시민들을 단순 고객이 아니라 인사동 거리를 만들고 가꿔나가는 주체로 자리매김해야 한다는 필요성에 의해 '인사동을 어떻게 소비할 것인가'라는 문제의식을 갖고 인사동 학교를 꾸준히 개최했다. 인사동 작은가게 살리기는 이러한 과정이 지속되었기에 성공할 수 있었다. 1999년 하반기 인사동길 한 가운데에 있는 열두가게는 부동산 개발업자에게 넘어가 퇴출 위기에 처해있었는데 당시 인사동 상점은 소비업종의 변화가 급속하게 이루어지고 있었으며 재건축 등을 통한 대형화가 시작된 상태였다. 도시연대는 이러한 위기 속에서 열두가게 살리기 운동을 전개했으며 향후 열두가게만의 문제가 아니라 인사동의 한 축인 작은가게들의 공존방안을 모색하기 위해 '작은가게 살리기 운동'으로 전환시켜나갔다.

열두가게 상인들과의 연석회의, 시민서명운동 및 청원운동, 전문가 및 문화예술인 성명서 발표, 언론 홍보 등 숨가쁘게 움직였는데 작은가게 살리기 운동 본부가 공식 출범되고 서울시에서 건축허가제한조치를 발표하면서 인사동 지구단위계획이 수립되었다. 우리나라 최초로 마을만들기 운동이 도시계획으로 전환되었다는 점, 지구단위계획 수립과정에서 층수를 낮추고 업종을 제한했음에도 상인들이 흔쾌히 받아들였다는 전무후무한 사례임에도 작은가게 살리기 운동의 성과가 지구단위계획으로 전환되면서 도시연대는 방향을 잃게 된다. 운동이 정책으로 전환되면서 일상화될 때 다시금 운동은 일상성 속에서 방향과 대안을 모색해야 한다. 도시연대가 인사동에 대해 '계몽주의적 운동'이었다고 반성하는 이유는 여기에 있다. 상업가로인 인사동에서 경제적 대안 모색 없이 변화에 대한 전망을 고민하지 못한 채 경관을 중심으로 하는, 물리적 구조를 중심으로 하는 운동은 결국 한계를 가질 수밖에 없기 때문이다.

북촌

서울의 다른 곳처럼 번듯하게 재개발을 해야 한다는 북촌 주민들의 격렬한 한옥 반대 움직임은 한옥 반대라는 노란 깃발을 집집마다 달면서 극단으로 치닫고 있었다. 인사동 지구단위계획을 수립했던 전문가와 서울시는 규제 중심이 아니라 지원 중심, 행정 중심이 아니라 행정과 주민간의 협의 중심으로 북촌 정책의 변화가 필요하다는 인식하에 반대 주민들을 설득하고 서울시의 대안을 구체적으로 제시해나갔다. 2002년 북촌가꾸기 기본계획은 이러한 과정 속에서 수립된 것이다.

이즈음 도시연대 역시 북촌의 가치를 외부에서 규정하는 것이 아니라 주민들에 의해서 규정되고 한옥만이 아니라 한옥과 비한옥이 공존하는 북촌이 필요하다는 인식하에 북촌 마을만들기 운동을 시작하게 되었다. 주민들과 함께 한 북촌뚜벅이투어는 외지인을 중심에 두고 북촌을 공유하려는 것이 아니라 북촌 주민들을 중심에 두고 북촌을 공유하려는 시도였다. 한평공원만들기, 북촌역사학교, 북촌이웃모임 구성, 북촌마을계획 수립 등 10여 년 동안 지속된 도시연대의 북촌 마을만들기 운동은 현재 주춤한 상태다. 북촌을 삶의 공간으로 보기보다 관광의 공간으로 바라 본 서울시의 과도한 관광정책과 주민들의 삶의 문화가 존중되지 못하면서 외부에서 유입된 문화들은 '문화 과잉'의 문제점도 낳고 있다.

행정의 문화산업 전략은 도시연대의 마을만들기 운동에도 많은 고민을 안겨주고 있다. 쉼터가 아니라 삶터로서 북촌의 가치를 이야기하고 한옥으로서의 북촌이 아니라 비한옥과 한옥이 어우러진 곳으로서의 북촌을 이야기했지만 관광산업논리 속에서 속수무책일 수밖에 없었다. 한편으로는 주거지에서의 마을만들기 운동에 대해 새로운 모색의 필요성도 제시하고 있다. 일상과 운동은 병행되어야 한다. 일상성 속에서 대응할 문제에 적극 결합하고 다시 일상의 동력으로 돌아와야 한다. 그러나 도시연대는 '북촌'에 치중함으로써 '주거지'에 대한 일반성을 놓쳐버렸다.

고치며 살자

이웃과의 커뮤니티와 다양한 계층이 공존하면서 일구어왔던 단독, 다세대 주거지는 환경이 불량하다는 이유로 자본 앞에 속수무책으로 굴복당하고 있다. 가난한 동네는 도시의 치부인 양 과감하게 거세당했고 서울이라는 대도시는 서민들에게 기댈 공간마저 깡그리 없애버리고 있다. 오래된 동네의 가치를 바라보는 것이 아니라 오래되었다는 것은 빨리 새것으로 탈바꿈해야 한다는 천박한 인식이 만연하고 있다. 오래된 마을이 갖는 나름의 깊이를 바라보지 못하고 있다.

그럼에도 마을만들기 운동은 재개발을 외면하고 있었다. 끊임없이 마을공동체를 이야기해왔지만 모범적인 마을만들기 사례로 평가받은 지역들이 재개발로 초토화되고 있음에도 이에 대해 사회적 이슈를 제기하거나 적극적으로 현장과 결합되어 방향을 제시하기는커녕 속수무책으로 손을 놓고 있었다.

재개발을 고민하지 않는 마을만들기 운동은 모래 위에 성을 쌓은 것과 다르지 않다는 질타는 도시연대에게 많은 고민을 던져줬고 마을만들기 운동에 대한 위기의식을 갖게 했지만 어떻게 대응해야 할지 방향을 찾기 어려웠다. 철거 반대에 대한 전면 결합이 가능한지, 관련 법과 제도 개선을 요구할 정도의 전문성은 갖고 있는지, 대안을 제시할 능력이 있는지에 대한 질문은 어려운 난제였다.

재개발에 대응하는 마을만들기 운동을 모색하기 위한 출발은 2010년도에 시작한 단독주거지의 지속가능성에 대한 연구에서부터다.[4] 그리고 2011년 작은 실천방안으로 동대문구 이문동 한 골목을 대상으로 '고치며 살자'라는 운동을 시작했다. '고치며 살자'는 물리적 환경개선만을 의미하는 것이 아니라 이를 통

---

4 김은희 외, 『단독주거지의 지속가능성에 대한 연구 - 은평구 불광동 사례지역을 중심으로』, 국토연구원, 2011.

이문동 '고치며 살자' 공사과정

이문동 공사 후

해 저층 주거지에 대한 사회적 관심과 공감대 형성, 행정·주민·전문가·시민단체간의 협력과 연대의 지속성, 실질적인 주민참여 가능성, 사회적 계획 수립 방안 등을 타진해 보기 위함이었고 나름의 성과를 거두었지만 시민단체 대상의 프로젝트 사업이라는 한계를 극복하지 못함으로써 지속성을 갖지 못하고 있다.[5]

'고치며 살자'는 재개발에 대응하기 위해 행정과 주민, 전문가, 시민단체가 함께 변화해가자는 목소리이다. 낭만적인 마을만들기 운동을 극복하기 위한 몸짓이다. 어떻게 사회적으로 동의를 만들어 낼 것인지, 물리적 환경에 치중하는 것이 아니라 사회적 환경 변화와 함께 하기 위한 방안은 무엇인지, 현장과는 어떻게 결합하여 대응할 것인지, 운동의 지속성을 어떻게 담보할 것인지 등 많은 공론화가 필요하다.[6]

---

5 이영범·김은희, 『사회적 기업을 이용한 주거지 재생』, 국토연구원, 2011.
6 도시연대보고서, 고치며 살자, 걷고싶은도시만들기시민연대, 2011 참조.

배제가 아니라 공존으로 - 영구임대아파트

1990년대 초 도시 영세민 주택문제 해결을 위해 대규모로 공급된 영구임대아파트 입주민들 대다수는 기초생활수급자 등 사회취약계층으로 다양한 문제들이 빈번하게 발생하고 있다. 일례로 물리적 공간에 대한 차별은 임대아파트와 분양아파트간의 갈등으로 심화되고 있으며 임대아파트 단지 내 주민들 역시 주인의식 부재로 음주와 폭력, 기물 파손, 방뇨, 오물 투기, 도박 등 크고 작은 일탈 행위들이 끊이지 않고 있다. 매년 발생하는 단지 내 추락자살사고 역시 심각한 사회문제로 다가오고 있다.

마을만들기 운동은 소외된 삶을 바라보고 이들이 사회구성원으로 자리매김하는 과정을 만들어나가야 한다.

도시연대가 영구임대아파트에 눈을 돌린 이유는 '중산층 중심의 마을만들기 운동'이라는 반성과 영구임대아파트와 분양아파트간의 갈등이 심각한 사회현상으로 다가오고 있음을 바라보았기 때문이다. 경계를 명확하게 하고자 하는 분양아파트 주민들의 담장 또는 철조망 설치로 인해 임대아파트 아이들은 5분이면 도달할 학교를 20분이나 걸려 빙 돌아가고 있었으며 학교에서 벌어지는 왕따는 심각한 상황이었다.

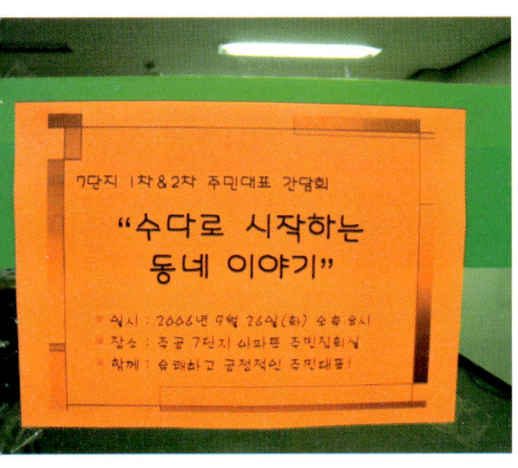

영구임대아파트 주민간담회

단지 내 금연구역 만들기

2005년부터 시작한 영구임대아파트에서의 마을만들기 운동은 한평공원을 매개로 한 일탈장소 개선을 시작으로 해를 거듭하면서 문화를 통한 마을만들기 등 다양한 형태로 분화되고 있다. 현재에는 시혜적 복지에서 지역복지로의 전환을 준비중이며 물리적 환경개선 중심의 배리어 프리barrier free를 사회적 · 관계적 배리어 프리로 조심스럽게 영역을 확대하고 있다. 임대아파트에서의 마을만들기에 한정되는 것이 아니라 임대아파트 주민과 인접 동네 주민과의 교류도 꾀하고 있다.

그러나 이와 같은 형태의 영구임대아파트 마을만들기 운동은 한계도 명확하다. 주민들은 '영구'라는 딱지를 불편해하지만 이곳을 떠나려고 하지 않는다. 소득이 높아져 임대아파트 입주 자격을 상실하면 이들을 기다리는 것은 반지하 셋방밖에 없기에 편법을 쓰면서 이대로 살고 있다. 또한 달동네가 가지고 있는 수평적 주거형태는 창문을 통해서라도 자연스럽게 이웃과 교류를 만들어나가지만 임대아파트의 수직구조는 추운 겨울기간 단 한명의 사람과도 대화를 나누지 못하는 고립상태에 빠지게 한다. 마을기업, 사회적 기업을 통한 경제적 자립은 임대아파트 거주요건을 상실하게 만들기 때문에 기피하고 있다. 따라서 임대아파트에서의 마을만들기 운동은 저소득 계층에 대한 주거복지정책에 대해서 끊임없이 고민하고 사회화시키는 활동과 함께 해야만 한다.

외부공간을 시민사회 영역으로 - 한평공원만들기

2002년부터 현재까지 진행하고 있는 도시연대의 한평공원만들기[7]는 1990년대 말 서울시가 대대적으로 추진했던 쌈지공원 조성사업의 한계를 주민참여를 통해 풀어나가려는 시도였으며, 행정의 영역으로 인식했던 외부공간을 시민사회 영역으로 전환시켰다는 성과를 갖는다.

---

7 '한평공원만들기'는 2002년 녹색서울시민위원회에서 제시한 지정공모사업으로 도시연대에서 '주민참여를 통한 한평공원만들기'로 사업명을 변경하여 신청 · 선정되었으며 2006년부터 신한은행이 지원하고 있다.

대구 삼덕동 벽화골목만들기와 함께 소개된 도시연대의 한평공원만들기는 시민단체와 지방자치단체들의 관심을 촉발시켰는데 시민단체의 경우 마을만들기 운동 과정이나 결과물을 주민과 공유하기 위한 방안으로서 외부공간의 변화는 유의미한 도구였기 때문이다.

도시연대가 한평공원만들기를 지속시킬 수 있었던 이유는 주민참여에 대한 경험 축적, 마을만들기 운동과의 결합, 마을만들기 운동을 공유하는 전문가 풀 구성, 커뮤니티 디자인에 대한 관심 증가, 시공을 담당해주는 회원 존재, 물리적 환경개선이 가능한 지속적인 예산확보 등이다. 이러한 여건 속에서 한평공원만들기는 그 자체가 마을만들기 운동이기 보다는 마을만들기 운동의 단초를 열어주는 사업, 또는 마을만들기 운동이 진행되던 동네가 질곡에 빠졌을 때 새로운 전환의 계기를 마련해주면서 운동의 방향을 재설정하는 역할을 하고 있다. 인사동 골목가꾸기의 단초는 인사동 골목길 한평공원에서부터 시작했으며, 북촌 마을만들기는 2002년 한평공원 조성사업으로 실마리를 찾아 나갈 수 있었다. 부평문화의 거리 역시 침체기에 접어들면서 2006년 한평공원만들기를 결합시킴으로써 상인과 노점상간의 조직 통합, 옆거리 확대 등의 운동 방향을 재설정하게 했다. 이처럼 한평공원만들기가 마을만들기 운동과 연계하기 위해서는 현장을 중심으로 지속적인 관계망을 열어가면서 적절하게 운동의 방향을 제시해줘야 한다.

그러나 햇수를 거듭하면서 한평공원만들기는 새로운 전환을 모색할 시점에 이르렀다. 즉 초기에는 마을만들기 운동과의 연계성 속에서 자리매김을 할 수 있었지만 매년 다섯 곳의 한평공원을 조성하다보니 한평공원 조성 자체에 집중함으로써 마을만들기 운동과의 결합성이 현저하게 떨어지고 있다. 또 하나는 주민참여에 대한 부분이다. 물론 한평공원이라는 사업 특성상 일상적 주민참여보다는 디자인에 대한 참여프로그램에 집중할 수밖에 없지만 때때로 참여프로그램을 주민참여로 착각하는 현상도 벌어지고 있다.

한편으로는 깨끗하고 쾌적한 공간을 추구하면서 삶터에 대한 근본적인 문제에는 제대로 접근하지 못하는 경우도 나타난다.

과정에서의 주민참여가 활발하면 유지관리 역시 주민참여가 활발할 것이라는 매우 안일한 인식도 나타나고 있다. 공간의 변화과정 속에서 의식의 변화는 가능하지만 공간의 변화와 의식의 변화는 항상 일치하지 않는다는 점을 간과한 것이다.

이러한 현상이 발생하게 된 이유는 초기 설정한 한평공원만들기의 사회적 역할을 시간이 지나면서 새롭게 재규정해야 한다는 것에 빠르게 대응하지 못했기 때문이다. 이런 측면에서 2010년도 망우동 우림시장 앞 한평공원은 재래시장 활성화라는 측면과 함께 주차장 공간을 시민의 휴식공간으로 바꾸어냈다는 의미를 갖는다. 삼성동 율곡경로당 한평공원은 '재개발 구역임으로 노후되더라도 물리적 정비는 낭비'라는 사회적 인식에 '사는 동안은 인간답게 살자'는 목소리의 표현이었다. 예비전문가에 대한 학습 기회 제공은 또 다른 의미를 갖는다. 2010년부터 매년 모집하는 20여명의 예비전문가와 일반회원들은 1년 동안 한평공원만들기에 전면 결합하여 끊임없이 주민과 소통하면서 주민참여를 실천하는 전문가의 자세를 배우고 있다. 이제 한평공원만들기는 변화하고 있는 마을만들기 운동과 어떻게 관계성을 맺어나갈 것인지에 대한 새로운 논의를 필요로 하고 있다.

계획수법으로서 마을만들기

현재 도시계획은 마을을 관리대상으로 보는 경향이 강하다. 그러나 주민들이 참여하는 도시계획은 마을에 대한 새로운 인지에서 출발해야 한다. 마을을 단순한 건물의 집합체나 용도로만 구분하는 것이 아니라 사람이 사는 곳으로 봐야 한다. 생활의 체험과 역사적 기억이 담기는 그릇으로서 환경을 다시 보는 것인데 물리적 환경을 문화적으로, 생활적으로, 사회적 안전망 등 여러가지로 재해석하는 것이 전제되어야 한다. 또한 주민들을 계획과정에서 수동적 동의자로 바라보는 것이 아니라 적극적 주체로 바라보아야 한다. 서울시와 전문가들은 인사동과 북촌을 통해 개발이 아니라 가꾸기이며 규제가 아니라 지원이라는 방식은 주민참여를 통해서만 가능하다는 경험을 체득하면서 계획수법으로서 마을만들기를 활용하고 있다. 기성 상업지 환경개선사업인 노유거리가꾸기는

2000년부터 2002년까지 서울시가 추진한 대표적인 사례이다. 참여에 익숙하지 않은 주민들에게 전문가 및 행정은 다양한 모델 제시와 장·단점에 대해 정보를 제공해줬는데 이는 주민들이 스스로 사안에 대해 검토하고 결정하는데 많은 도움이 되었다. 또한 도시연대는 다양한 의견을 조정하고 반영하는 역할을 수행하면서 주민과 행정간의 간격을 좁혀주는 동시에 주민들이 적극적으로 참여할 수 있는 계기를 만들어냈다. 노유거리는 행정(서울시, 광진구청, 노유동사무소)과 전문가(서울시정개발연구원, 설계업체), 주민(상인, 건물주), 도시연대간의 협력적 계획 가능성을 보여준 사례다.

이러한 경험 속에서 서울시는 2009년도에 본격적으로 마을만들기를 도시계획과 결합시킨다. 마을만들기형 지구단위계획(휴먼타운)을 시작한 것인데 이 사업은 저층 주거지의 지속성을 확보하기 위한 정책으로 개발이익에 관심이 높은 주민들의 동의를 어떻게 받아내는가가 성패를 가름하는 요인이었다. 휴먼타운은 매우 획기적인 정책이지만 전문가들의 놀랄만한 헌신성에도 불구하고 몇 가지 한계가 나타나고 있다. 우선 기본계획과정에서 주민참여에만 치중하다보니 실시계획과 시공과정에서 주민참여는 단절될 수밖에 없었다. 시공 후 마을만들기를 어떻게 주민들이 지속시켜나갈 수 있는지에 대한 방안도 명확하지 않으며 물리적 환경정비에 치중하면서 다양한 관계망을 놓치는 오류를 범하기도 했다. 전문가와 주민간의 수직적 협조관계는 이루어졌으나 수평적 협력관계는 어떻게 만들어낼 것인지도 숙제로 남아있다. 결국 계획수법으로서 마을만들기는 '자생적 마을만들기' 및 '마을만들기 운동'과 상호 연계하면서 문제 극복의 실마리를 찾아나가야 할 것으로 보인다.

그럼에도 휴먼타운은 마을만들기와 관련한 행정의 역할이 무엇인가를 명확하게 설정했다는 점과 더불어 자생적 마을만들기 및 마을만들기 운동과의 유기적 협력방안을 찾아 나가고 있다는 점에서 매우 커다란 의미를 갖고 있다. 이제 민간단체(주민) 공모사업이나 민간영역 지원이라는 소극적 차원에 머물러 있던 마을만들기에 있어서 행정의 역할을 재규정하면서 광역과 기초지자체의 역할과 협력, 자치와 분권 등에 대한 논의가 활발하게 전개되어야 할 것이다.

마을만들기 운동을 되돌아 보자

마을만들기 운동은 환경을 개선하거나 삶의 질을 높이는 것에 한정되는 의미가
아니라 삶의 방식에 대한 근원적인 질문이어야 한다. 권력과 자본에 의해 왜곡
되는 우리 사회를 바라보고 이에 대해 문제를 제기하면서 사회적 가치를 확산시
켜내기 위한 노력들이 필요하다.

현재 마을만들기 운동에 대한 사회적 관심은 매우 높아지고 있으나 한편에는
마을만들기 운동이 과연 운동인가라는 문제도 제기되고 있다. 이는 마을만들기
운동이 우리 사회가 갖고 있는 본질적인 문제들을 비켜가면서 다양한 사회 현상
및 문제점들을 단순화시키지 않았는가라는 질문에서부터 시작된다.

일례로 '공동체를 만들자' 라는 기치를 내걸고 주민참여 프로그램을 진행하
면서 바로 옆 동네에서 벌어지고 있는 무차별적인 재개발에 대해서는 함구하고
있는 모습이다. 공동체가 깨져나가는 사회구조적 현상에 대응하지 못하면서
'주민참여를 통해 주민공동체를 만들자' 라는 단순논리, 사회구조의 본질에 대
한 고민 없이 동네 단위의 주민참여만이 해답인 양 왜곡하고 있는 모습, 달동네
에 대한 향수에 젖어 방문하는 관광객들은 반기면서 그곳에 살고 있는 주민들의
삶은 바라보지 못하는 모습들이다.

마을만들기 운동의 다양한 과정들을 연속적으로 바라보지 못하고 '사업' 과
'운동' 으로 이분화시키면서 평가해버리는 단순함에 대해서도 질문이 필요하다.

주민참여를 주민만의 참여로 호도하는 경향도 종종 나타나고 있다. 주민참여
는 주민을 중심에 두면서 다양한 지원네트워크의 협력적 참여를 의미한다. 서로
머리를 맞대고 문제를 해결해나가려는 '관계의 참여' 이며 그 속에서 파편화된
개별 생각과 계획들이 모아질 수 있다.

여기서 주민참여에 대한 오류를 극복해야 할 필요성이 생긴다. 현재 주민참
여는 '당사자주의' 를 벗어나지 못하고 있으며 오히려 강화되고 있다. 주민참여

---

8 이영범, 『도시의 죽음을 기억하라』, 미메시스, 2009.

는 다양한 사회적 가치들을 생성해나가는 과정이며 그래서 '정답을 찾는 것이 아니라 좋은 문제를 만드는 과정'[8]이라고도 한다. 그러나 현재 마을만들기 운동에서 주민참여는 당사자주의에 함몰되면서 폐쇄성과 집단적 이기성의 위험에 노출되고 있다. 물론 주민참여는 '이해관계의 참여'에서부터 시작된다. 그러나 이해관계의 참여에만 머물게 된다면 '경제적 이해관계'에만 치중하는 결과를 낳게 된다. 이해관계의 참여가 진정한 주민참여로 전환되기 위해서는 민주주의, 평등, 분배, 생명 등 다양한 가치들을 공유하고 현재화시키는 과정을 가져야 한다. 끊임없이 장소와 사람, 사람과 사람, 과거와 현재, 현재와 미래, 지역과 세계 등 다양한 관계망들에 대해서 차근차근 펼쳐 놓아야 한다.

마을만들기 운동 사례를 바라보는 시선도 달라져야 한다. 주민참여 과정이나 결과물에 대해서 단순 소비만 할 뿐 사회적 가치를 재생산하지 못함으로써 사례가 고립되는 결과를 낳고도 있다. 운동은 연구와 함께 한다. 객관화가 이루어지지 않으면 주관적 판단에 빠지기 쉬우며 현장에 매몰됨으로써 경험에만 의존하게 된다. 수많은 마을만들기 운동의 사회적 가치가 확산되지 못하고 단순 사례 소개에 머물러버리는 이유는 객관화 작업이 결여된 채 사례를 현상적으로 파악하기 때문이다.

도시는 계획의 역사와 운동의 역사가 함께 작용하면서 만들어진다. 그렇기에 마을만들기 운동은 도시의 건강성을 위해 작용과 반작용을 거듭하면서 끊임없이 진화해야 한다. 끊임없는 진화를 위해서는 공론화와 치열한 논쟁이 필요하며 다시금 마을만들기 운동에 대해서 되돌아 봐야 할 때다.

참고문헌

- 걷고싶은도시만들기시민연대, 마을만들기2000 - 마을만들기 사례모음, 2000.
- 강순천, "지난 30년간 봉암리에 무슨 일이", 『걷고 싶은 도시』 7,8월호, 도시연대, 2002.
- 김은희, "보행우선구역과 주민참여", 『걷고 싶은 도시』 3,4월호, 도시연대, 2008.
- 김은희, "영구임대아파트에서 희망을 보다", 『걷고 싶은 도시』 1,2월호, 도시연대, 2009.
- 김은희, "상식이 대안이다 고치며 살자", 『걷고 싶은 도시』 3,4월호, 도시연대, 2011.
- 김은희, "도시연대와 마을만들기 운동", 『걷고 싶은 도시』 9,10월호, 도시연대, 2011.
- 이영범·김은희, 『사회적 기업을 이용한 주거지 재생』, 국토연구원, 2011.
- 이영범, 『도시의 죽음을 기억하라』, 미메시스, 2009.
- 최정한·김은희, 『인사동에서 마을만들기를 배우다』, 도서출판 R&C, 2009.

한양주택은 왜 결국 사라졌을까

허윤주 _ 서울특별시청 기획조정실 주무관

들어가며

도시는 변화하는 유기체다. 도시를 이루고 있는 많은 건축물들과 그 안의 삶의
주체들이 오랜 역사 속에 개발과 철거, 보수와 파괴를 거듭하며 현재의 도시를
만들어 왔다. 그 과정에서 공공은 민간의 토지이용과 건축물 개발이 공익을 침
해하지 않는 범위에서 유지될 수 있도록 관리하는 책임을 수행해 왔고, 그 수단
으로 도시계획을 도입했다. 그러나 초고층아파트 일색으로 획일화되고 있는 서
울의 경관, 저층주거지와 함께 사라지고 있는 도시주거의 다양성, 신문사회면을
수시로 장식하는 철거민들의 저항기사는 도시계획의 기능과 실효성을 의심케
하는 씁쓸한 서울의 자화상이다.

 아파트는 이제 서울시 주택유형의 60% 이상을 차지하는 주택 형태가 되었
다. 서울시 연간 총 주택공급량의 71%, 재개발·재건축사업으로 공급되는 주
택의 무려 99%가 아파트라는 현실은 최고의 수익을 얻기 위해 고층아파트 건
설에 급급한 부동산 투기자본의 논리가 여과 없이 도시에 반영된 결과로 보인
다. 이러한 수치들은 도시계획, 그 중에서도 특히 재개발이라는 계획기제가 도

시 미화와 효율적 토지이용, 신규주택 공급 같은 개발지상주의식 목표에만 몰두한 나머지 단독·다세대주택이 밀집한 저층주거지들을 멸실시키고 획일화된 고층·고밀개발을 방조했다는 비판에 직면하는 이유가 되고 있다.

그러나 저층주거지가 사라지고 말끔한 아파트로 바뀌는 과정에서 그 내부의 주민과 공동체까지 내몰린 사실이 논란이 되는 경우는 드물다. 골목에서 들리던 이웃들의 정겨운 담소와 골목길에 내놓은 작은 화분, 담벼락을 따라 장미를 심던 주민들의 손길은 빽빽이 들어선 고층아파트 뒤의 그늘 속으로 사라졌다. 마을을 가꿔가던 주민들의 자발적인 노력과 공동체 활동은 전통적인 저층단독주거지 어디서나 마주칠 수 있는 흔한 풍경[1]이었지만, 지금은 마을과 함께 모두 사라진 것이다. '그 많던 동네는 어디로 갔을까?' 라는 어느 재개발 비판서적의 제목처럼, 재개발·재건축사업들은 수많은 마을들을 무심하게 파괴하고 그 속에 담겨 있던 이웃과 공동체, 사회적 관계를 소멸시켰다. 그 배경에는 쇠락한 도시공간의 개발과 관리를 민간영역에 떠맡기고 부동산자본이 활개치도록 내버려 둔 공공의 방임적 태도가 자리하고 있었다. 다행히 최근에는 사라져 가는 저층주거지에 대한 우려와 재개발의 각종 부작용이 공론화되면서 공공의 태도가 변화하고 있다. 마을만들기에 대한 정책적, 사회적 관심이 증가하고 있는 지금이야말로, 기존의 도시계획에 대한 반성과 고찰이 필요한 때다. 도시공간을 전면 철거해 그 안의 사회적 관계까지 일시에 제거해 버리는 재개발이라는 계획제도의 속성은 마을만들기와 필연적으로 배치되는 것이기 때문에, 자연발생적인 마을만들기 움직임은 물론 각고의 노력으로 성숙하고 있는 마을공동체 활동에도 위협이 된다. 이 글은 주민의 삶과 거주환경을 보호해야 할 도시계획이 재개발이라는 명분을 내세워 마을과 공동체를 해체하는 과정을 살펴보고, 이런 파괴의 실상들이 재개발사업에 내재된 속성에서 야기된다는 사실을 이해함으로써 주민을 배려하고 마을만들기

---

[1] 40쪽의 사진은 은평구 진관내동에 위치하던 한양주택 내 단독가구의 모습이다(사진: 김기호 서울시립대 교수).

와 조화를 이룰 수 있는 도시계획의 필요성을 인식하는 계기로 삼고자 한다.

마을을 파괴하는 도시계획

도시계획이 소중한 삶의 터전과 마을공동체를 보호하는 대신 오히려 그 반대편에서 마을을 파괴한 사례는 도시의 발전과정에서 반복적으로 지속되고 있다. 1960년대 시작된 무허가불량주거지 철거정책, 올림픽을 앞두고 도시의 본격적인 개조와 미화에 동원된 1980년대 합동재개발의 과정과 최근의 뉴타운사업에 이르기까지 다양한 이름과 목표를 내세워 가난한 이들을 삶의 터전 바깥으로 내모는 일을 정당화시키고 있다.

무허가정착지 정비정책과 빈민 내쫓기

본격적인 재개발사업은 무허가 불량주택을 철거하고 그 자리에 신규 주택을 공급하는 정착지사업으로부터 시작됐다. 판자촌 집중에 따른 도심의 슬럼화와 주택부족 문제를 동시에 해결하기 위한 고육책이었다. 청계천 일대를 비롯한 도심 판자촌들은 도시빈민들이 선택할 수 있는 최적의 주거지이자 가까이서 일자리를 구할 수 있는 소중한 삶터였지만, 공공의 입장에서는 쇄신의 대상에 불과했다. 시는 도심지에 산재한 무허가 불량주택을 철거하는 한편 변두리지역의 시유지에 새로운 정착촌을 조성하여 철거민들을 강제 이주시키고 8평에서 12평의 토지를 분양했다. 도심의 불량촌을 허허벌판의 외곽으로 옮겨 놓는 식의 정착지 조성방식은 20~30년 후 다시 철거를 초래할 수밖에 없는 임기응변식 대책에 불과했다.

1959년 미아리에서 처음 실시된 정착지사업은 1960년대 중반까지 계속되며 쌍문동, 정릉동, 구로동, 목동, 상계동, 신림동, 봉천동 등 20여 곳에 달하는 달동네를 생산해냈다. 시는 계획적 개발이라는 이유로 아무런 대책 없이 주민들을 쫓아냈고, 쫓겨난 주민들은 법적·제도적 보호 없이 자력으로 다시 마을을 만들어 나갔다. 이 과정에서 주민들을 도운 것은 정부가 아닌 종교계였다. 주민들을 위해 정착지를 마련해 주는 한편, 일터를 잃은 정착민들의 생계유지를 위한 공동체 활동을 지원하기도 했다.

대표적인 사례는 시흥시 복음자리마을이다. 안양천변의 무허가 판자촌 철거민들이 이주하여 조성한 마을인데, 1976년 서울시가 도시미화사업의 일환으로 안양천변 판자촌 철거에 나서자 빈민운동을 하던 종교인들이 중심이 되어 집단이주계획을 마련해 조성했다. 가톨릭 자선단체에서 시흥군 소래읍 신천리에 5,400평의 택지를 매입할 수 있도록 자금을 지원해 주었고, 양평1동과 양평2동, 문래동의 철거민 170가구가 이곳에서 천막생활을 하며 공동으로 마을을 일구었다. 60채의 주택을 짓고 하수로 공사와 상수도 공사까지 주민들이 직접 시행했다. 건축비의 52%는 주민들이 미리 냈고, 나머지는 종교단체가 마련해 준 융자금으로 충당했다. 융자금은 나중에 모두 상환하여 복음자리에 이웃해 조성된 한독마을과 목화마을의 '마을형성기금'으로 활용되었다. 주민들이 함께 마을을 일구는 과정에서 형성된 공동체는 마을잔치, 주민교육, 신협, 장학기금·장학회 조성, 바자회 등 다양한 활동을 통해 공고해졌고, '복음자리 잼'으로 유명한 아름농장과 한우협동조합같은 생산공동체까지 만들어졌다.

마을과 공동체를 해체시키는 파괴적인 도시계획과 이에 대응해 마을을 재건하고 그 속에서 공동체를 가꾸려는 주민들의 시소관계는 이미 시작되고 있었다.

합동재개발과 소외주민들의 저항, 상계동사태

도시재개발이라는 명분을 내세운 폭력적 철거사태는 1960년대 이후 개발지상주의에 함몰돼 달려 온 우리 사회 어디서나 볼 수 있는 고질병 같은 것이었다. 1960~70년대 무허가 정착촌을 철거하고 그 자리에 신규주택을 공급한다는 목표로 철거가 정당화되었다면, 1980년대에는 올림픽을 앞두고 도시미화가 재개발의 전면적인 이유로 내세워졌다.

1971년 광주대단지사건과 뒤이은 목동 공영개발과정에서 철거민들의 극심한 저항에 직면했던 공공이 '합동재개발제도'를 도입해 재개발을 민간영역으로 넘겨 버림에 따라, 주민들이 자유롭게 마을과 공동체를 유지하며 사는 데 장애물이 없어진 듯했다. 하지만 현실은 더 복잡했다. 서울시 입장에서 재개발사업은 국공유지를 불하해 재정수입을 확보하고 재산세가 면제됐던 무허가건물을 아파트로 바꾸어 신규 세수입도 확보할 수 있으니 일석이조의 사업이었고, 건설업체로서는 해외 건설경기 부진에 따른 유휴노동력과 장비를 활용할 국내 투자처가 생긴 데다 시 외곽의 무허가 미개발 택지나 국공유지를 염가로 매입할 수 있으니 그야말로 크게 남는 사업이었다.[2] 합동재개발에 대해 이해가 일치한 이 두 콤비는 화려한 청사진으로 가옥주들을 유혹해 마을을 '삶의 터전'이 아닌 '투자처'로 인식시킴으로써 민간영역의 재개발을 촉진시키고 오랫동안 지지부진했던 재개발구역까지 사업을 가속시키는 역할을 했다. 합동재개발 대상지 대부분은 과거 도심에서 쫓겨난 철거민들이 20여 년간 어렵게 일구어 낸 정착지들이었다. 결국 1960~70년대 도시계획에 의해 마을을 잃은 주민들이 힘겹게 재조성한 마을과 공동체가 다시 철거 위기에 놓이면서 철거과정의 대립과 폭력은 더욱 악화될 수밖에 없었다.

도시빈민들을 더 먼 외곽으로 쫓아내는 토끼몰이식 철거재개발은 올림픽을 앞두고 가장 극심했다. 서울시는 1985년 4월 상계동 173번지 일대를 재개발사업지구로 지정했다. 이 지역은 1960년대 중반 한남동, 청계천 등지의 도심 무허가정착지 정비로 발생한 철거민들을 서울시가 변두리의 시유지에 정착시키면서 형성된 마을이었다. 정착촌 조성 당시 15,380평 부지에 세대별로 방 1개, 부엌 1개짜리 약 4평 남짓한 공간을 분양해 주었다. 당시만 해도 교통시설 등의 기반시설이 제대로 갖춰지지 않았던 이 지역에 지하철 4호선이 준공되면서 주거지로서의 가치가 상승하자, 올림픽 개최를 위한 도시정비를 명목으로 이 일대를 재개발지구로 지정했다. 사업 추진과정에서 고조된 가옥주와 세입자간 갈등과 세입자들의 극심한 철거반대운동이 1986년 6월 기습 철거현장에서 극단적인 충돌로 이어지면서 1명의 사망자를 냈다.

---

2 장세훈, "1960년대 이후의 도시 무허가정착지 철거정비정책에 관한 비판적 고찰", 김형국 편저, 『불량촌과 재개발』, 도서출판 나남, 1989.

상계동사태는 무허가정착지 문제에 대한 근본적인 해결 의지 없이 무대책 이전에만 급급한 공공에 대한 분노의 폭발이자, 개발이익을 두고 대립한 세입자와 가옥주의 극도의 갈등이 표출된 사건이다. 자금조달능력이 부족한 토박이 가옥주는 떠나고 투기이익을 노린 부재 가옥주들이 판치는 재개발의 불편한 현실이 극명하게 드러나면서, 도시 미화라는 이름으로 가난한 사람들의 삶과 생계를 희생시켜 결국은 잘 사는 사람들의 재산을 불려주는 재개발사업의 속성에 대해 사회적 관심을 불러일으켰다.

상계동에서 쫓겨난 철거민 일부는 명동성당을 거쳐 부천시 고강동에 새로운 공동체를 꾸렸지만 서울올림픽 성화가 근처를 지나갈지 모른다는 이유로 또다시 철거됐다. 어떻게든 마을을 지키려는 주민의 의지와 마을을 해체하는 계획의 무심함이 극명한 대조를 이루고 있다.

뉴타운사업으로 사라진 한양주택

지금은 거대한 아파트단지로 변해버린 은평구 진관내동 440번지 일대에는 50평형대 주택 200세대로 이루어진 마을이 있었다. 한양주택이라 불리던 이 마을은 1972년 이후 북한과의 교류가 증가하자 정부가 북한방문단이 지나가는 도로변의 무허가주택을 허물어 선전 및 과시용으로 1978년 조성한 주택지이다. 당시 단열재도 설비되지 않은 주택에 나무 한그루 없이 황량하던 이 지역을 주민들 스스로 주택을 수리하고 놀이터와 마을상가도 만들었다. 주민들이 직접 가꾼 생울타리와 화단, 과일나무들 덕분에 서울에서 보기 드문 친환경적인 주거공간으로 탈바꿈하여 각종 영화와 드라마의 촬영지로도 인기를 얻었고, 1996년에는 서울시에 의해 '아름다운 마을'로 선정되기도 했다. 마을에는 성인남성 중심의 '상우회'와 부녀자 중심의 '부녀회' 등 9개 이상의 주민조직들이 관혼상제 등의 마을행사 지원, 마을청소와 공동부업 등 다양한 공동체활동을 주도하고 있었다.

서울시는 한양주택의 공동체적 가치를 공식적으로 인정해 놓고도, 2005년 은평뉴타운사업 대상지역에 이 마을을 포함시킴으로써 철거를 용인했다. 서울시 스스로 아름다운 마을과 공동체를 해체시키는 데 앞장선 셈이다. 처음 뉴타운사업이 결정되었을 때에는 무려 주민의 98%가 개발에 반대했다. 반대주민들은 SH공사의 물건지 조사를 거부하고 순번을 정해 시청 앞에서 300일 이상 1인 시위를 이어갔다. 시민사회에서는 8개 시민단체의 활동가들이 '한양주택지키기 시민의 모임' 이라는 이름으로 탄원서를 제출하는 등 한양주택 철거 저지를 위한 사회적인 합의가 이루어지고 있었다. 사회적 관심과 합의에 힘을 얻은 주민들은 한양주택을 냉전시대의 근대문화유산으로 인정하여 보존해 달라는 신청서를 내기에 이르렀다. 주민들 스스로 근대문화유산 등록을 신청한 경우는 등록문화재 제도 도입 이후 처음 있는 일이었다. 그러나 마을공동체와 사회단체들의 이같은 노력에도 불구하고 한양주택은 2007년 결국 철거되고 말았다.

주민 스스로 주거환경을 개선하고 이웃과의 교류를 통해 공동체를 가꾸는 일은 저층단독주거지 어디서나 쉽게 볼 수 있는 전통적인 마을만들기의 유형이었다. 한양주택도 저층주거지 마을만들기의 우수사례 중 하나로 오랜 기간 자생적인 힘으로 공동체를 유지해 오고 있었지만, 공공의 계획 앞에서 철거되는 운명을 피하지는 못하였다. 과거의 재개발사업들이 그러했듯, 뉴타운사업 역시 물리적 환경의 개선에만 치중한 나머지 마을내부의 삶의 안정성과 공동체의 지속성을 외면한 채 계획이라는 이름으로 마을과 공동체를 파괴시키는 오류를 반복하고 있다.

재개발 앞의 마을만들기의 수난, 삼덕동공동체

재개발 · 재건축사업은 한양주택과 같은 자생적인 마을만들기 움직임뿐 아니라, 주민들의 의지와 노력으로 상당 기간 마을만들기를 추진해 온 지역에도 위협이 되고 있다. 1990년대 이후 마을만들기에 대한 관심이 증가하고 주민간의 관계 회복을 통해 주거지의 안정성을 추구하려는 움직임이 활발해진 반면, 재개발 · 재건축사업은 여전히 공동체의 존재 여부에 관계없이 무차별적으로 대상지를 지정하고 있어 기껏 가꿔 온 성숙된 공동체마저 해체 위기로 몰고 있다.

도시형 마을만들기의 초기모델이자 성공사례로 평가되는 대구 삼덕동 마을공동체는 1998년 주민 김경민 씨가 자택 담장을 허문 자리를 정원으로 조성해 골목에 개방한 이래, 골목영화제, 벽화 그리기, 마을축제 개최, 국악원 · 미술관 조성, 보육시설과 일자리지원센터 운영에 이르는 다양한 공동체 활동을 통해 시나브로 성장해 왔다.

마을만들기 우수사례로 꼽히던 이 공동체도 2006년 재개발구역으로 지정되면서 위기를 맞았다. 담장과 함께 허물어졌던 마음의 벽은 재개발사업 고시와 함께 다시 나타났다. 마을주민은 찬성과 반대, 방관의 세 무리로 나뉘어져 반목했다. 10년 가까이 마을의 역사를 만들며 쌓아 온 주민간의 신뢰와 애착도 재산 증식에 대한 유혹과 부동산 투기자본이 몰고 온 재개발 바람을 막기에는 역부족이었다.

현재 삼덕동의 재개발은 주춤한 상태다. 그러나 삼덕동 재개발의 주춤은 주민과 공동체가 '죽을 힘을 다해 싸워' 얻어낸 결과라기보다 자본 스스로가 '제 풀에 지쳐서' 라는 것이 더 정확할 것이다.[3] 2007년 대규모 아파트 미분양사태에서 시작된 부동산 경기침체는 재개발이 곧 엄청난 기대수익을 안겨다 줄 완벽한 투자재가 아니라는 사실을 주민들이 인식하는 계기로 작용했고, 부동산자본 스스로 사업을 유보하는 사례가 속출했다. 2008년 대구지역 미분양가구는 3만 가구, 2009년에는 전국 미분양 중 대구지역 물량이 15% 이상을 차지하는 등 이 일대 부동산경기가 크게 침체되면서 재개발 추진이 잠잠해졌고, 그 결과 삼덕동은 마을공동체 해체라는 최악의 상황을 피할 수 있었다.

재개발 움직임이 주춤해진 후 삼덕동은 다시 안정을 찾고 있다. 예전처럼 주민들이 주도하여 인형극축제도 개최하고 희망자전거 제작소와 이동도서관 등 공동 편의시설 운영에도 적극적이다. 삼덕동의 사례는 마을만들기가 재개발이라는 합법적인 제도를 등에 업은 부동산자본의 거침없는 도전에 대항해 마을을 지켜낼 방법은 없지만, 주거가 안정되고 정주성이 다시 담보되면 마을을 유지하고 지킬 수 있는 힘이 있다는 것을 보여준다. 이는 역으로 마을만들기의 성장을 기대하기 위해서는 공동체를 담고 있는 그릇, 즉 마을이라는 공간의 지속성이 담보되어야 한다는 것을 보여주고 있다.

---

3 김은희, "상식이 대안이다 고치며 살자", 『걷고 싶은 도시』 3,4월호, 도시연대, 2011.

재개발 · 재건축의 파괴적 속성

그동안 도시계획은 도시의 쇠락한 공간을 개발의 대상으로 볼 뿐 보호하고 유지할 대상으로 보지 않았다. 오래된 저층주거지를 일시에 철거하여 정돈된 아파트단지로 변신시키는 일을 반복하면서 낡은 것은 철거해야 할 구시대적인 유물인 양 간주하고 투기의 대상으로 보는 시각을 당연하게 받아들였다. 이런 사회적 분위기 속에서 주민들은 재개발 · 재건축을 통해 막대한 초과이익을 꿈꾼다. 개발의 주체인 주민들에게 심어진 환상과 기대는 대량의 신규주택을 공급하는 원동력이 되었지만, 그 이면에는 아름다운 마을을 철거하고 주민을 내쫓는 파괴적인 과정을 정당화시키는 변명으로 이용되었다. 한양주택을 철거했고 삼덕동을 위협했던 재개발 · 재건축사업의 파괴적인 위력과 그로 인해 초래된 현실의 성찰을 통해 도시계획이 마을과 그 속의 공동체를 보호하는 데 어떤 한계를 가지고 있는지를 이해할 필요가 있다.

제도적 문제: 불합리한 재개발구역 지정기준

재개발사업이 양호한 도시환경까지도 무차별적으로 소멸시키고 있는 이유 중 하나는 바로 재개발 · 재건축의 지정기준 자체에 도시공간의 상태에 대한 규정이 전혀 없기 때문이다. 주거지의 공간이 양호한지 아닌지는 내부 거주민의 생활의 질이나 공동체의 결속력과는 관계없이 필지의 위치와 규모, 주택의 노후도만으로 결정되고 있다.

도로에 접한 주택의 비율이 20% 이하이거나 과소필지 또는 부정형 · 세장형 필지가 50% 이상인 지역, 노후도가 60%를 충족하는 지역은 어디나 재개발의 대상이 될 수 있다. 필지의 문제를 자율적인 교환과 합병을 통해 개선할 수 있는 기회를 제공하는 대신, 공공이 계획적으로 철거를 조장해 일시에 반듯하게 정비하길 선호하고 있음을 알 수 있다. 노후도 기준에서 건축물이 불편할 정도로 낡았느냐 아니냐 하는 실질적인 상태는 고려되지 않는다. 단순히 건축연도에 근거함으로써 멀쩡한 자원의 소비를 부추기고 양호한 주거지를 파괴하는 선봉역할을 한다. 아무리 잘 관리되어 사는 데 불편함이 없는 양호한 건물이라 해도,

1982년 이전에 지어졌다면 20년 후에, 1982년 이후에 지어졌다면 30년이 지난 후에는 노후건물이라는 딱지가 붙는다. 시대가 변하면서 건물구조 등을 반영해 노후기준이 변경되기도 했지만, 건축연도를 노후도의 결정요건이자 재개발 지정기준으로 보는 기조에는 변함이 없다.

멀쩡한 건물도 20~30년 전에 지어졌다는 이유로 철거당해 마땅한 건물이 되는 현재의 제도가 지속되는 한, 아무리 양호한 주택단지라도 단독·다세대주택이 밀집한 저층주거지들은 항시 철거재개발의 위협에 놓이게 된다. 큰 개발차익을 실현할 수 있기 때문이다. 이 지역들은 모두 법률적으로 재개발의 대상지가 될 수 있으며, 대상지 내 주민 2/3 이상의 동의만 있으면 합법적으로 사업을 추진할 수 있다. 심지어 역사적·문화적 가치가 있는 도시공간마저 이 수치만큼의 주민 합의만 있으면 철거재개발이 가능한 실정이다. 결국 서울이라는 도시의 역사적 정체성을 담고 있는 빼어난 근·현대 생활환경의 보존마저도 계획의 결정보다는 주민들의 의지에 맡겨지는 딜레마에 봉착하고 있다.

양호한 한옥밀집지역임에도 불구하고 정비예정구역으로 지정된 동소문동6

전통주거양식을 유지하고 있는 동소문동 한옥 밀집지 일대. 재개발에 반대하는 주민들이 서울시를 상대로 소송을 제기한 끝에 재개발 위기를 모면했다(사진: 도시연대).

가 일대가 재개발로 멸실 위기에 처하자, 이 지역에서 한옥을 소유하고 있는 주민 피터 바돌로뮤가 이웃 20명과 함께 서울시를 상대로 소송을 냈다. 도시계획이 외면한 지역의 가치를 주민 스스로 보호하기에 나선 것이다. 소송 2년만인 2009년, 항소심까지 간 끝에 결국 예정구역 지정 취소처분을 이끌어 냈지만 한옥 밀집지역으로서 보존가치를 인정받아서가 아니라 노후주택의 비율 때문이었다. 1심에서 60.73%라고 인정했던 노후주택비율이 항소심에서 58.75%로 확인됐다. 단 두 동의 건축물 때문에 노후주택 비율을 만족시키지 못한 것이다.

정릉6구역은 유네스코 세계문화유산 정릉이 포함되어 있어 원래 최고 4층까지만 건축이 허가되는 제 1종 일반주거지역이었는데, 2008년 제 2종 일반주거지역으로 변경되어 15층까지 고층아파트를 지을 수 있게 되면서 주민들이 재건축사업계획을 제출하게 되었다. 문화재위원회가 7~15층의 고층아파트 16개동 710가구를 건립하는 당초 재건축안에 제동을 거는 등 논란의 중심이 됐던 이 지역 재건축사업은 반대하는 주민들과 법정싸움까지 가서야 유보결정이 내려졌다. 유보 사유는 세계적인 문화유산을 보존하려는 공공의 정책적 판단이나 의지 때문이 아니라, 2009년 조합설립 인가 당시 제출한 동의율이 부풀려진 것으로 밝혀졌기 때문이다. 실제로는 법정기준에 미치지 못하는 수준이었다.

우수한 문화유산지구나 한옥지구의 보존까지 노후도와 동의율에 의존해야 하는 위 사례들은 재개발이 도시계획이라는 이름을 표방하고는 있지만 실제로는 통계치만 충족하면 사업이 가능하도록 방치함으로써 도시공간의 보호·관리 책임을 부동산자본과 주민들에게 떠넘기고 있으며, 그 결과 도시 전역을 잠재적인 개발지로 만들어 놓은 데 대한 책임이 있음을 보여준다.

추진과정의 문제: 정보의 제한과 주민 소외

재개발사업의 추진주체는 재개발에 찬성하는 2/3의 주민이다. 해당 지역 토지나 건물 소유자들의 동의로 설립된 조합이 사업을 주도하므로 재개발을 주민참여형 사업으로 보는 극단적인 시각도 존재한다. 그러나 현실은 정비업체가 만들어 온 계획안에 조합원들이 찬·반 의견을 표시하는 데 그치는 정도여서, 여타 도시계획의 의견수렴 과정과 큰 차이가 없다. 이처럼 재개발사업의 주민참여는 '2/3 이상'의 '다수' 주민이 참여한다는 수치에만 주목할 뿐 그 다수가 참여하는 방식은 간과하고 있어, 참여의 진정성에 대한 의문들이 제기되고 있다.

우선, 재개발사업의 주민참여 과정에 관한 의문이다. 주민들이 참여여부를 결정하는 과정에서 정확한 정보를 제공받았는지, 즉 '정확한 정보'에 근거해 참여여부에 대한 '자율적인 판단을 내렸느냐' 하는 것이다. 재개발·재건축사업에서 가장 중요한 주민참여 수단은 조합원이 되어 조합설립에 참여하는 것인데, 사업의 가장 초기단계이자 기본 토대라고 할 수 있는 이 과정부터 주민에게 정확한 정보제공이 이루어지지 않는다. 경제정의실천시민연합이 2009년 발표한 '묻지마식 재개발사업의 실태 보고서'는 조사를 진행한 47개 전 구역에서 분담금내역이 기재되지 않은 부실동의서를 제출했음에도 조합설립 인·허가가 났음을 지적하고 있다. 조합설립 동의서의 분담금 내역 명시는 법률에서 정하고 있는 사항인데도 공공이 별다른 조치 없이 부실 동의서에 근거해 조합 설립을 허가한 것이다. 백지 동의서는 정비업체가 주민의 재건축부담금에 대해서는 함구한 채 개발이익에 대한 막연한 기대와 과장된 정보를 제공해 동의를 부추기고 주민은 사업내용을 알지도 못한 채 사업에 동의했다는 방증임에도 불구하고, 공공이 이를 방조함으로써 주민참여를 왜곡시키는 데 일조하고 있음을 보여준다.

재개발·재건축사업은 전문성과 자금조달 능력이 부족한 일반 가옥주들이 추진위원회를 구성하여 시행하도록 규정하고 있어 초기부터 전문지식과 자금을 가진 정비업체들이 결합할 수밖에 없는 사업구조를 가지고 있다. 어려운 도시계획 전문용어와 복잡한 추진절차들은 주민들이 정비업체가 주는 정보에 기댈 수밖에 없도록 몰고 있기 때문에, 재개발사업에 참여하는 주민들은 재개발에 대해 정확하게 알지 못하거나 또는 정비업체가 보여주는 왜곡된 정보에 현혹되어 부동산시장에 몸을 던지는, 두 부류 중 하나가 된다.

주민참여 과정이 자발적이었느냐는 점 역시 논란이 되고 있다. 재개발 조합장 후보가 조합설립을 하기도 전에 정비업체에 시행권을 약속해 주고 뒷돈을 받는 일이 관행처럼 횡행한다. 그 돈으로 경호경비용역(OS용역), 속칭 조폭을 고용하여 조합 설립을 위한 주민동의서를 받게 하거나 조합 총회에서 강압적인 분위기를 조성하여 총회가 왜곡된 의사결정을 하도록 유도한다. 심지어는 조폭들로 조합 총회의 성원을 채우기도 한다. 〈비열한 거리〉의 조인성처럼 개발 동의서를 받으러 다니는 폭력배들의 모습은 영화 속에서 심심찮게 볼 수 있다. 이처럼 재개발·재건축사업의 주민참여 과정은 적어도 일부 소수의 주민들에게는 그다지 자발적이지 않은 강제된 동원에 불과하다. 또 일단 조합에 동의서를 제출한 이후에는 주민 대부분이 모든 사업 추진과정과 의사결정에서 철저하게 배제되고 있다. 조합은 사업 추진과정과 계획 변경내용, 분담금 변화내역 등을 투명하게 공개하여 주민의 공감을 얻어야 하지만, 현실에서는 마지막 단계인 관리처분계획 발표 직전까지도 조합원들이 사업추진 현황과 감정평가액, 추가부담금 내용을 알지 못하도록 막는 데 급급하고, 관리처분계획 최종 통지 후에는 반대조합원을 철저히 배제한 상태에서 일사천리로 총회를 진행하고 사업 절차를 마무리한다.[4] 다행스럽게도 서울시는 용산참사를 계기로 재개발·재건축사업에 공공관리자 제도를 도입했다. 조합설립 단계를 공공이 주도함으로써 사업초기에 발생할 수 있는 정비업체의 결탁과 부패를 사전에 차단하고 투명한 조합운영을 보장하려는 제도이다. 또 온라인상에 사업추진단계, 조합의 자금집행 내역, 사업비 및 분담금 추정액 등을 공개하도록 정보관리시스템을 구축하는 등 재개발사업에서 일반주민들의 정보 접근성을 개선하기 위한 장치들이 다각도로 마련되고 있다.

시행방식의 문제: 폭력적인 전면철거와 주민 교체

그날 밤 승용차 안의 사나이가 우리 동네의 나머지 입주권을 모두 사버
렸다. 그는 다른 투기업자들이 이십이만 원에 사는 것을 이십오만 원씩

---

4 법적으로는 재개발계획안의 변경이나 분담금 변경사항 등 재개발사업의 추진과 관련한 중요 사항에 대하여 주민총회에서 의결해야 하고 주민들은 이 자리에서 의견을 표현할 수 있도록 보장받지만, 실제로는 총회 개최 없이 조합 임의대로 계획안을 변경하는 일이 흔히 일어난다.

주고 모두 사버렸다. 어머니는 소중하게 싸두었던 것들을 하나하나 넘겨주었다. 식칼 자국이 난 표찰, 아침 수저를 놓고 가슴을 세 번 치게 한 철거 계고장, 집을 헐값에 버리기 위해 생전 처음 내본 인감 증명 두 통 …… 대문을 두드리던 사람들이 집을 싸고 돌았다. 그들이 우리의 시멘트담을 쳐부수었다. 먼저 구멍이 뚫리더니 담은 내려앉았다. 먼지가 올랐다. 어머니가 우리들 쪽으로 돌아앉았다. 우리는 말없이 식사를 계속했다.

— 조세희, 『난장이가 쏘아올린 작은 공』 중에서

1976년에 발간된 소설 조세희의 『난장이가 쏘아올린 작은 공』은 1970년대 철거재개발 속에서 삶의 터전을 잃고 힘없이 쫓겨나는 철거민들의 실상을 적나라하게 보여주고 있다. 재개발지역에 입주해 살 수 있는 딱지를 쥐어 준 것으로 책임을 다 했다는 공공의 실체와, 그 딱지를 갖고도 개발비용을 내지 못해 삶의 권리를 팔고 떠나야만 하는 철거민들의 현실을 고발하고 있다. 이 소설은 2009년 용산재개발을 둘러싸고 6명이 사망하고 24명이 부상당한 참사를 계기로 다시 세상의 주목을 받았다. 용산참사는 재개발이라는 계획제도가 30년 이상 쳇바퀴를 돌며 철거민의 삶과 희생을 담보하고 있는 현실을 다시 한 번 사회에 인식시켜 주었다. 특히 1980년대부터 뉴타운사업에 이르기까지 일관되게 추진되어 온 합동재개발 방식은 부진했던 재개발지구까지 개발속도를 가속시켜 빈민들을 위한 도시공간들을 빠른 속도로 소멸시켰고, 그 결과 남아있는 저소득층 거주지의 인구집중은 더 심화되었다. 결국 더 이상 떠밀려 나갈 곳이 없어진 주민들의 저항은 더욱 거세질 수밖에 없고, 조합은 더욱 무자비한 철거를 강행한다. 강한 저항에 더 무자비한 폭력으로 대응하는 악순환의 구조는 상계동사태와 용산참사 같은 불상사를 반복해서 야기할 수밖에 없다. 반대하는 주민들에 대한 포용정책이나 이주방안 등의 배려 없이 반대자는 모조리 내쫓는 일방적인 재개발의 결정구조는 필연적으로 구조적 폭력성을 내재하고 있다. 전체 주민 2/3의 재산권 행사를 위해 나머지 1/3의 재산권을 외면·박탈하는 행위에 대해 공공이 면죄부를 주는 현 사업방식이 지속되는 한, 도시계획은 과거 1960~70년대 강제이주정책이나 공영개발이 경험했던 것처럼 반대자들의 극심한 회의와 저항에 직면할 지도 모른다.

계산대로라면 재개발이 끝난 새 정착지에는 찬성주민, 즉 1/3의 반대주민을 무자비하게 밀어내고 재개발·재건축사업을 열성적으로 추진한 2/3의 주민들이 다시 돌아와야 할 테지만, 지역의 현실은 그렇지 못하다. 기존 주민의 상당수는 높은 분담금을 내지 못해 분양권을 팔고 떠났거나, 분양권을 가지고 있더라도 철거 이후 준공에 이르는 몇 년의 사업기간 동안 다른 지역에 정착하면서 돌아오길 포기한다. 이러한 현실은 재개발사업지구의 재정착률에도 그대로 반영된다. 2007년 서울시정개발연구원에서 수행한 서울시의 보고서에 의하면, 길음뉴타운 4구역에 거주하는 조합원과 세입자들 중 해당 지역에 다시 살게 된 경우는 17.1%[5]에 불과했다. 조합설립 당시 이 지역에 거주하던 가옥주(조합원)의 재정착률 역시 낮기는 마찬가지다. 사업 후 재정착한 경우는 22.4%이고, 나머지 주민 중 18.2%는 성북구에, 30.7%는 인접구에 정착했다. 아예 서울을 떠난 경우도 20.5%에 달했다. 이처럼 사업 후 재정착해서 사는 거주민보다 타 지역으로 쫓겨 간 거주민이 훨씬 많다 보니 뉴타운사업을 가리켜 주거환경 개선사업이 아니라 주민 개선사업이라는 조소까지 나온다.

대부분의 재개발이 마을의 쇠락한 곳을 점진적으로 고치는 순환방식이 아니라 전면 철거방식으로 진행되다 보니 새 아파트가 건립되는 동안 주민들은 다른 주거지를 찾아 이동할 수밖에 없고, 일단 새 정착지에서 삶을 꾸리고 관계를 형성하게 되면 사업이 끝나도 다시 돌아오기 어려워진다. 게다가 기존 단독·저층 주거지의 낡은 소형 주택들이 중·대형 평형의 아파트로 바뀌면서 주택량이 오히려 감소하는 까닭에[6] 기존 주민의 반도 수용하기 어렵다. 주택가격 역시 크게

---

5 조합원만을 대상으로 할 경우 재정착률은 22.4%이지만, 사업시행 이전 해당 구역에 거주했던 보상대상 세입자까지 포함할 경우 재정착률은 더욱 낮아져 17.1%로 나타났다(2006년 7월 현재 조사결과). 재정착률 = (재입주 조합원+공공임대주택 입주가구)/(조합설립 당시 현지거주 조합원+보상대상 세입자)

뉴타운사업 시행 전 · 후 주택 변화

구　분	사업 전	사업 후
전용면적 60㎡ 이하 주택비율	63%	30%
매매가 5억원 미만 주택비율	86%	30%
전세가 4천만원 미만 주택비율	83%	0%
평균 주택규모(전용면적)	80m²	107m²
평균 주택가격	3억 9천만원	5억 4천만원
거주가구 평균소득	207만원	653만원

(출처: 서울시 주거환경개선정책 자문위원회 공청회 자료(2009. 1. 15); 김수현 · 정석, "재개발, 뉴타운사업 중단하라", 『걷고 싶은 도시』 11,12월호, 도시연대, 2010.)

올라 기존 소득으로는 이 지역의 주택가격을 감당하기 힘들다. 뉴타운사업 전보다 주택규모는 커지고 주택가격은 뛰어오르니, 예전 주민들에게 이곳은 주소만 같을 뿐 더 이상 같은 공간이 아니다. 대다수의 주민들에게 새로 지어진 아파트는 소중한 새 삶의 공간이 아니라 차익을 남기고 사고파는 물건이 될 뿐이다. 사업시행 전 · 후 가구당 평균소득이 세 배 이상 뛰었다는 사실은 이 지역 주민들이 완전히 바뀌었다는 것을 시사하고 있다. 마을만 사라진 것이 아니라, 마을을 지키던 주민들도 모두 사라진 것이다.

　비단 뉴타운사업만이 아니라, 재개발 · 재건축사업 등 모든 유형의 정비사업들이 같은 실정이다. 마을을 전면 철거해 대형 아파트를 공급하는 재개발방식은 기존 주민들의 삶터와 공동체를 파괴한 뒤 개량된 기반시설과 나아진 거주환경을 상위계층의 주거공간으로 제공하는 '젠트리피케이션' 의 전형이다. 마을을

---

6 서울시 주거환경개선정책 자문위원회는 2009년 발표 당시의 계획대로 뉴타운식 주택사업이 추진될 경우 2010년 멸실될 주택량은 13만 6,346호에 달하는 반면, 새로 공급되는 주택수는 6만 7,134호에 그쳐 주택의 절반이 사라지게 될 것이라고 경고했다.

완전히 해체하고 83%의 주민을 교체해 버리는 지금의 재개발환경에서 기존의 마을공동체가 유지된다는 것은 불가능하다. 주거지에서 마을만들기 활동이 지속적으로 이루어지기 위해서는 '정주의 안정성'이 전제되어야 한다. 즉, 공동체를 담고 있는 그릇이 안정적이어야 하는데, 도시계획이 오히려 그 그릇을 끊임없이 깨트리고 계속 새 그릇을 만들어 낸다. 공동체를 형성하고 살아가야 하는 주민들 역시 깨지는 그릇과 운명을 같이 하고 있다.

구조적인 문제: 공공의 책임 방기

재개발의 파괴적 속성들과 그로 인해 발생하는 문제들의 상당부분은 쇠락한 도시공간의 관리와 개발을 공공이 민간영역에 떠넘기고 있는 재개발사업의 구조에서 야기된다. 과거 공공은 주택의 공급과 공간의 정비를 이유로 재개발의 불가피성을 정당화시켰고, 철거과정에서 발생하는 주민과의 갈등을 회피하고 재개발에 드는 비용을 민간자본에 전가시키기 위해 합동재개발을 도입했다. 민간

단독주택 밀집지를 전면 철거하고 그곳에 고층아파트를 공급하는 현장은 서울 어디서나 흔히 볼 수 있는 풍경이다(사진: 도시연대).

의 자본논리에서야 저층주거지를 가능한 높은 고층아파트 단지로 바꾸어 수익 창출을 극대화하려는 것이 당연하지만, 공공은 자본의 투기와 사적 욕망을 제어하여 공익을 보호해야 하는 의무가 있고 도시계획은 이와 같은 사회적 목적을 수행해야 할 수단이어야 했다. 그럼에도 불구하고 재개발사업을 대하는 공공의 기본 태도는 방임에 가까웠다. 주민들이 생활의 터전을 고치면서 살아갈 수 있는 대안은 남겨두지 않은 채, 투기자본이 그 속성대로 활개치고 주민들이 재개발·재건축을 돈뭉치로 보도록 방치하여 보존가치가 있는 도시공간마저 개발자본의 손에 맡기고 있다. 도시공간을 효율적 토지이용과 물리적 개선의 대상으로 보는 공공과 자본증식의 수단으로만 보는 민간자본의 결합은 전통적인 저층주거지의 급격한 감소와 주거유형의 획일화라는 극단적인 결과를 초래했다.

양호한 도시공동체를 유지·보호하는 일이나 소멸되고 있는 저층주거지를 살리는 일에는 무관심으로 일관하던 공공이, 급증하는 아파트단지에 대한 제도적 지원을 마련하는 데에는 적극적인 면모를 발휘했다. 2003년 5월 정부가 '주택법'을 제정하여 공동주택의 관리업무에 필요한 비용을 지방자치단체가 일부 지원할 수 있는 근거를 마련하자, 2004년 서울 송파구를 필두로 '공동주택 관리지원조례'가 봇물처럼 제정됐다. 서울시가 2002년 은평·왕십리·길음 등 세 곳의 시범뉴타운을 발표한 후 이듬 해 12곳을 더 지정해 대대적인 공동주택 공급을 예고하는 동안, 정부는 법을 바꿔 공동주택에 대한 공공지원의 근거를 마련했다. 의도했건 의도하지 않았건 운 좋은 호흡이었다. 공동주택 내에 설치된 공공시설물은 당해 공동주택 단지에 속한 민간소유물이지만 공중이 이용하는 시설이므로 공공이 지원할 책무가 있음을 인정한 조치다. 전국 최초로 조례를 제정한 송파구는 첫 해에 무려 100억에 가까운 예산을 공동주택 지원에 배정했다. 초기에는 단지 내 도로와 하수도·가로등·놀이터·경로당 등에 국한되어 있었지만, 최근에는 공원의 수목 식재, 옥외보안등 전기료, 장애인 편의시설 설치·유지보수, 재난안전시설물 보수·보강, 에너지 절약 및 절수시설 설치·개선까지 지원범위가 확대됐다. 2011년부터는 서울시 전 자치구에서 공동주택 입주민과 인근 주민 사이의 공동체 활성화 사업을 지원할 수 있도록 조례를 개정해, 보안등·CCTV의 설치·유지, 보육시설 설치·개보수, 옥상 텃밭가꾸기, 영어교실·문고 운영 등 교육사업, 요가강좌·영화상영 등의 문화활동까지도 지원 받을 수 있다. 공동주택 주민들에게는 마을만들기를 지원하는 다양한 활동에 대해 별도의 예산지원 창구가 있는 셈이다. 반면, 단독이나 다세대·연립주택 등의 저층주택지에 대한 지원은 일부 지방의 자치단체들이 도시가스시설 설치비용을 보조하는 정도에 그치고 있어 대조를 이룬다. 재개발사업으로 사라져 가는 저층주택지를 보호할 대책 마련에는 소극적이면서 재개발사업으로 들어차는 아파트단지를 지원할 방책 찾는 데는 적극적인 공공의 이중성이 마을과 공동체의 파괴를 더욱 부추기고 있다.

마을을 지키기 위한 도시계획

기존의 도시계획이 저층주거지와 지역공동체를 무차별적으로 파괴하며 정주의 지속성을 담아내지 못한 데 대한 실망, 주민을 소외시키는 불합리하고 일방적인 계획의 추진과정에 대한 인식은 주민 스스로 마을을 가꾸고 유지하려는 노력, 즉 마을만들기에 대한 관심을 증가시키고 있다. 공공에서도 재개발·재건축사업의 부작용에 주목하는 한편, 마을만들기 수법을 도입한 대안적 관리방안의 시도를 통해 도시계획체계의 변화를 모색하고 있다.

경관협정: 주민의 동의로 만들어지는 경관협정

주민 스스로 마을의 환경을 개선할 수 있는 제도적 근거가 마련된 것은 경관분야에서 먼저 시도되었다. 2007년 경관법 제정으로 도입된 경관협정은 주민들이 자기 마을을 개선하고 가꾸기 위한 약속을 자율적으로 정하면, 이를 공공에서 법적으로 인정하고 지원해주는 제도다. 경관에 관련된 모든 요소들과 이를 관리하기 위한 행위들이 경관협정의 대상이 될 수 있다.

　지역의 환경을 개선하는 데 주민참여를 유도한 사례는 시민단체 주도의 운동이나 공공의 사업, 지구단위계획의 주민약속[7]같은 권고사항 등 기존에도 다양한 형태로 존재했지만, 경관협정은 그 수립내용과 절차를 법으로 규정함으로써 기존의 시도들이 보다 안정적이고 체계적으로 이루어질 수 있는 제도적 기반을 마련했다는 데 의의가 있다.[8]

토지 또는 건축물의 소유자, 또는 그 소유자로부터 동의를 받은 자까지 경관협정의 동의대상에 포함되기 때문에, 소유자가 동의하는 경우 실거주하고 있는 세입자에게도 권한이 주어진다. 경관협정은 이해관계인 전원의 합의에 의해 체결되기 때문에 경관관리를 위한 기준, 즉 협정내용에 동의하여 협정을 체결한 주민들에게만 효력이 미친다. 경관협정의 운영·관리는 협정을 체결한 세대들이 운영회를 구성하여 주도한다. 주민들이 만든 협정은 행정심의를 거쳐 승인되어 법적인 효력을 갖추게 되며, 협정체결자간 이견이 발생했을 때는 얼마든지 절차에 의해 그 내용을 변경하거나 필요시 폐기할 수 있다. 마을환경 개선을 위한 과제를 찾고 실행하는 것은 주민에게 맡기고, 행정은 주민들에게 동기 부여와 자문, 기술과 재정 지원 등을 제공하는 것이 사업의 핵심구조이다.

서울시는 2009년 광진구 중곡4동, 양천구 신월2동, 강북구 우이동의 3개 지역을 대상으로 경관협정 시범사업을 추진했다. 강북구 우이동의 경우는 총 134세대 중 74세대가 동의하여 경관협정을 만들고, 이 중 73세대가 경관협정운영회에 가입했다. 경관협정 체결 이후에도 가입가구는 증가하여 2011년에는 94세대가 경관협정에 참여하고 있다. 주민들은 건축입면, 담장, 창문 등 개별 건축물에 대한 가이드라인을 만들어서 신축이나 증·개축, 개·보수시에 준수하도록 하고, 지구내 생활도로나 교량, 전신주·소화전·보안등·안내판 등의 공공시설과 방범용 CCTV, 쌈지공원 등 공동 휴식공간, 커뮤니티시설, 심지어 마을 공동나무에 이르는 공공영역의 경관관리 기준도 마련했다. 시범사업지구의 경우,

---

7 지역의 환경개선 여부는 결국 지역에 살고 있는 주민의 참여 정도에 달려있다는 판단에 따라 주민들 스스로 일종의 환경관리지침을 마련하여 자발적으로 실천토록 만든 것이다. 법적 구속력이 없는 주민간의 자치약속으로, 건대입구 노유거리, 성신여대 입구거리, 이태원로 등 주로 상업가로의 환경정비형 지구단위계획 수립 시 활용되었다.

8 안현찬, "경관협정 무차별적 재개발을 극복하기 위한 제도화의 노력", 『걷고 싶은 도시』 11,12월호, 도시연대, 2010.

외부 공공영역의 공동사업 시행에 필요한 비용은 시가 지원했고, 경관협정운영회는 실행과정에서 주도적인 역할을 했다. 공동사업 추진뿐 아니라 공사 완료 뒤의 유지관리까지 주민들이 직접 관리하도록 함으로써 민간의 역량을 지속적으로 활용할 예정이다. 우이동 주민들은 개별주택의 경관 가이드라인을 이행하는 동시에, 공공 진입로 확보를 위해 사유재산인 담장을 후퇴하고 수목 식재, 화단 조성, 마을 공동청소에 나서는 등 공공경관 개선에도 자율적으로 동참했다.

광진구 중곡4동 용마마을은 좁은 골목길의 보행 편의를 위해 길가에 내놓는 화분의 크기와 배열 기준도 만들고, 소방차가 진입하기 어려운 좁은 골목길에 비상 소화장치함을 설치해 주민들이 자율적으로 관리하고 소방안전교육도 받자는 합의까지 경관협정에 담았다.[9] 그동안 노후하고 협소한 골목주거지 철거의 당위처럼 사용되었던 소방 취약성 문제를 마을을 유지 · 보존하는 시각에서 지역현실에 맞게 풀어낸 것이다. 2010년 인근 역세권 개발소식 때문에 오해가 생기면서 협정을 폐기해야 하는 상황을 맞았지만, 생활태도 변화나 주민 교육 같은 사회적 · 문화적 자원까지 환경개선의 동력으로 이끌어 낸 사례로서 의미가 있다.

휴먼타운: 형식적인 주민참여에서 주민이 계획을 수립하는 주체로

서울시는 2009년 경관협정사업을 도입한 데 이어, 2010년에는 휴먼타운사업을 도입했다. '휴먼타운사업'이란 아파트 위주의 기존 재개발사업 대신 단독 · 다가구 · 다세대 밀집지역을 유지 · 보존하되 공동주택처럼 보안 · 방범, 주차장, 복지시설 등의 공동편의시설이 확보된 거주환경을 접목시키는 정비사업이다. 단독 · 다가구 · 다세대 밀집지역에 아파트단지의 장점인 공동편의시설들을 제공해 거주 매력을 높임으로써 천편일률적인 아파트단지로의 전면철거 재개발을 지양하고 저층주거지를 보호하고자 도입되었다. 뉴타운 추진이 장기간 방치되어 예정구역이 해제된 지역과 존치지역이지만 건축허가 제한을 해제한 지

---

9 안현찬, 앞의 글, 2010.

역 중 저층주거지를 대상으로 한다.

단독·다가구·다세대 밀집지역 내 건축물과 외부환경의 유지·관리를 위해 지구단위계획을 수립하는 데서 출발하였다. 2010년에는 강동구 서원마을, 강북구 능안골, 성북구 선유골 등 3개 대상지에서 휴먼타운 제 1종 지구단위계획을 수립했다.

휴먼타운 지구단위계획은 워크숍 등을 통해 주민 스스로 마을의 다양한 문제를 인식하고 공동체의 미래상을 공유한 다음, 이 미래상을 실현하기 위한 계획의 과제들을 설정하는 과정을 거쳐 수립된다. 중요한 것은 이 과정들이 주민의 참여와 합의를 통해 이루어진다는 점이다. 기존의 도시계획이 주민공람이나 공청회를 통해 계획이 거의 다 성안된 단계에서 제한적으로 주민의견을 수렴하는 데 그쳤다면, 휴먼타운 지구단위계획은 계획수립 과정의 전체 단계를 주민과 함께 하면서 주민의견을 계획단계에서부터 적극적으로 반영한다는 것이다.

전체적인 추진과정은 경관협정과 유사하지만, 건물외부와 공공공간의 경관관리에 관한 사항 외에도 건축물의 용도, 높이, 규모, 배치, 교통처리 등 건축기준에 대한 규제사항들을 규정하여 도시관리계획으로서 실효성을 담보하는 점이 다르다. 민간건축물에 대해 법적 효력을 지니고 있는 건축 '규제사항'과, 더 나은 환경개선과 경관관리를 위해 필요한 사항을 인센티브와 연계하는 '권장사항', 주민들이 자발적으로 체결·참여할 수 있는 선택사항인 '협정'이 포함되어 있다. 공공부문에서는 저층주거지 보호와 마을환경 개선을 위해 공공의 지원이 필요한 사업을 주민과 함께 정하여 환경정비계획 및 시행지침으로 제시하고 구체적인 집행계획을 수립한다. 휴먼타운사업은 공공이 저층주거지의 가치를 인정하고 이를 보호·유지하기 위한 대안적 계획을 주도적으로 제시했다는 점, 또 구체적인 마을관리의 해법을 주민의 직접적인 참여를 통해 찾아내고 그 결과를 지구단위계획이라는 법정 관리계획으로 수립함으로써 안정적이고 체계적인 추진기반을 마련했다는 점에서 주목할 만한 사업이다.

전면철거의 대안: 고치며 사는 노력에 대한 공공의 지원

마지막으로, 전면철거 후 아파트단지를 조성하는 재개발방식 대신 주민 스스로 고치고 수선해 나가면서 마을을 유지하려는 대안적 노력들을 행정이 지원하는 움직임도 있다.

재개발사업이 개발이익을 쫓는 순수 민간 건설자본에 맡겨지다 보니 높은 수익성이 기대되는 도심 인근의 저층·단독주거지들은 무차별적으로 재개발의 압력에 노출되는 반면, 노후 건축물과 열악한 도로·공공시설로 주거환경의 개선이 절실한 지역일지라도 수익성이 낮으면 정비업체의 관심에서 소외되어 방치되는 경우가 빈번하다.

서울 성북구 삼선동1가에 위치한 장수마을은 주택 대부분이 40~50년이 지난 노후주택이다. 가파르고 좁은 골목길과 상하수도시설 부족 등 취약한 거주환경 때문에 2004년 재개발예정지역으로 지정되었다. 주민들의 편리한 생활과 안전을 위해 재개발이 시급하지만, 주변에 성곽과 총무당 등이 소재하여[10] 부동산자본이 전혀 관심을 보이지 않는 지역이다. 예정구역으로 지정된 이후 신축·대수선 같은 자율적인 개량마저 제약을 받고 있어 오히려 쇠락이 가속화되고 있다. 주민들도 분담금을 낼 경제적 여력이 없고 상당수가 국공유지에 거주하고 있어 보상금조차 받기 어려운 실정이다 보니 자력정비 역시 쉽지 않다.

공공과 민간자본 어느 쪽의 관심도 받지 못하고 방치되었던 이 지역에 철거형 재개발을 대체할 대안개발방식을 찾고 있던 전문가와 시민단체들이 관심을 가지고 들어왔다. 시민단체 네트워크는 주민워크숍, 마을역사와 문화기록, 소식지 발행과 블로그 개설, 공동벽화작업 등을 통해 자연스레 공동체의식 형성을 도모하고, 그 과정에서 마을 개발방향에 대한 주민들의 자율적 합의를 끌어내는 데 노력을 기울였다. 고지대의 좁은 골목지대에 낡은 주택들이 빼곡히 들어찬

---

10 제1종 일반주거지역인 데다가 인근의 서울 성곽과 총무당이라는 문화재 때문에 최고층수 5층, 용적률 130% 이하 제한을 받고 있어 재개발사업을 추진하더라도 수익을 창출하기 어려운 지역이다.

장수마을의 핵심문제는 주거환경 개선이었다. 소득이 낮은 주민들이 직접 주택을 수리하고 마을의 환경까지 관리할 수 있도록 만들자는 데 의견이 일치했고, 단계적 노력들이 시도됐다. 집수리 기술을 가르치는 '뚝딱뚝딱 장수마을학교'에서 시작해, 이웃들이 함께 도와가며 수리를 지원할 수 있는 '집수리 두레반', 마을기업인 '동네목수'를 조직하는 데까지 이어졌다.

성북구는 '동네목수' 사업 지원을 위한 협약식을 체결해 마을기업의 인건비를 지원하고, 마을만들기 지원조례, 마을만들기 지원센터를 만들어 공동체 회복과 주거지의 재생을 도모하는 지속가능한 마을관리 시스템을 만들어 나가고 있다. 과거 공공이 재개발사업을 방관하거나 때로 쇠락한 도시공간을 개선하고자 의도적으로 민간을 부추겨 재개발사업을 촉발했었다면, 장수마을은 고치며 살기 위한 주민들의 마을만들기식 노력을 공공이 인정하고 지원한 사례다. 지역주민의 역량을 확대해 마을관리의 주체로 육성·활용하고자 하는 마을기업과 이를 지원하는 공공의 결합은 주거지 재생의 새로운 전망을 보여줄 것으로 기대된다.

은평구의 두꺼비하우징사업 역시 오래된 주거지에서 낡은 주택을 리모델링하거나 수리해서 유지하고, 한 발 더 나아가 지역 내부에 필요한 주거편의서비스를 사회적 기업을 통해 제공하도록 공공이 지원하는 사업이다. 서울시의 휴먼타운사업과 맞닿아 있고, 장수마을과도 관리방식이 유사하다. 장수마을이 시민단체의 지원 아래 주민들이 설립한 마을기업을 통해 주거지 재생을 추진하는 사례라면, 두꺼비하우징사업은 시민단체가 사회적 기업을 설립하되 구청이 출자형식으로

장수마을 전경(사진: 대안개발 연구모임)

장수마을 마을학교(사진: 대안개발 연구모임)

결합하는 민관협력형 주거환경 개선사업이다. 지역업체와 협력을 맺어 지역의 일자리 창출과 일감 확보에도 기여한다. 은평구의회에서 조례 제정이 지연되면서 구의 출자 근거를 마련하는 데 난항을 겪고 있지만, 정부부처나 각종 공익재단으로부터 지원을 받아 저소득층 무상 집수리사업, 에너지 효율개선사업 등 고치며 사는 마을관리방식에 시동을 걸었다. 주택 수리 외에도 아파트처럼 관리비만 내면 개별 주택을 유지·보수해 주는 서비스를 제공하는 등 단독·다세대주택 주민들의 주거편의 개선에 기여할 예정이다. 지역주민의 정주권을 보호하기 위해 공공이 직접적인 사업주체로 나섰다는 점, 사회적 기업을 통해 지역 업체에 일감과 일자리를 제공하고 커뮤니티 비즈니스를 활성화하는 방식이라는 점, 민간과 공공의 합작회사를 추구하는 거버넌스형 사업이라는 점에서 관심을 받고 있다.

마을만들기를 배려하는 도시계획의 과제

앞서 살펴보았듯이 마을만들기가 스스로 시장경제 시스템 속에서 공동체를 지키고 재개발계획에 대응하기란 쉽지 않다. 거대한 투기자본의 유혹에 물든 주민들과 전문적인 정비업체, 폭력적인 경비용역업체도 힘겨운 상대지만, 자본의 투기적 개발을 합법적으로 묵인하고 심지어 조장하는 공공의 태도야말로 상대하기 버거운 존재였다. 합법적으로 자행되는 파괴적 재개발·재건축사업 앞에서 주민들은 불법 점거와 격렬한 철거반대운동 외에는 선택의 여지가 없었다. 반대를 위해 결집된 동력은 한편으로는 주민 스스로 마을을 지키고 공동체를 살리려는 움직임을 더욱 결속시키는 계기가 되기도 했지만, 공공의 계획에 대응해 마을을 지켜내는 데는 여전히 역부족이었다.

이처럼 기존의 도시계획이 마을과 공동체를 파괴하고 마을만들기의 내발적인 씨앗을 소멸시켜 온 당사자 중 하나임을 비추어 볼 때, 도시계획과 마을만들기 사이의 근본적인 관계 변화 없이는 마을만들기의 낙관적인 미래도 기대하기 어렵다. 도시계획이 앞으로도 전면 철거 재개발방식을 고집하며 마을만들기를 도시관리 수단의 하나로 인정하지 않는다면, 마을만들기는 여전히 도시계획에 반대하고 재개발은 부단히 마을만들기를 위협하며 수많은 "한양주택"들을 양산하게 될지도 모른다. 이러한 오류를 범하지 않기 위해서는 마을만들기 안의 가능성을 계획수법에 담아냄으로써 둘 사이에 조화로운 관리방식을 찾는 것이 시급한 과제다.[11] 다행히 최근 들어 서울시를 비롯해 성북구, 은평구 등 많은 자치단체에서 마을만들기를 재개발계획의 대안이자 새로운 공간관리의 수단으로 활용하기 위한 움직임이 증가하고 있다. 지역마다 마을만들기의 형태도 다 제각각이다. 각 마을의 물리적 환경이 다를 뿐 아니라 그 안에 내재된 문제와 현안, 주민의 소득이나 교육수준도 모두 다르기 때문이다. 자연히 내부의 사회적 관계, 현안에 대응하는 방식도 다를 수밖에 없다. 성미산마을에는 1990년대 중반부터 공동육아와 생협운동에 관심을 가진 선진적인 주민공동체가 존재했고, 2000년대 초 성미산 배수로 개발 저지운동이 공동체 결집의 계기가 되었다. 장수마을은 장수마을대로, 북촌마을과 동소문동6가 내부에는 각기 다른 주민들이 지역현안에 나름의 방식으로 대응하며 삶과 공동체를 꾸리고 있다. 따라서 도시계획이 지역의 문제를 마을만들기 방식으로 풀어가고자 할 경우 마을간 차이와 다양성을 인식하고 이를 수용할 수 있는 차별화된 방법을 고려해야 한다. 반대로 마을별 차별성을 간과한 채 특정지역이나 특정사례를 마을만들기의 표준모델로 삼아 확산하려는 시도는 경계할 필요가 있다.

다음으로, 주민참여의 지속성을 보장할 수 있는 관리시스템이 마련되어야 한다. 마을만들기의 필수 동력은 지속적인 주민참여이다. 하지만 지역내부의 사회적 관계를 육성하고 유지할 수 있는 고민이 계획에 수반되지 못할 경우 주민참여의 지속성은 담보되기 어렵다. 각종 마을만들기 지원사업이나 휴먼타운 지구단위계획 수립 대상지에서도 볼 수 있듯이, 초기 계획수립 단계에서는 공공의 독려 속에 주민참여가 활발하게 이루어지지만 공공이 빠져나간 뒤 시행과 실행

---

11 마을만들기의 흐름과 민간영역의 다양한 경험, 마을만들기를 계획수법으로 활용한 사례 등은 이 책의 "마을만들기는 운동이다"(김은희)를 참조하기 바란다.

단계에서는 주민참여가 단절되곤 한다. 사업이 완료된 후에도 주민참여가 지역의 삶과 일상 속으로 연계될 수 있도록 일정기간 주민참여 독려, 공동체 활동 지원, 주민리더 육성·교류 등에 대한 공공의 세심한 배려와 지원이 필요하다.

마지막으로, 주민들의 거주 안정성, 즉 정주성定住性을 보장할 수 있는 제도적 보완이 필요하다. 재개발·재건축사업 대상구역 지정기준 정비, 세입자 거주안정책 마련 등 도시계획 관련법률 개정의 필요성에 대해서는 이미 언급한 바 있다. 다른 한편으로는, 마을의 지속성과 거주의 안정성을 저해하는 복잡한 사회적 현상들이 시대변화에 따라 계속 재생산되고 있다는 사실을 기억할 필요가 있다. 전세시장의 불안정이 심화되면서 2년마다 이삿짐을 싸야 하는 세입자들이 늘고 있는 요즘 마을공동체의 성숙은 점점 요원해 지고 있다. 세입자들이 지역에 뿌리 내릴 사이 없이 철새처럼 부유하는 현실이 개선되지 않는 한, 마을만들기는 일부 가옥주를 위한 반쪽짜리 공동체운동으로 만족해야 할지도 모른다. 정주성의 확보야말로 지역에 소속감을 느끼고 지역의제에 관심을 가질 수 있는 주민, 자발적인 참여로 지역현안을 풀고자 노력하는 자주적 주민이 성장하기 위한 가장 기본적인 요건이다. 따라서 가옥주는 물론 세입자에 대해서도 다양한 도시계획 수단을 동원해 정주성을 보장해 주는 것이야말로 마을만들기의 궁극적인 출발점이 될 수 있을 것이다.

참고문헌

- 김수현·정석, "재개발, 뉴타운사업 중단하라",『걷고 싶은 도시』11,12월호, 도시연대, 2010.
- 김은희, "상식이 대안이다 고치며 살자",『걷고 싶은 도시』3,4월호, 도시연대, 2011.
- 김은희·김수경·박숭배·정현숭,『단독주거지의 지속가능성에 대한 연구』, 국토연구원 도시재생사업단, 2011.
- 서울특별시,『경관협정 기본계획 보고서』, 서울특별시, 2009.
- 서울특별시,『뉴타운사업에 따른 원주민 재정착률 제고방안』, 서울특별시, 2007.
- 서울특별시,『서울휴먼타운 선유골 제 1종 지구단위계획 디자인가이드라인』, 서울특별시, 2010.
- 안현찬, "경관협정 무차별적 재개발을 극복하기 위한 제도화의 노력",『걷고 싶은 도시』11,12월호, 도시연대, 2010.
- 이영범·김은희,『사회적 기업을 이용한 주거지 재생』, 국토연구원 도시재생지원사업단, 2011.
- 장세훈, "1960년대 이후의 도시 무허가정착지 철거정비정책에 관한 비판적 고찰", 김형국 편저,『불량촌과 재개발』, 도서출판 나남, 1989.

도시만들기 속의 마을만들기로

박재길 _ 국토연구원 부원장

배경 및 목적

최근 들어와 주민 주도로 '마을만들기'를 하는 곳이 크게 늘고 있다. 포털 사이트를 통해 '마을만들기' 용어를 검색해 보면 수많은 사례가 소개되고 있다. 마을만들기가 우리 사회의 새로운 운동으로 펼쳐지고 있음이다. 서울시에서는 심지어 마을만들기를 철거 재개발의 '뉴타운·정비사업'을 대신하는 새로운 도시재생수법으로도 검토하고 있다.[1] 서울시를 본받아 다른 지방도시에서의 적용도 더욱 확산될 것으로 예상된다. 2000년 무렵까지만 해도 일부 마을에서 하는

---

* 본 원고에 사용된 사진들 중 출처를 별도로 명시하지 않은 사진들은 류태회 연구원으로부터 제공받은 사진들임.

1 서울 시장은 2012년 1월 30일 '서울시 뉴타운·정비사업 신정책 구상'을 발표하면서 뉴타운·정비사업의 관행을 바꾸어 공동체, 마을만들기 중심으로 전환할 것이라고 밝혔다.

것으로만 알음알음 전해지던 마을만들기가 사회 전체의 주목을 받고 지자체의 주요 정책사업으로 발전하고 있다.

그럼에도 불구하고 마을만들기 자체가 우리 사회의 발전 과정에 어떠한 의미를 가지며, 제도적으로는 또한 어떻게 자리매김될 수 있는지는 그다지 분명하지가 않다. 전통적으로 해 온 도시계획과도 어떠한 관계로 서로 작용하여야 하는지 명확하지 않다. 앞으로 마을만들기가 발전하기 위해서는 이러한 부분에 관한 논의가 필수 불가결하다. 그렇지 않으면 사회에 뿌리 내리는 데 시간이 많이 걸리고, 거듭된 시행착오로 낭비 또한 클 것이기 때문이다.

마을만들기가 이 시대에 등장하게 된 데는 나름대로 사회적 배경이 있을 것이다. 이 글에서는 마을만들기를 우리나라가 지금까지 해 온 도시만들기를 보완하는 것으로 전제하고 논의해 보고자 한다.[2] 도시만들기의 패러다임이 변하고 있고, 그러한 패러다임 변화 속에 마을만들기가 등장한 것으로 보이기 때문이다. 따라서 도시만들기의 패러다임 변화를 먼저 살펴보고 그 속에 마을만들기를 자리매김하면서 앞으로의 방향을 전망해 보기로 한다. 이와 더불어 도시계획제도로서의 마을만들기가 앞으로 어떤 역할을 해야 하는지도 아울러 살펴보고자 한다.

도시만들기의 패러다임 변화와 이론적 함의
우리나라의 도시만들기 여건 변화

우리나라가 농촌 중심 사회에서 도시 중심 사회로 변화하기 시작한 것은 20세기에 들어오면서부터이다. 도시를 중심으로 서양 근대 문물이 들어오고, 사람과 자본 또한 도시로 집중되기 시작하였다. 1910년대에는 경부선을 위시한 전국 철도망이 서울을 중심으로 X자형으로 완성되어 사람들의 거주지 이동도 보다

2 이 글에서는 개별 마을 단위뿐만 아니라 마을과 마을이 모인 보다 큰 범위의 공간을 포함하여 도시로 규정하고, 도시만들기는 이들 공간에 대한 구상 및 정책, 계획, 그리고 프로그램 및 사업 등의 행위와 관련된 사항을 모두 포괄하는 것으로 규정한다.

쉬워졌다. 일제의 토지조사사업으로 농지를 잃게 된 농민들이 도시로 몰려들었고, 식민지 정책으로 일본인들 또한 대거 국내로 이주하여 도시에 자리 잡았다. 전前 근대적인 기존 도시를 개수改修하여 확장하는 일과 더불어 항만 및 군사시설과 관련된 신시가지 조성도 이루어졌다. 1934년에는 근대 도시계획제도로 시가지계획령이 제정되고 시가지 조성을 위한 수법으로 토지구획정리사업도 제도화되었다.

산업화를 본격 추진한 1960년대부터는 도시가 급성장하고 이에 대응하기 위해 도시개발 체제를 더욱 발전시켜 왔다. 도시 거주 인구의 총수로 보면 1960년부터 2010년까지 지난 50년동안 900만에서 4,600만으로 3,700만명이나 늘어났다.[3] 반세기 동안은 도시의 양적 성장에 대응하여 시가지를 확장 · 개발하는 일로서 도시만들기에 매진해 왔다. 그동안 만들어진 도시만들기 제도도 모두가 도시 성장을 전제로 한 것이었다. 특히 도시계획은 이에 필요한 시설 및 공간 소요를 미리 판단하여 배분하는 일을 맡아 왔다. 법정 도시계획으로 땅 위의 계획선을 결정하여 왔다.[4] 도로 등 공공시설 예정부지는 도시계획시설로 결정하고, 시가지로 개발할 토지에 대해서는 용도지역을 그에 합당하게 지정하여 왔다. 도시계획은 이들 사업이 원활히 추진되도록 지원함으로써 공급자 중심의 도시개발을 뒷받침해온 것이다.

도시개발 수요가 커지면서 도로, 상하수도, 전기, 학교 등 각종 기반시설의 소요를 도시 전역 차원에서 종합적으로 판단하는 일이 필요하게 되었다. 도시개발을 장기적 관점에서 계획적, 단계적으로 추진하고자 도시기본구상도를 핵심으로 하는 도시기본계획이 1981년에 제도화되었다. 도시기본계획은 용도지역 지정에 지침이 되고 개발사업도 컨트롤하는 계획으로 법적 권위를 부여받았다.

---

3 박재길 외, 『한국형 국토공간 디자인 연구』, 국토연구원, 2011, p.13.
4 2000년 1월 전면개정이 있기 전까지의 도시계획법에서는 도시계획의 범위를 도시계획구역, 용도지역 · 구역 · 지구, 도시기반시설 등에 대한 결정과 토지구획정리사업 · 재개발사업 등 개발사업에 관한 계획을 결정하는 일 자체로 한정하여, 도시기본계획은 도시계획의 범위에 포함되어 있지 않았다.

1980년대 이후의 대규모 도시 확장에 도시기본계획이 크게 기여해 왔다.

그러나 도시 성장을 전제로 한 우리나라의 도시만들기는 1990년대 중반 이후 그 이전과는 전혀 다른 새로운 환경을 맞이하게 되었다. 사회가 끝없이 성장할 수 없을 뿐만 아니라, 성장하는 것만으로 사회가 발전하는 것이 아니라는 점도 깨닫게 되었다. 1980년대에는 거의 10%에 달하던 GDP(국내총생산) 연평균 성장률도 1990년대 중반부터 5% 내외로 떨어져 저성장 시대가 되었다.[5] 도시 광역화로 중심 도시 인구가 주변으로 유출되어 대도시 인구가 감소하고, 2000년대 들어와서는 전국 도시 중 반수 가까이가 인구 감소를 겪는 상황이 되었다.[6] 항상 사회 전체의 발전을 생각하여 국가 행정을 우선시 해왔으나, 1987년 민주화 선언 이후로는 그에 못지않게 개인의 자유와 권리도 중요하다는 것으로 바뀌게 되었다. 도시만들기에서도 사회 전체 이익만을 이유로 개인의 권리를 순순히 양보받을 수 없게 되었다. 여기에 지방자치 실시와 함께 분권화도 급속히 추진되었다. 1995년에는 지자체 단체장이 직선제로 선출되고 중앙정부가 가진 권한의 많은 부분이 지방으로 이양되었다. 한편 도시만들기에서 시장 경제의 자율성도 또한 강화되었다. 공익을 전제로 규제해 온 기업 입지도 1990년대 이후 규제기획위원회 등을 통해 많이 완화되거나 폐지되었다.[7] 그러한 가운데도 일인당 국민 소득이 2만불 수준으로 높아지고, 세계화와 정보화 또한 진행되면서 국민들

---

5 연평균 GDP 성장률을 보면 1981~1985년에는 연평균 9.1%, 1986~1990년에는 10.5%로 10% 내외였으나 1991~1995년에는 7.9%, 1996~2000년에는 5.4%로 성장률이 크게 둔화되었다(한국경제 60년사 편찬위원회, 『한국경제 60년사 I』, 한국개발연구원, 2010, p.146).

6 센서스 인구를 통해서 볼 때 서울은 1990년, 부산은 1995년, 대구는 2000년에 인구 규모가 정점에 도달하고 그후부터 정체 내지는 감소하였다. 또한 전체 도시로 볼 때는 1980년대에는 동해, 태백, 제천 등 극히 일부 지방 소도시에서만 인구가 감소하였으나, 1990~1994년에는 전체 62개 도시 중 11개 도시에서 감소하고, 1995~1999년에는 전체 84개 도시 중 21개 도시에서 인구가 감소하였다. 2000~2004년에는 전국 84개 도시 가운데 절반 가까운 37개 도시에서 인구가 감소하였다(이왕건 · 김중은 · 박경현, 『인구 저성장 시대의 도시관리정책 방향 연구』, 국토연구원, 2005, p.21).

7 1993년부터 행정쇄신위원회를 중심으로 규제를 개선하기 시작하였고, 1998년에는 대통령 직속으로 규제개혁위원회를 발족하여 규제 완화를 강력하게 추진해 오고 있다.

의 삶의 질에 대한 관심은 드높아지게 되었다.

항상 성장이 전제되고, 성장이 곧 발전이라는 생각에서 도시 미래상을 만들어 물리적 과제를 해결해 온 도시만들기로서는 1990년대 이후 변화한 환경에 제대로 부응하기 어렵게 되었다. 도시기본구상도대로의 개발사업 추진이 토지소유자의 커다란 저항에 직면하게 되고, 여건변화에 대응하지 못하여 장기계획의 권위도 약화되었다. 개발용지 배분을 위주로 한 도시기본계획으로는 시민들이 도시 발전에 대한 가치를 공유하기 어렵게 되었다. 성장시대의 도시계획으로는 다원화된 사회의 가치나 시민들의 욕구를 제대로 담기 힘든 상황에 있음이다.

성장사회를 넘어 성숙사회에 가기 위한 도시만들기가 필요하다. 분권화된 민주사회에서 각 개인이 추구하는 가치, 각 지역이 가지고 있는 가치를 사회 전체 가치로 통합하여 추진하는 도시만들기가 필요하다. 신개발보다 도시재생 수요가 더 커지면서 이미 거주하고 있는 주민 및 생활자를 외면한 채 도시를 만들어가는 일은 불가능하게 되었다. 한편 생활자의 일자리를 위해서도 시장경제 발전은 여전히 필요하다. 서로 다른 가치관일지라도 공유 가능한 가치를 찾아 비전을 만들고, 목표를 정하여 협력해 가야 한다. 주민 주도의 마을만들기가 나타난 것은 산업화·도시화시대를 넘어 성숙사회를 지향하는 도시만들기 체제의 필요성을 말하고 있다.

선진국에서의 도시만들기 패러다임의 변화

우리나라에서는 20년 가까이 도시만들기 패러다임이 혼돈 상태에 있는 것으로 보인다. 사실 과거 구미 선진국이나 일본에서도 나라별로 시차를 가지기는 했지만 이미 경험한 사항들이다. 이들 선진국들도 1960~80년대에 기존의 도시만들기 체제가 사회 환경에 부적응하는 상황에 봉착하였다. 과학이나 기술이 발달하면서 끝없이 성장할 것으로 생각해 온 사회가 자연 자원의 한계와 더불어 내부의 다원화된 가치를 추스리지 못하여 사회 혼란에 직면하게 되었다.[8] 성장만을 쫓아서 운용해 온 기존의 도시만들기 체제는 시민들의 실생활real life을 외면해 온 것으로 비판받게 되었다. 기능적 측면에서 도시 활동만을 수용하면서 사람들이

느끼는 도시공간 문제는 방치해 온 것이다.[9]

　사회가 성장하는 데는 전문화, 분업화가 역할을 해 왔지만, 이제는 오히려 그로 인해 분절화된 가치를 통합하는 일이 중요해지고, 사람들 간에 형성된 지역사회 내 유대가 중요한 사회 자본의 하나가 된다는 생각도 갖게 되었다. 이를 바탕으로 사회를 통합하는 노력이야말로 새로운 성숙사회로 나아갈 길이며, 서로 다른 주장과 의견을 조정하여 협의와 협력을 하게 하는 새로운 스타일의 계획이 필요한 것으로 인식되었다.[10]

　이와 함께 커뮤니티 환경을 지키고 개선하고자 하는 주민운동도 활발히 전개되었다. 기존 스타일의 도시계획은 새로운 커뮤니티 운동에 부딪히면서 쇄신해 가지 않으면 안되는 상황을 맞이하였다. 1980년대 무렵부터는 지자체의 공공계획과 주민 주도의 커뮤니티 운동이 서로 협력하는 국면으로 발전하게 된다.[11] 도시만들기 패러다임이 변하고 이 속에서 도시계획과 커뮤니티 운동의 관계가 새로 자리 잡기 시작하였다. 이제 도시만들기는 사람들의 실생활을 위한 것이어야 하며, 가치관이 다름을 전제로 하면서도 공동의 가치를 찾아내어 그 추진에 서로 협력하는 것이 되어야 했다. 도시만들기의 새로운 패러다임은 근대를 전체

---

8 B. M. Gross, "Planning in the Era of Social Revolution: Symposium on Changing Styles of Planning in Post-Industrial America", *Public Administration Review* Vol.31, No.3, 1971, pp.259~297.

9 1960년대 들어와 린치(Lynch, 1960), 제이콥스(Jacobs, 1961), 알렉산더(Alexander, 1966) 등 많은 사람들이 도시에 대한 기계론적 시각과 사람들의 실생활과 유리된 전문가적 시각의 도시만들기를 비판하였다.

10 B. M. Gross, 앞의 글; *Planning Theory*, Pergamon Press, 1973; J. Friedmann, *Retracking America*, Anchor Press, 1973; J. Forester, *Critical Theory, Public Policy and Planning Practice: Toward a Critical Pragmatism*, State Univ. of New York Press, 1993; 로버트 퍼트남 저, 유석춘 외 역, 『번영하는 공동체: 사회자본과 공공생활, 사회자본: 이론과 쟁점』, 도서출판 그린, 2008, pp.125~140.

11 미국 시애틀의 경우 1987년에 근린계획(neighborhood planning) 제도가 도입되어, 근린계획의 내용을 도시기본계획에 반영하게 되었다(박재길, 『살고 싶은 도시만들기와 도시계획의 역할에 관한 연구』, 국토연구원, 2006, pp.66~91). 일본의 경우는 혁신 지자체가 등장하여 그동안 지자체 행정에 반대해 오던 주민운동을 도시계획의 지구계획에 담을 수 있게 되었다(박재길, 『살고 싶은 도시만들기 추진 방안 연구』, 국토연구원, 2005, pp.47~48).

적으로 반성하는 세 가지 유형의 이론적 성찰에 근거하고 있다. 근대적 합리성을 보완하는 사회철학으로서 '생활세계life world론'이 관련되며, 도시를 지배하는 새로운 체제로서 협력적 거버넌스governance와 연관되고, 계획이론으로는 행동 중심action oriented의 실천적 계획론[12]이 연관된다. 이 세 가지가 앞으로의 도시만들기 패러다임을 주도하는 주요 이론으로 자리 잡았다. 우리나라의 마을만들기 또한 이와 연관되어 있다.

하버마스의 생활세계론

1960년대 초에 제이콥스Jacobs가 통렬하게 비판하였듯이 근대 도시계획은 주민들의 실생활real life을 외면한 채 도시를 하나의 유기체organism로 전제하고 전문가들의 활동 영역으로만 간주해 왔다. 그 결과로 삶의 현장에 있는 주민 공동체로부터 저항을 받게 되었다. 커뮤니티를 지키기 위해 주민들이 외부자의 개발을 저지하고, 공해 발생이 우려되어 시설물 입지를 반대하는 것 등은 그곳에서 생활하는 사람들의 입장에서는 당연한 권리로 볼 수 있다. 근대의 합리성을 재구성한 하버마스Habermas에 따르면 공동체가 지키고자 하는 생활환경은 사람들의 '생활세계life world'에 해당한다. 외부적 필요로 추진하는 시설 입지나 사업의 대부분은 또한 '체계system'에 따른 것이다. 하버마스는 '생활세계'와 '체계'가 서로 길항적拮抗的으로 작용하여 상호 충돌할 수 있다고 보고 있다.[13]

근대 사회는 권력이나 화폐를 매체로 정치 · 경제 활동이 '체계'로 치닫으면서 '생활세계'를 위축시켜 온 부분이 없지 않다. 도시만들기 또한 '체계'에 의한 성장만을 뒤쫓아 왔으나, 앞으로 하고자 하는 도시만들기는 오히려 '생활세

---

12 여기에서의 실천적 계획론이란 계획은 실행과 분리될 수 없다(planning should not be seperated from impplementation)는 기본명제를 바탕으로 하는 1970년대 이후의 계획이론을 총칭한다.
13 윤평중, "하버마스와 탈현대 논쟁의 철학적 조망", 한국현상학회편, 『생활세계의 현상학과 해석학』, 서광사, 1992, pp.209~212; 위르겐 하버마스 저, 장춘익 역, 『의사소통행위이론2: 기능주의적 이성 비판을 위하여』, 나남, 2011.

계' 입장에서 지역사회의 역량을 강화하고 바로 주변의 생활환경부터 좋게 만드는 일에 힘써야 한다. '생활세계' 와 '체계' 는 인간이 본질적으로 가지고 있는 의사소통 합리성communicative rationality과 기능적 합리성functional rationality이 각각 발현되는 것으로 볼 수 있다. 성숙사회로 발전하기 위해서는 '체계' 와 '생활세계' 의 둘을 사회의 한 몸으로 여기고 상호 보완적인 것으로 관리해 가야만 한다. 이를 위해서는 의사소통 합리성을 토대로 '생활세계' 를 함께 해 나가는 생활 공동체로서의 지역사회가 힘을 합칠 수밖에 없다. 바로 주변의 생활환경을 먼저 생각하고 도시 전체 차원의 '체계' 에 의한 성장과 변화를 받아들이는 자세가 필요하다.[14]

마을만들기는 마을단위 공동체가 '생활세계' 를 지키고 형성하기 위한 도시만들기에 해당한다. 그러면서도 '체계' 에 의한 변화와 도시 전체 차원에서 추진하는 도시만들기를 열린 자세로 검토하고 협의 · 조정할 수 있어야 할 것이다.

도시만들기의 협력적 거버넌스 체제

'생활세계' 관점에서의 도시만들기는 시민들의 일상생활을 중시하는 데서부터 추진되어야 한다. 생활 주체자인 주민들 스스로가 바로 주변의 문제를 인식하고 해결해 가는 노력을 기울여야 한다. 그러한 과정 자체가 생활세계를 지키고 형성하는 일이 된다. 공동체 스스로 일상의 생활환경을 만들어 간다면 지역마다 개성도 뚜렷해질 것이다. 다만 공동체 구성원들이 힘을 모아서도 하기 힘든 사항이나 효율성 측면에서 볼 때 불가피한 경우에는 도시만들기의 일부를 지자체 행정에 위임하는 것도 방편이 된다.

도시 전체 차원의 도시만들기에는 생활 인프라 공간과 더불어 일자리 제공을

---

14 일본 요코하마 대학의 고바야시 슈우케이(小林重敬) 교수는 근대에 들어와 '체계' 를 '생활세계' 보다 우위에 두고 생각해 온 것을 그림(figure)을 배경(background) 보다 우선해 온 것으로 비유하면서, 생활환경이 중시되는 시대가 되면서는 이제 그림과 배경이 역전되는 상황이 되었다고 말하고 있다.

위한 생산 인프라 공간 조성도 포함된다. 이러한 인프라가 제대로 되어있지 않으면 마을 단위 주민들의 도시 생활 또한 지장을 받지 않을 수 없다. 도시민 전체가 살아가는데 기반이 되고 여러 마을에 걸치는 도시만들기에 대해서는 지자체가 보다 책임을 지고 추진해 가야 할 부분이다. 한편 생활자에 상업서비스를 제공하거나 일터를 제공하는 기업도 생산 공간 조성을 통해 도시만들기에 참여하게 된다. 시장市場 관점에서 추진하는 기업의 도시만들기는 '생활세계' 보다는 '체계' 와 더 연관된다. 생활세계 형성을 위한 커뮤니티 중심의 도시만들기, 기업이 경제활동으로 추진하는 시장 중심의 도시만들기, 도시 전체 차원에서 생활·생산 인프라를 주관하는 행정 중심 도시만들기의 세 가지 도시만들기가 도시 내에서 나름대로 잘 유지될 수 있어야 한다. 이는 정부가 독점해 온 통치가 이제 국가 및 지자체, 시장, 시민사회가 다 같이 다스리는 협력적 거버넌스로 발전하는 것과 맥락을 같이한다.[15]

앞으로 도시사회의 성장은 이들 도시만들기 간의 조화와 협력을 통해서만 가능하다. 체계에 의한 성장이 사회가 추구할 가치의 전부인양 하면서 지금까지는 행정 중심의 도시만들기와 시장 중심의 도시만들기가 연대하는 공급자 중심의 도시만들기에 치중해왔다. 도시개발 수요가 엄청난 양으로 밀려오는데 대응하지 않을 수 없었기 때문이다. 그러나 이제는 그동안 이루어 온 '체계' 에 의한 성장마저도 '생활세계' 의 관점에서 보완해야 할 시점에 이르렀다. 성장도 이제 사회 내부의 서로 다른 가치 간에 협의하여 조정해 가지 않으면 안되게 되었다. 커뮤니티 중심의 도시만들기로 마을만들기 운동이 나타난 것도 바로 이 때문이다. 성숙사회를 지향하는 새로운 도시만들기는 서로 다른 가치의 도시만들기 간에 조정하고 협력하면서 이루어진다.

협력과 조정은 지자체와 지자체 간, 정부와 지자체 간에도 필요하다. 오늘날

---

15 김석준 외, 『거버넌스의 이해』, 대영문화사, 2002.

시민들의 일상생활은 개별 지자체의 단위 행정구역을 넘어 광역화되고 있다. 이동성이 커지면서 생산 및 여가 공간과 거주 공간을 만들어가는 일에도 여러 지자체가 힘을 모아 같이 하지 않으면 안된다. 광역 차원에서 제기되는 도시만들기의 주요 이슈를 여러 지자체가 같이 풀어가는 체제가 필요하다. 국가 차원에서도 행정 중심 도시만들기, 시장 중심 도시만들기를 포함하여 새롭게 대두된 커뮤니티 중심의 도시만들기를 지원하고, 서로 다른 가치의 도시만들기가 협력해갈 수 있도록 하는 정책이 요구된다.

마을만들기는 기본적으로는 주민들이 주도하되 지자체가 이를 지원하고 협력하는 것이 되어야 한다. 시장 중심의 도시만들기와도 협력하여 상호 보완적인 것이 되고 지속가능한 것이 되도록 하여야 한다.

행동 중심의 계획론

성장하는 사회를 활동 배경으로 한 그동안의 도시계획 및 지역계획은 성장에 대응하여 자원을 공간적으로 배분하는 일을 해왔다. 토지용도를 배분하고 앞으로 투자할 사업의 입지를 떨어뜨리는 것으로 계획의 최종 결과물을 청사진계획에 담아왔다. 계획을 추진하는 체제는 '계획→결정→집행'의 단선單線 구조로 이루어져 계획안이 결정되면 이를 행정부서 단위로 나누어 그대로 집행해 가는 폐쇄적 방식closed system이었다. 모두가 자기 지역으로 자원을 조금이라도 많이 받기 위해 계획 결정에 관심을 집중하게 된다. 그러나 정작 결정된 청사진계획은 당장의 자원 배분에는 나름대로 근거가 되지만, 장기적으로 운용하는 데는 한계가 있다. 결정된 바 그대로 추진하고자 하면 현장의 실제 상황과 맞지 않을 뿐 아니라 이미 결정되었다는 이유로 굳이 타당성을 검토할 필요도 없게 된다. 계획을 구현하는 과정에서 여러 전문 지식을 결합하여 시너지 효과를 창출하는 기회가 마련되지 못하고 있다.

1960~70년대에 구미 선진국에서는 종전의 계획 패러다임으로는 사회 환경 변화에 대응하지 못하게 되면서 '계획의 위기crisis in planning'를 맞이하게 된다. 결국 계획 개념 자체가 변하지 않으면 안되게 되었다. 계획planning은 본래대로

앞으로 할 일을 정하는 일로 되돌아 왔다. 더 이상 계획을 계획안plan 만드는 일로 한정해서는 안되겠다는 생각을 하게 되었다. 미래의 최종 상태를 그려서 이를 하향적으로 집행하는 것으로는 계획이 제대로 역할을 할 수 없다는 데 인식을 같이 하게 되었다. 앞으로 구체화되는 과정의 여러 가지 가능성을 염두에 두면서 행동의 프레임워크framework를 체계적으로 설정하는 열린 체제open system가 되어야 한다는 데 생각이 모아지게 되었다.[16]

프레임워크 중심으로 계획을 하면 일관된 맥락 속에서 교통, 환경, 녹지, 복지, 문화 등 전문화된 각 분야별 지식이 결합하여 움직일 수 있다. 성숙사회에서 공공계획을 통한 전문가 지식의 결합이 필요한 이유는 아래의 그림을 통하여 설명될 수 있다. 지금까지의 정부정책이 농업, 교통, 국방 등 부문별로 수립되어 왔다면 성숙사회에서는 생활자 · 수요자 입장에서 경제, 사회 · 문화, 공간정책 등으로 통합하여 국면별局面別 정책을 다룰 수 있다. 주제별로 뿐만이 아니라 공간 스케일에서 하위 공간 단위의 계획 주체가 상위 공간 단위의 프레임워크 설정에

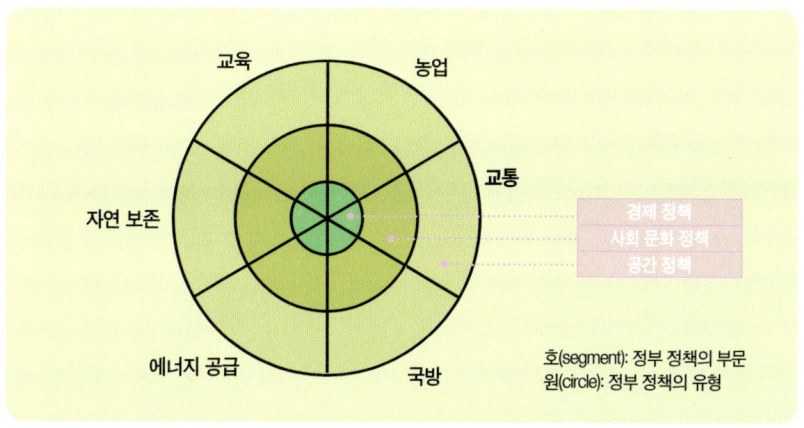

부문별 정책의 통합구조(출처: Faludi & Van der Valk(1994), p.149; 박재길 외(2011), p.101 재인용)

---

16 J. Friedmann, 앞의 글; M. Hajer, J. Grijzen, S van't, K. Looster, *Strong Stories: How the Dutch are reinventing spatial planning*, Rotterdam, 010 Publishers.

참여함으로써 수직 공간상으로도 각 레벨level의 정책들이 전체 맥락 속에 나름 대로 재량을 가질 수 있게 된다.[17]

성숙사회에서는 이러한 개념의 공간계획으로 전략계획의 필요성이 강조되고 있다. 맥락context에 의한 전략계획의 통제 방식은 지금까지 청사진계획이 해온 명령적, 지시적 통제와는 엄연히 구분된다. 계획을 수립할 때 구현하고자 하는 가치도 지금까지의 산업화 · 도시화 시대처럼 도시가 성장하면서 외부에서 주어지는 것이 아니라 스스로 찾아야만 한다. 목표 체계도 또한 더 이상 '가치관→목적→목표→과제→행동'으로 내려오는 수직 위계적인 것이 될 수 없다. 공동체 스스로 계획과정을 통해 가치, 전략, 소통, 제도적 수단을 찾는데 합리성을 발휘하여야 한다. 이들 네 가지 전략계획 요소와 관련된 주요 이슈를 명확히 논의하여 조정해 가는 과정이 바로 계획planning이 된다. 전통적 도시계획에서 장래 도달하고자 하는 도시 모습을 상정하고, 이를 양적으로 쪼개어 집행하는, 말하자면 결과 중심의 청사진계획과는 근본적으로 구분된다.[18]

마을만들기는 성장사회의 청사진계획으로 추진하기에는 적합하지 않다. 주민들이 공유하는 가치를 토대로 미래 비전을 설정하되 이러한 방향으로의 커뮤니티 형성과 커뮤니티 환경을 만들어 가려면 전략계획의 관점에서 주민 및 관계자가 폭넓게 소통하면서 목표를 설정하고 그 실천을 위해 노력해야 한다. 이러한 전략계획은 행정 중심의 도시만들기나 시장 중심의 도시만들기와도 프레임워크를 통해 협력할 수 있다.

---

17 상위 정부와 하위 정부 간에 지배하는 영역에서 서로 중복이 일어나게 된다. 이를 최근에는 활동 범위의 조정이라는 의미에서 rescaling이라고 한다. 앞으로 행할 정책의 맥락을 정하는 일에 상위 정부와 하위 정부가 같이 미리 협의할 필요가 있다. 시애틀 대도시권 광역계획 수립 과정을 통해 이러한 사례를 볼 수 있다.

18 L. Albrechts, Strategic (spatial) planning reexamined, *Environment and Planning B: Planning and Design* 31, p.753; J. Friedmann, 앞의 글, p.123.

국내 마을만들기 사례
마을만들기 동향과 사례지역 선정

국내에서 마을만들기 활동이 사회적으로 관심을 끌고 확산되기 시작한 것은 1990년대 중반 이후부터이다.[19] 상당 부분은 당시 일본, 미국의 동향을 접한 전문가 및 교수와 중앙 차원의 이슈를 떠나 지역 차원에서 주민 생활과 밀접한 문제들을 생각하기 시작한 NGO 등이 선도하는 경우가 많았다. 그러나 주민들 스스로 주도하면서 지자체 및 기업 등의 개발주체와 부딪히며 커뮤니티 중심의 도시만들기로 추진해 온 사례도 적지 않다. 그러다가 2005년도에 들어서면서 정부가 직접 정책의제로 제기하여 마을만들기가 사회의 관심을 모으게 되었고 2007년도부터는 마을만들기 시범사업 등으로 정책이 구체화되었다.[20] 아직까지 정부 정책의 성과를 체계적으로 평가한 바는 없으나 마을만들기 활동이 크게 늘어나고 있는 데는 정부가 정책을 선도하는 것이 상당히 영향을 미쳤을 것으로 본다. 일반적으로 많이 알려져 있고, 정부 시범사업으로 선정된 적도 있는 대표적인 네 곳을 선정하여 도시만들기 패러다임 변화와 연관시켜 마을만들기의 특성 및 외부와의 관계 형성을 살펴본다. 성미산 마을만들기(1994~), 인천시 부평구의 부평시장(1996~), 대구 중구 삼덕동(1998~), 광주 북구 문화동(2000~)의 네 군데가 이에 해당한다. 마을만들기의 특성에 대해서는 마을만들기를 시작하게 된 동기와 마을만들기 추진 방식을 보고, 외부와의 관계 형성에 대해서는 다른 가치의 도시만들기 및 도시계획과의 관계를 살펴본다.

---

19 정석, 『마을단위 도시계획 실현 기본방향(I): 주민참여형 마을만들기 사례연구』, 서울시정개발연구원, 1999.
20 2005년 8월과 11월말 두 차례에 걸쳐 건설교통부(현재의 국토해양부)가 대통령에게 "살고 싶은 도시만들기 추진 방안"을 보고하고 그 맥락 하에 2006년 11월 24일부터 건설교통부는 "살고 싶은 도시만들기 추진계획"을 마련하여 지자체에 송부하였는데, 이 계획에 '마을만들기 시범사업'이 포함되어 있었다. 그후 2007년부터 2009년에 걸쳐 마을만들기를 지원하는 시범사업으로 '시범마을'을 선정하여 계획 수립을 지원하게 되었으나, 2010년 이후 도시활력증진 지역사업의 세부 사업 중 하나로 편입되었다.

사례 연구 내용

사례 1의 성미산 마을만들기[21]는 1994년 무렵 일부 주민들이 일상생활의 공동 관심사였던 육아문제 해결을 위해 공동보육협동조합으로 '우리어린이집'을 만들면서 시작되었다. 2011년 현재에는 40~50개의 단체, 가게, 모임 등으로 소규모 커뮤니티가 활동하고 있고, 이를 묶는 전체 네트워크도 형성되어 있다. 오늘날과 같이 성미산 마을만들기가 활성화된 데는 10년 전 서울시가 추진하던 도시계획과의 갈등이 큰 계기로 작용하였다. 주민들이 뒷동산으로 일상적으로 사용해 오던 성미산에 2001년 서울시가 상수도 배수시설을 위한 도시계획시설 사업을 추진하자 이에 반대하여 주민들이 도시계획시설 폐지를 주장하면서 공동체가 결속하게 되었다.[22] 이는 전통적인 행정 중심 도시만들기가 새로이 나타난 커뮤니티 중심의 도시만들기와 충돌한 것에 다름 아니다.[23] 이를 계기로 커뮤니티를 지키고자 하는 운동이 촉발되어 오늘날의 마을만들기로 발전하게 되었다.

결국 상수도 배수지의 도시계획 사업 추진이 취소되고, 그 과정에서 커뮤니티 결속이 보다 강화되면서 풀뿌리 자치 활동이 다양하고 활발하게 이루어지게 되었다. 지금은 전국에서 마을만들기를 벤치마킹하고자 하는 사람들이 많이 찾고 있는 대표적인 지역으로 손꼽히고 있다. 그러나, 한편으로는 아직까지 마을 주민 전체를 범위로 한 커뮤니티 활동까지는 이르지 못하고 있고, 물리적으로도 그때마다 필요로 하는 소규모 공간을 확보하는데 그치고 있다. 앞으로 열린 커뮤니티로의 발전과 더불어 행정 중심 도시만들기와 커뮤니티 중심 도시만들기가 서로 협력하고, 도시계획제도도 잘 활용해가는 일이 필요하다.

---

21 2011년 9월 성미산 마을의 (사)사람과 마을이 작성한 "2011년 성미산 마을" 파워포인트 자료 및 유창복의 석사학위논문(유창복, 『도시 속 마을 공동체 운동의 형성과 전개에 대한 사례 연구: 성미산 사람들의 '마을하기'』, 성공회대학교 NGO대학원 석사학위논문, 2009)을 참고.
22 한국청년연합회(KYC)·시민의신문, 『풀뿌리가 희망이다: 도시 속 희망공동체 11곳』, 도서출판 시금치, 2005.
23 도시계획 관련 사실을 주변지역 주민들에게 충분히 알리지 않고 추진된 점에 대해서는 제도적 측면에서 보완이 필요하다.

성미산 포크레인 진입 저지(2003년 3월, 사진: (사)사람과 마을)

마을만들기 사례 분석 주요 내용

분석항목		1. 성미산마을 (1994~)	2. 부평 문화의 거리 (1996~)	3. 삼덕동 (1998~)	4. 문화동 (2000~)
활동 특성	시작 동기	· 생활세계 형성 (공동육아협동조합, 1994) · 성미산 보전 운동	· 시장 활성화 · 상인들의 일터 유지	· 골목 공동체(커뮤니티) 형성을 위해 담장허물기 사업 추진	· 광주북구청에 의한 정책 선도
	추진 방식	· 성미산 개발 저지운동으로 주민 결속 · 다양한 소규모 커뮤니티 활동 (40~50개)과 네트워크화	· 정부정책 프로그램(문화의 거리조성) 활용 · 상인연합회 주도의 사업 추진과 마을만들기	· 시민운동가 기획(담장 허물기, 박물관 등) 및 사업 추진	· 주민 자치 위원회 활동 - 사업기획 - 전문가 참여 (조형전문가)
외부 와의 관계 형성	도시 만들기와의 관계	· 행정 중심 도시 만들기(배수지 설치)와 충돌	· '문화의 거리 조성'에 부평구 등 공공기관 참여	· 재개발 추진의 시장 중심 도시 만들기 외부 충돌	· 광주 북구청이 프레임워크 제시로 지원 - 3대운동 - 추진방식 등
	법정도시 계획과의 관계	· 도시계획(배수지) 시설 저항 (2001~2003)	· 도시계획 변경 (차도→보도)	· 도시 및 주거환경정비 기본계획과 상충	-

사례 2의 '부평 문화의 거리'[24]는 인천 부평구의 부평시장 일원을 지칭한다. 대형 마트 등에 밀려 침체 일로에 있는 부평역 앞 재래시장을 부흥시키려는 목적으로 시장 상인들 스스로 마을만들기 운동을 해온 곳에 해당한다. 먼저 상인 연합체인 부평시장번영회가 사회·경제 여건 변화 및 시민의 소비 수준 변화에 맞게 시장 거리를 쾌적한 공간으로 정비하고자 하는 운동을 자율적으로 진행하기 시작하였다. 마침 정부가 추진하고 있는 '문화의 거리' 조성이라는 정책 프로그램을 지역상인들이 알게 되면서 지자체인 부평구청에 '문화의 거리' 지정을 청원하여 설득하면서 사업을 시작하게 되었다. '문화의 거리 조성사업' 은 해당 구청뿐만 아니라 한전, 경찰청 등 여러 공공기관이 참여한 개발협의회를 구성하여 추진되었고, 시장 번영회 주민들이 이 과정에 적극 개입하여 사업계획 내용을 구체화 시켰다. 차도로 되어있던 도시계획시설을 주민들이 제안하여 보

부평 문화의 거리, 차 없는 거리(사진: 부평시장번영회)

---

24 이소영, 『꿈꾸는 상인들의 마을만들기: 부평에서 길을 찾다』, 국토연구원 기획 창조적 도시재생 시리즈 2, 도서출판 Read & Change, 2009.

도로 바꾸면서 차 없는 거리로 만들었고, 주민들이 분수대, 시계탑 등의 구조물을 설치하여 구청에 기부채납하기도 하였다. '부평 문화의 거리' 사례는 중앙정부의 정책 프로그램을 활용하여 주민들이 주도한 커뮤니티 중심의 도시만들기라고 할 수 있으며 행정 중심 도시만들기와의 협력을 주도하여 소기의 목적을 달성한 사례로 평가될 수 있다.

사례 3의 담장허물기로 시작된 삼덕동의 마을만들기[25]는 주민들로 하여금 동네 환경에 관심을 갖도록 하면서 생활공동체 형성을 추진하기 위해 노력해 온 사례이다. 현지로 이사 온 시민운동가가 중심이 되어 외부의 자원봉사자와 함께 담장허물기를 추진하고 동네 박물관 등의 시설도 만들며, 동네 이벤트 행사 등을 주관해 왔다. 골목 공동체 형성을 위한 삼덕동의 담장허물기는 전국적으로

삼덕동 마을만들기 현장(단독주택지 일원)

25 김은희 · 김경민, 『그들이 허문 것이 담장뿐이었을까: 대구 삼덕동 마을만들기』, 국토연구원 기획 창조적 도시재생 시리즈 9, 한울, 2010.

파급되기도 하였으나, 마을만들기 자체는 행정 중심 도시만들기 및 시장 중심 도시만들기와 충돌하면서 많은 어려움을 겪게 되었다. 마을만들기 운동이 바깥에도 제법 알려지기 시작할 즈음 행정 중심 도시만들기의 일환으로 대구광역시가 수립한 '도시 및 주거환경정비 기본계획'에서는 단독 주택지인 삼덕동 일원을 정비예정지역으로 설정하였다. 정비예정지역은 앞으로 재개발·재건축이 허용될 수 있는 지역임을 상정한 것이기 때문에, 이를 근거로 민간개발자들이 삼덕동으로 들어와 주민들을 설득하여 마침내 재개발추진위원회가 구성되기에 이르렀다. 이로써 그동안 해온 마을만들기가 행정 중심 도시만들기 및 시장 중심의 도시만들기와 크게 갈등을 빚는 상황을 맞이하였다.[26] 우여곡절을 겪으면서 결국 재개발 사업 추진은 무산되고 마을만들기 운동은 계속하게 되었지만, 도시계획제도 운용에 따라 마을만들기가 큰 영향을 받을 수 있음을 깨닫게 된 사건이었다.

사례 4의 광주 북구 문화동의 마을만들기[27]는 광주 북구청이 정책으로 선도하여 동 단위별 주민자치위원회가 마을만들기 운동을 하도록 함으로써 시작되었다. 북구청은 마을 삶터 가꾸기, 마을의 인재 육성, 지역 공동체 형성 등 마을만들기 운동의 3대 프로그램을 기본 프레임워크로 제시하고, 주민자치위원회가

광주 문화동 마을만들기 추진 현장

스스로 사업을 기획하여 실시하도록 하되, 사업실시에 대해 각 동별로 매년 1,000만원 정도로 한정하여 지원하였다. 시작 단계에는 다소 하향적이었음에도 불구하고, 특히 문화동의 경우는 리더leader 격인 위원장과 조형전문가 등 참여자들의 열정적인 활동을 통해 '시화가 있는 마을', '정감 있는 문패달기'를 비롯한 다양한 사업을 추진하면서 커뮤니티 형성과 물리적 환경 개선에 큰 성과를 거두어 왔다. 도시계획과의 관계에서 본다면 소규모 마을만들기 사업에 국한되어 도시계획을 변경하면서까지 지원할 사항은 크게 없었다. 지자체인 북구청이 마을만들기를 지원하는 정책 프레임워크를 먼저 제시하고 이를 바탕으로 동 단위의 마을만들기가 비교적 지속적으로, 그리고 일관되게 추진되어 온 사례에 해당된다.

마을만들기의 방향과 도시계획의 역할
마을만들기 사례 종합

성미산마을, 부평시장, 삼덕동, 문화동 등의 마을만들기는 모두 성장만을 발전 가치로 중시해 오던 과거의 도시만들기와는 기본적으로 다르다. 도시 전체를 위해 추진하는 행정 중심의 도시만들기와는 달리 해당 주민 스스로가 생활세계를 지키고 가꾸어 가고자 하는 커뮤니티 중심의 도시만들기에 속한다. 이들이 관심을 가지고 고쳐 가고자 하는 환경에는 비단 물리적 요소만이 아니라 비 물리적

---

26 2006년 6월 '도시 및 주거환경정비 기본계획' 이 공표되어 삼덕동 일원이 정비예정지로 설정되면서 이를 계기로 민간개발자가 주관하는 재개발 주민설명회가 2006년 9월에 열렸고, 주민 측에서는 52%의 토지 소유자 등 이해관계자가 재개발추진위원회 구성에 찬성함으로써 그때까지 해 온 마을만들기가 막을 내리는 듯이 보였다. 그러나 다음 절차의 정비구역 지정 신청에 앞서 2007년 12월까지 마을만들기를 추진해 온 주민들이 계획의 타당성을 비롯한 여러 가지 문제점을 적시하여 마을 주민들을 이해, 설득시키는 작업을 하여 결국 정비구역 지정이 무산되었다.
27 박재길 외, 『살고 싶은 도시만들기와 도시계획의 역할에 관한 연구』, 국토연구원, 2006. pp.132~138.

요소도 포함되어 있다. 일상의 생활공간을 지키고 개선하는 일만이 아니라, 생활공동체로서의 역량을 증대시키는 일도 중요하게 생각하고 있다.

커뮤니티 중심 도시만들기를 하면서 행정 중심 도시만들기나 시장 중심 도시만들기와 부딪치는 상황이 발생하는 것은 도시만들기 패러다임이 변하는 과정에서 불가피하게 발생하는 문제이고, 앞으로 풀어야 할 과제가 된다. 성미산의 경우는 과거 방식으로 해 오던 행정 중심 도시만들기가 결국 주민들과 마찰을 빚으면서 마을만들기가 본격화 되었다. 이와같이 서로 다른 도시만들기의 요구에 앞으로 도시계획제도로서는 어떻게 대응할 것인가가 검토 과제가 된다. 반대로 '부평 문화의 거리' 는 행정 중심 도시만들기와 협력하여 사업을 추진하면서 마을만들기가 활성화된 사례라고 할 수 있다. 여기에는 중앙 정부의 정책 프로그램이 마을만들기 추진에 길잡이 역할을 하였다. 도로 시설을 차도에서 보도로 변경하는 것으로 마을만들기를 지원한 도시계획제도도 눈여겨 볼 필요가 있다. 이에 비하여 삼덕동의 경우는 나름대로 잘 해오던 마을만들기가 행정 중심 도시만들기 및 시장 중심 도시만들기와 부딪히면서 무산될 위기에 처하기도 하였다. 성장만을 발전 가치로 보던 시대에 만들어진 우리나라의 도시계획제도가 새로운 패러다임의 마을만들기를 무산시킬 수도 있음을 알 수 있다. 도시계획제도의 선진화는 변화하는 도시만들기 패러다임에 부응하기 위해서도 반드시 필요하다. 마지막으로 문화동의 경우는 기초 지자체인 북구청이 정책을 선도하여 마을만들기에 프레임워크를 제시하고, 그 맥락 하에 문화동 주민들이 주민자치위원회의 활동에 협력하여 창조적 성과를 거둔 사례에 속한다. 지자체 행정과 주민자치위원회, 그리고 주민 간의 신뢰와 유대가 마을만들기의 사회 자본으로 작용하였음을 짐작하게 한다.

이상 마을만들기의 네 가지 사례를 통해서 보더라도, 때로는 시장 중심의 도시만들기와 연대하여 행정 중심 도시만들기가 해 온 공급 중심의 편향된 도시만들기로는 지금 나타나고 있는 마을만들기를 제대로 수용할 수 없음을 알 수 있다. 마을만들기로 표출되는 도시만들기의 새로운 패러다임 속에 커뮤니티 중심의 도시만들기가 자리하고 있음을 명확히 인식하고, 행정 중심 도시만들기, 시장 중심 도시만들기를 포함하여 도시만들기의 새로운 체제를 발전시켜가지 않으면 안된다. 도시계획제도 또한 서로 다른 가치의 이러한 도시만들기를 포용하면서 각각의 도시만들기를 지원할 수 있는 제도로 거듭나야만 할 것이다.

마을만들기의 발전 방향

마을만들기는 앞으로 지향할 도시만들기의 새로운 패러다임으로 보자면 '생활세계'를 지키고 형성해 가고자 하는 커뮤니티 중심 도시만들기의 하나라고 할 수 있다. 마을만들기가 발전하면 도시만들기 패러다임의 변화도 더욱 가속화될 것으로 기대된다.

마을만들기가 발전해 가기 위해서는, 첫 번째로 커뮤니티 중심 도시만들기의 하나로서 마을만들기가 추구할 가치 영역을 차분하게 발전시켜가도록 해야 한다. 마을만들기는 마을이라는 바로 주변의 생활공간을 범위로 하는 도시만들기로서 커뮤니티 중심 도시만들기의 핵심이 된다. 그러나, 커뮤니티 중심 도시만들기에는 마을만들기 이외에도 도시 전역이나 여러 개의 마을이 모인 범위를 대상으로 하여 시민의 일상적 생활환경과 공간을 만들어가는 것도 포함된다. 마을만들기를 발전시켜 가는 일의 근본은 주민들 스스로 마을만들기에 대해 역량을 키워가는 일이다. 사례를 통해서 살펴보더라도 마을만들기는 공동체를 형성하면서 지역 주민들 간에 결집되는 노력으로 이루어진다. 지역사회의 외부적인 변화보다도 주민들 스스로 바로 주변의 생활공간에 대한 가치를 새롭게 인식하고 공유하면서 연대하여 추진해야 한다. 따라서 마을만들기를 커뮤니티에 대해 인식하고 커뮤니티를 형성해 가는 일로 생각하는 것이 필요하다.

두 번째로 마을만들기를 포함한 커뮤니티 중심의 도시만들기가 사회 속에 제대로 자리 잡도록 해야 한다. 마을만들기는 기존의 행정 중심 도시만들기 및 시장 중심 도시만들기를 한 차원 높게 성숙시키도록 유도하는 역할을 포함한다. 서로 다른 가치 추구의 도시만들기와 조정하고 협력해가는 자세 또한 지녀야만 한다. 그러나 마을만들기에 대해서도 주민만이 기획하여 추진하는 것으로 말할 수는 없다. 마을만들기를 해가는 과정에서 지자체 행정과의 협력이 불가피하다.

지자체 행정으로서는 마을만들기를 지원하는 체제를 구축하여 지원하면서 때로는 지자체 행정이 마을만들기를 먼저 촉발하는 일도 있을 수 있다. 마을만들기가 커뮤니티 중심 도시만들기의 하나로서 지역사회 내 도시만들기의 협력적 거버넌스 체제를 구축하는데 기여해 가도록 하여야 한다.

세 번째 계획론의 입장에서는 실천적 행동을 요체로 하는 마을만들기가 궁극적으로는 전략계획 형태의 계획으로 추진될 수 있어야 한다. 마을의 비전과 목표를 명확히 하여 앞으로 할 일에 대한 프레임워크를 제시하여 마을만들기 활동을 체계적으로 가이드guide 해 가야 한다. 계획 수립 및 실천의 과정은 사실상 끝없이 소통하고 조정하는 과정이기 때문이다. 그러나 최종 상태end state를 보여주는 청사진계획 스타일이 계획의 전부인양 간주되는 우리나라 현실에서 당장은 마을만들기를 전략계획의 마을 단위 계획으로 수립하여 추진하기는 어렵다. 선진적인 사례를 발굴하여 계획의 전범典範을 만들어 확산시켜 가는 것이 바람직하다.

마을만들기에 대한 도시계획제도의 역할

현행 도시계획제도의 문제점과 발전과제

성장 중심의 도시만들기를 해 오던 시대에는 도시계획제도 또한 시가지 개발로 도시를 확장하는 데 그 역할을 해 왔다. 도시기반시설을 설치하고 시가지개발사업을 실시하기 위해 미리 토지를 선점해 두는 일을 담당하였다. 도시계획은 도시계획선을 결정하는 일로만 간주되어 왔다. 1970년대에 들어와 사업 대상지 확보만이 아니라 기존 토지에 대한 토지이용 행위를 규제하는 기능도 강화되었다. 도시계획제도로 용도지역별 허용 건축물 및 용적률 등에 관한 규제가 현실적으

28 박재길 외, 『한국의 도시화 과정과 정부 정책에 관한 연구』, 국토연구원, 2010.
29 박재길 외, 『도시계획결정과 사회적 정의에 관한 연구』, 국토연구원, 2004. 경우에 따라서는 도시기본계획의 상위계획인 수도권정비계획 등의 변경까지도 필요하게 된다.

로 큰 의미를 가지게 되었다.[28] 1980년대는 도시개발과 용도지역 계획의 근거로 청사진계획 형태의 도시기본계획이 운용되기 시작하였다. 이는 바로 임명제 하에서 시장, 군수에 의한 도시계획 입안을 통제하는 일과 더불어 각 부문별 계획을 통제하여 도시를 종합적으로 개발하도록 하기 위함이었다.

이러한 도시계획체제는 아래의 그림 왼편과 같이 기본적으로 수직 하향적top-down 구조로 되어 왔다. 개발사업을 하고자 하나 용도지역 등 기존 도시관리계획에 부합하지 않으면 먼저 도시관리계획을 변경하여야만 하고, 이를 추진하려면 그보다 앞서 도시기본계획을 또한 변경하지 않으면 안되게 되어 있다.[29] 미래 환경 변화에 경직적으로 대응할 수밖에 없는 이러한 체제로는 1990년대 중반 이후 민주화된 사회의 시민들의 요구와 시장경제에 부응하기 힘들게 되었다. 준농림지역을 만들어 개발가능 토지를 확대하려 하거나 이것 때문에 난개발이 또한 크게 발생한 일, 개발제한구역 토지소유자들이 토지규제에 저항하면서 구역 조정 등으로 이어진 일 등은 과거 성장시대의 도시계획제도의 한계를 노정시켜 온 것으로 볼 수 있다. 도시 성장을 관리할 수 있는 새로운 도시계획체제가 요구되는 시점에 마을만들기가 등장하게 되었다.

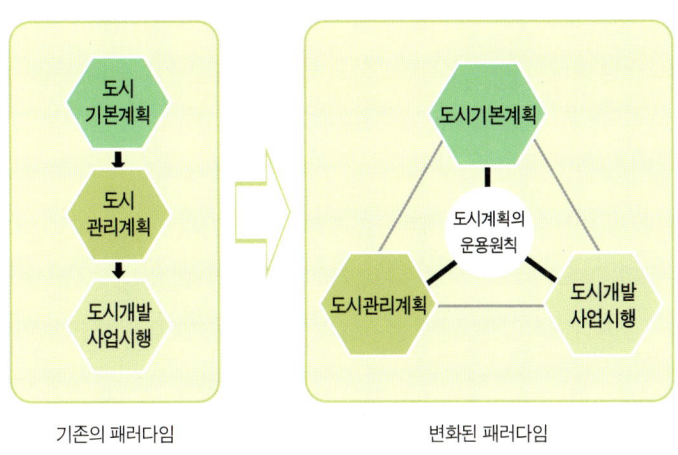

기존의 패러다임   변화된 패러다임

도시계획체제의 패러다임 변화 방향(출처: 박재길(2004), p.94)

마을만들기에 대한 도시계획제도의 역할

수직 하향적 도시계획체제와 청사진 스타일의 도시기본계획으로는 커뮤니티 중심의 도시만들기나 시장 중심의 도시만들기를 제대로 수용하기 어렵다. 실제 각 국면에서 행동하는 사람들에게 반향을 일으키는 행동 중심action oriented의 계획이 되지 않으면 안된다. 우선 현재 도시기본구상도 중심의 도시기본계획 자체를 정책으로 표현되는 프레임워크 중심의 계획으로 바꾸지 않으면 안된다. 이로써 공간적, 또는 비공간적인 각종 부문별 계획들을 종합적으로 연계할 수 있다. 두 번째로 도시관리계획 자체는 토지를 엄정하게 관리하는 고유의 질서 체제로 인식되어야 한다. 그러한 원칙 하에 도시기본계획 뿐만 아니라 법정, 비법정의 각 부문별 계획이나 사업에 대하여 포괄적으로 대응할 수 있어야 한다. 여기에는 마을만들기 관련 사항도 포함된다.

도시기본계획이 전략계획의 네 가지 요소라고 할 수 있는 가치, 전략, 수단, 소통을 위한 것이라면, 도시관리계획은 토지이용 관리의 공정성, 형평성, 적실성, 효과성 등을 지닐 수 있어야 한다. 그리고 도시개발 사업의 시행이나 주요 행위는 도시기본계획의 프레임워크에 부합하면서도 또 한편으로는 도시관리계획에 의해 엄정하게 관리되어야 한다. 도시계획체제를 구성하는 이들 세 가지는 앞의 그림 오른편과 같이 과거의 수직 하향적 구조를 탈피하여 각각이 재량을 가지면서도 토지에 대한 계획 이득planning gain은 사회적으로 환원되어야 한다는 등의 원칙을 가지고 운용되어야 할 것이다.

이를 전제로 마을만들기에 대한 도시계획제도의 운용 방향을 생각해 본다. 마을만들기는 어디까지나 여러 도시만들기 중 커뮤니티 중심 도시만들기의 한 종류로서 도시계획과 연관된다. 마을만들기도 궁극적으로는 전략계획으로 발전하는 것을 지향하면서 당분간은 프로그램이나 사업을 정하여 실행하는 형태가 불가피할 것이다. 프로그램이나 사업이 도시계획시설의 설치나 지구단위계획으로 관리가 필요한 경우에는 조정의 절차를 거쳐 도시관리계획으로 바로 반영될 수 있도록 하여야 한다.[30] 한편 마을만들기의 실행에 프레임워크가 되는 마

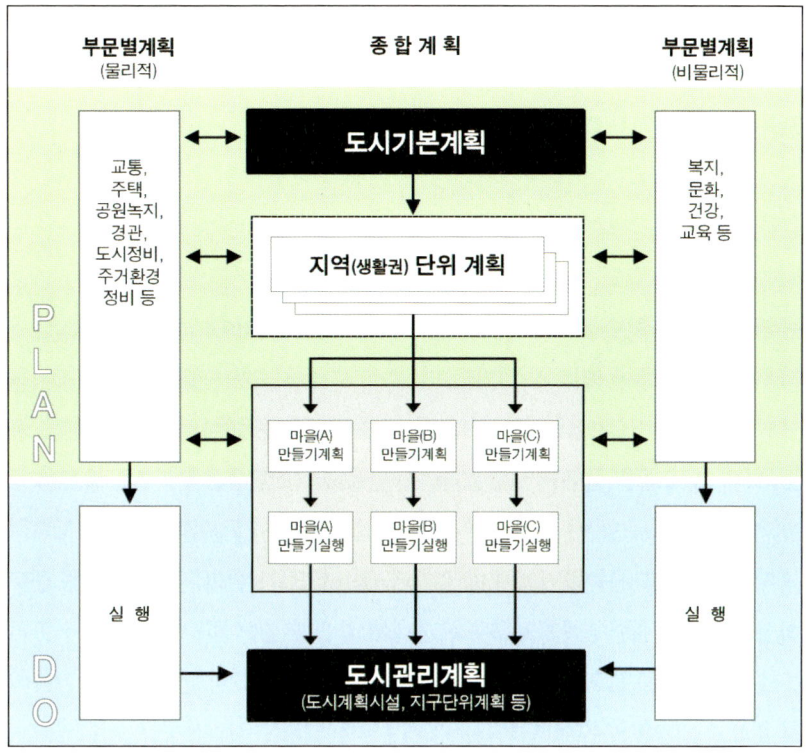

부문별계획 (물리적)	종 합 계 획	부문별계획 (비물리적)

계획체계 내 마을만들기의 자리매김

을만들기 계획이 전략계획으로 수립·운용되는 단계가 된다면 도시기본계획이나 여러 마을을 포괄하는 범위의 지역(생활권)계획도 정책으로 반영되어야 한다.[31] 동시에 도시기본계획 및 도시정비, 주거환경정비 등 각 부문별 계획 또한 마을 단위의 계획 수립에 필요한 맥락을 제시할 수 있어야 한다.

　그러나 결코 마을만들기 계획은 마을만들기 활동이 숙성되지 않은 곳에 갑

---

30 '부평 문화의 거리'에서 차도를 보도로 바꾼 것과 맥락을 같이 한다.
31 지역단위의 계획은 마을만들기를 지원하는 지역 센터 등의 조직이 생기면서 비로소 수립 운용될 수 있다.

자기 수립될 수 있는 것이 아니다. 앞에서 든 전략계획을 할만한 네 가지 요소로서 그 역량이 갖추어지는 마을부터 가능하다. 이를 위한 토양을 만들고 지원해 갈 인력과 조직, 그리고 재원을 같이 검토해 가야만 한다.

결론

이 글은 근대 도시만들기의 새로운 형태로 나타난 마을만들기에 대하여 그 당위성을 도시만들기의 패러다임 변화에 비추어 검토하였다. 근대적 도시만들기를 보완하는 도시만들기의 새로운 한 축으로 커뮤니티 중심 도시만들기가 필요하고, 그 속에 마을만들기가 자리매김될 수 있음을 확인할 수 있었다. 특히 마을이라는 공간 단위는 일상적으로 가까운 공동체 범위라는 관점에서, 마을만들기는 커뮤니티 중심 도시만들기의 출발이요 핵심이라고 할 수 있다. 마을만들기의 당위성은 근대 도시만들기의 변화에서 명확히 찾을 수 있는 만큼 이제 마을만들기를 어떻게 할 것인가에 대하여 현장 지식과 이론 지식을 결합한 발전 방안들이 많이 논의되어야 할 것이다. 마을만들기도 커뮤니티 중심의 계획을 합리적으로 수립·운용하고, 다른 도시만들기와도 소통하고 협력하는 자세와 노력이 요구된다.

한편 도시계획도 그동안 행정 중심 도시만들기에 편향된 도시계획에서 벗어나 커뮤니티 중심 도시만들기, 시장 중심 도시만들기를 공정하고 합리적으로 지원하는 제도로 스스로 발전시켜 가는 일이 과제가 된다. 도시만들기의 변화 속에 도시계획제도의 역할 또한 재정립되어야 할 것이다. 앞으로 마을만들기를 추진하면서 당분간 도시계획과의 갈등도 충분히 있을 것으로 예상된다. 도시계획제도도 도시만들기 간에 협력을 도모하는 일과 제도의 공정성을 확립하여 선진화하는 기회로 삼아야 할 것이다.

참고문헌

- 김석준 외, 『거버넌스의 이해』, 대영문화사, 2002.
- 김은희 · 김경민, 『그들이 허문 것이 담장뿐이었을까: 대구 삼덕동 마을만들기』, 국토연구원 기획 창조적 도시재생 시리즈 9, 한울, 2010.
- 박재길 외, 『한국형 국토공간 디자인 연구』, 국토연구원, 2011.
- 박재길 외, 『한국의 도시화 과정과 정부 정책에 관한 연구』, 국토연구원, 2010.
- 박재길 외, 『살고 싶은 도시만들기와 도시계획의 역할에 관한 연구』, 국토연구원, 2006.
- 박재길 외, 『살고 싶은 도시만들기 추진방안 연구』, 국토연구원, 2005.
- 박재길 외, 『도시계획결정과 사회적 정의에 관한 연구』, 2004.
- 위르겐 하버마스 저, 장춘익 역, 『의사소통행위이론2: 기능주의적 이성 비판을 위하여』, 나남, 2011.
- 윤평중, "하버마스와 탈현대 논쟁의 철학적 조망", 한국현상학회편, 『생활세계의 현상학과 해석학』, 서광사, 1992.
- 이소영, 『꿈꾸는 상인들의 마을만들기: 부평에서 길을 찾다』, 국토연구원 기획 창조적 도시재생 시리즈 2, 도서출판 Read & Change, 2009.
- 이왕건 · 김중은 · 박경현, 『인구 저성장 시대의 도시관리정책 방향 연구』, 국토연구원, 2005.
- 정석, 『마을단위 도시계획 실현 기본방향(I): 주민참여형 마을만들기 사례연구』, 서울시정개발연구원, 1999.
- 한국경제 60년사 편찬위원회, 『한국경제 60년사(I)』, 한국개발연구원, 2010.

- C. Alexander, *A City is not a tree, Design*, London: Council of Industrial Design, 1966.
- M. Hajer, J. Grijzen, S van't, K. Looster, *Strong Stories: How the Dutch are reinventing spatial planning*, Rotterdam: 010 Publishers.
- L. Albrechts, Strategic (spatial) planning reexamined, *Environment and Planning B: Planning and Design* 31, 2004.
- B. M. Gross, Planning in the Era of Social Revolution: Symposium on Changing Styles of Planning in Post-Industrial America, *Public Administration Review* Vol.31, No.3, 1971.
- A. Faludi, *Planning Theory*, Pergamon Press, 1973.
- A. Faludi and A. van der Valk, *Rule and Order: Dutch Planning Doctrine in the Twentieth Century*, Dordrecht: Kluwer Academic Publishers, 1994.
- L. Kevin, *The Image of the City*, The M.I.T. Press, 1960.
- J. Friedmann, *Retracking America*, Anchor Press, 1973.
- J. Forester, *Critical Theory, Public Policy, and Planning Practice: Toward a Critical Pragmatism*, State Univ. of New York Press, 1993.
- Paul Davidoff, "Advocacy and Pluralism in Planning", *The Journal of the American Institute of Planners*, 31. 4. Nov. 1965.
- Jane Jacobs, *The Death and Life of Great American Cities*(Vintage Books Edition), A Division of Random House, Inc. 1961(1992 Edition).
- 渡辺俊一編,アメリカ都市計畫におけるネイバフッ―フッド政策：シアトル市の事例から,『アメリカ イギリスの現代都市計畫と住宅問題』, 東京大學社會科學研究所, 2005, pp.35~55.
- 石田賴房, 『日本近代都市計畫の百年』, 自治体研究社, 1986.

마을만들기 속에서의 계획,
과정적 가치가 필요하다

장옥연 _ ㈜온공간연구소 소장

마을만들기 과정에서
계획이 가지는 의미는 무엇인가

최근 들어 도시계획 및 관리분야뿐만 아니라 사회복지, 문화 등 다양한 분야에서 공공정책의 화두는 '마을만들기' 라 할 수 있다. 도시계획분야에서도 마을만들기를 표방하는 다양한 정책들과 사업들이 구상되고 있다. '살고 싶은 도시만들기 사업' 과 같은 중앙정부의 정책사업에서부터 경관법에 의한 경관협정, 최근에 도입된 '도시 및 주거환경 정비법' 에 의한 주거환경관리사업, 그리고 각 지자체의 마을만들기 조례에 근거한 다양한 사업들이 모두 주민들이 자신들의 생활공간을 가꾸는데 주도적인 역할을 하도록 유도·지원하고 있다는 공통점이 있다. 물론 도시계획의 모든 과정에서 참여의 개념이 중요시되어 오기는 했지만 계획의 범위나 대상, 그리고 목적에 따라 참여의 의미와 목적도 달리 고려될 필요가 있다. 도시 전체를 대상으로 하는 도시기본계획에서의 시민참여와 일상생활의 영역에 대한 계획에서의 주민참여는 그 방식도 달라야 하지만 목적한 바도 분명히 다를 것이다.

최근의 마을만들기 관련 사업들은 모두 우리의 일상생활 영역, 흔히 마을, 동네로 일컬어지는 근린 단위의 레벨에서 이루어지는 사업들이다. 그 시작이 기존의 철거재개발 위주의 주거지 관리방식에 대한 반성에 기인한 것이든 전문가와 행정 중심의 하향식 도시관리의 대안으로 시작된 것이든 간에 계획의 단위가 직접적 이해당사자가 분명해지는 일상생활의 영역으로까지 세분화되고 있으며, 계획의 수립이 마을만들기의 첫 번째 단계로서의 역할을 하고 있다는 공통점이 있다.

　주민들이 자신들의 생활 영역에 대해 관심을 기울이고 생각하게 되며 이 과정을 통해 이후 지속가능한 지역관리, 공동체 형성에 대한 계기를 부여해주는 의미로서 마을계획의 수립과정은 전체 마을만들기 과정의 중요한 토대를 마련해줄 수 있다. 따라서 전반적인 계획과정의 기획과 설계의 책임이 있는 계획가의 입장에서는 '마을만들기' 라는 용어로 통칭하여 쓰고 있는 일련의 생활공간 관련 활동에서 계획 자체가 전체 마을만들기 차원에서 어떤 의미와 역할을 해야 하며, 계획과정 자체가 실질적으로 지향해야 하는 바가 무엇인지를 되새겨볼 필요가 있다.

계획적 측면에서의 마을만들기의 정의

우리나라 마을만들기에서 가장 중요시하는 개념은 무엇인지를 알아보기 위해 최근 각 지자체에서 활발하게 제정하고 있는 마을만들기 조례에서 규정하고 있는 마을만들기의 개념들을 살펴보았다. 여러 조례에서 공통적으로 나타나는 어휘들은 '주민 스스로', '마을의 주인' 등 주민들이 마을의 생활환경을 조성해나가는데 주요한 주체가 되어야 함을 강조하고 있으며 이를 통해 궁극적으로는 지역 공동체 형성을 목적으로 하고 있다. 그리고 최근에 제정되고 있는 조례에서는 지역자원, 마을의 인적·물적 자원의 활용 또한 강조하고 있는 추세이다. 이를 좀 더 분석적으로 누가Who와 어떻게How에 해당하는 개념으로 본다면, '주민이 참여를 통해' 라는 개념을 공통적으로 발견할 수 있다.

마을만들기 조례에서 규정하는 '마을만들기' 정의

1) 광주광역시 북구 아름다운 마을만들기 조례[2004. 3. 25 제정]

마을만들기란 주민 스스로가 마을의 주인으로 거듭나고, 주민간에 마음과 마음을 이어주어 주민들이 더불어 함께 살아가는 지역 공동체를 창조하기 위한 모든 활동을 말한다.

2) 안산시 좋은 마을만들기 조례[2007. 9. 27 제정]

"좋은 마을만들기 사업" 이란 주민 스스로가 자신의 삶의 터전인 마을을 편안하고 즐겁고 행복한 지역 공동체로 재창조하기 위한 다음 각 목의 사업을 말한다.

3) 군산시 살기 좋은 마을만들기 조례[2007. 10. 30 제정]

"마을만들기" 란 마을별로 가지고 있는 개성과 부존자원을 활용하여 아름답고, 쾌적하고, 특색 있는 생활환경을 조성하고 더불어 잘사는 지역 공동체를 만들어 나가는 모든 활동을 말한다.

4) 강진군 살기 좋은 마을만들기 지원에 관한 조례[2008. 1. 16 제정]

"마을만들기" 란 주민 스스로가 마을의 주인으로 거듭나고 주민 간에 마음과 마음을 이어주어 주민들이 더불어 함께 살아가는 지역 공동체를 복원하기 위한 일체의 활동을 의미한다.

5) 전라북도 마을만들기 지원조례[2009. 12. 28 제정]

"전라북도 마을만들기" 란 마을 주민이 주체가 되어 마을의 특성을 살리면서 지역자원 등을 활용하여 주민 스스로 창조하고 발전하는 마을을 만들어 지속가능한 삶을 영위하는 것을 말한다.

6) 서울특별시 마포구 살기 좋은 마을만들기 조례[2009. 12. 31 제정]

"살기 좋은 마을만들기" 란 주민 스스로가 마을의 주인으로서, 일상생활지역의 개선사항을 논의하고 실천하는 사업을 통해 마을의 특성을 살린 생활환경을 조성하고 더불어 잘 사는 지역 공동체를 만들어가는 모든 활동을 말하며 그 예시는 다음 각 호와 같다.

7) 수원시 좋은 마을만들기 조례[2011. 5. 4 제정]

"좋은 마을만들기"(이하 "마을만들기" 라 한다)란 주민이 스스로 자신의 마을을 살기 좋은 공동체로 만들고자 교육, 문화, 복지, 환경, 경관, 경제 등 다양한 분야에서 삶의 질을 높이는 활동을 말한다.

8) 서울특별시 마을공동체 만들기 지원 등에 관한 조례[2012. 3. 15 제정]

"마을공동체 만들기" 란 지역의 전통과 특성을 계승 발전시키고 지역의 인적·물적 자원을 활용해 주민의 삶의 질을 높이는 활동을 말한다.

이를 계획적 측면에서 보자면 '주민 스스로'라는 것은 주민들이 계획 수립의 중요한 주체가 되어야 함을, '공동체 형성'은 그 과정을 통해 공동체의식 형성을, 그리고 마을의 인적·물적 자원의 활용은 기존 환경의 존중 및 주민들의 경험적 지식의 중요성을 강조한 것이라 할 수 있다. 계획과정에서 주민들이 주체가 되는 수단으로 '참여' 개념이 중요시되고 있다. 그러나 최근의 주민참여를 근간으로 하는 다양한 사업들이 발굴되고 실천되는 과정에서 '참여' 자체만이 지나치게 강조되다보니 원래의 목적과 수단이 혼용되는 듯한 느낌이 든다. 단순히 어떤 방식으로 주민들을 계획에 참여시킬지가 중요한 것이 아니라 무엇 때문에 참여가 강조되었는지 되돌아볼 필요가 있다.

계획과정에서 '참여'의 중요성 대두

지금까지 대부분의 계획은 합리적, 종합적 계획의 전통을 따르고 있다고 볼 수 있다. 참여적 계획은 주류 계획적 동향에서 발생하고 있는 여러 문제들을 보완할 수 있는 대안적 접근 중 하나로 등장했다고 할 수 있다. 우리의 계획조류를 지배해오고 있는 합리적 계획에서는 계획 자체를 목적을 달성하기 위해 가장 효과적인 수단을 선택하는 과정으로 인식하면서 어떤 정치적 가치가 개입되지 않은 객관적 과정으로, 계획가의 과학적 지식을 최우선으로 이용하는 것이 가장 합리적인 방식이며, 합리적인 계획결정이 이루어졌다면 그 실행 또한 합리적인 형태로 이루어질 것이라는 암묵적 동의가 전제되어 있다.

이러한 합리적 계획 개념은 도시 재개발과 같은 기존의 많은 개발사업들의 근거를 제공해 주는 역할을 해왔지만 실제 이러한 계획의 목적과 효과 모두에 의문이 제기되었다. 기존 개발방식에 대한 비판적 움직임과 함께 지역성의 중요성에 대한 인식이 생겨나면서 이것은 다양성에 대한 가치로 이어진다. 이로부터 계획에 있어 참여의 중요성이 강조되게 된다. 지역의 다양성과 특성을 가장 잘 반영할 수 있는 방식은 바로 그 지역 주민들의 경험과 지식을 활용하는 것이기 때문이다. 계획가가 객관적 시각으로 과학적 지식들을 모으고 이를 분석하여 전락들을 구상하는 것만큼 주민들이 그들의 생활공간에서 살아오면서 터득해온 경험과 지식들이 지역의 특수성과 맥락을 가장 잘 반영할 수 있는 효과적인 수단이라는 시각이다.

　실제 수립된 계획의 실행력 확보를 위해서도 계획과정의 참여는 중요시 된다. 우리는 많은 계획들이 실행되지 않고 페이퍼 플랜paper plan으로 끝나버리는 경우를 보아왔다. 아예 실행이 되지 않거나 실행과정에서 수많은 논란과 갈등을 야기하면서 사회적 비용을 치루는 경우도 많다. 특히 특정시설의 입지나 역사환경 보전 등 갈등적 요소를 포함하고 있는 계획일 경우 더욱더 그렇다. 계획이 개인의 생활영역과 맞닿아있는 주거공간 계획 또한 계획과정에서 주민들의 다양한 요구와 시각, 행정의 적용가능한 재원과 업무내용 간의 조정과 합의가 이루어지지 않는다면 계획의 실행과정에서 언제든지 다시 문제가 될 것이다. 계획기간동안 충분한 협의와 조정을 거치고 실행을 원활하게 할 것이냐 아니면 계획은 전문가 주도로 가능한 빠른 시간 내에 수립하고, 계획의 실행단계에 가서 실제 드러나는 문제들과 갈등들을 해결해 나가면서 진행할 것이냐의 문제이지 전체적으로 볼 때 조정과 합의과정은 이제 계획적 측면이나 실행의 측면에서 반드시 필요한 개념이 되었다.
　또한 계획의 단위가 일상생활의 영역으로 세분된 경우 실제 계획의 집행에 영향을 받는 당사자인 주민들의 가치와 이해, 필요와 요구를 수용하는 것은 어쩌면 너무나 당연한 민주적 절차에 해당하는 것이기도 하다.

계획과정을 통해
지역사회 역량 형성의 계기를 부여해야 한다

참여의 효과에 대한 다양한 시각이 존재한다. 포레스터Forester(1988)는 이해당사자들이 계획과정에 참여하여 서로 소통하는 과정을 통해 진실한 대안들을 만들어낼 수 있으며 이 과정을 통해 계획에 대한 잘못된 기대들을 바로잡거나 혹은 뭘 할 수 있나 하는 냉소주의를 상쇄하고 스스로의 책임성을 키워갈 수 있다고 했다. 소통적 계획 혹은 협력적 계획 개념을 정리하고 있는 이네스Innes와 힐리 Healy같은 학자들은 계획과정을 통해 지역을 지속가능하게 유지관리해갈 수 있는 다양한 자본들을 형성할 수 있다고 주장한다.

잘 설계된 계획과정을 통해 주민들이 이상적인 형태로 계획에 참여하고 서로 소통하며 이해하는 기회를 가지고 의사결정에 영향을 미치는 경험을 하게 된다면 계획은 내용적 결과물로서의 계획내용 이외에 과정 그 자체가 가지는 결과물을 가질 수 있으며, 이는 사회적 자본Social Capital, 지역 역량, 임파워먼트 empowerment 등의 용어로 규정되기도 하며, 현재 많은 참여형 계획에서는 이를 공동체의식 형성으로 표현하고 있다.

서로 다른 용어들을 사용하고 있지만 공통된 생각은 참여계획의 과정은 참여자의 의식이라는 과정상의 결과물을 낳는다는 것이다. 계획과정의 참여를 통해 평소 본인의 집 혹은 가게에만 쏠려있던 관심이 이웃과 마을 문제로 확대되고 마을의 공간, 마을의 환경에 대해 생각해볼 수 있는 계기를 가지게 된다. 다양한 참여 방식을 통해 이웃과 함께 고민하고 생각하는 과정을 경험하면서 비슷한 생각과 서로 다른 생각의 차이를 인식하고, 양보하며 합의해가는 '학습'의 과정을 경험하는 것이다. 이 과정을 통해 상호 이해의 폭을 넓히게 되고 유대감, 신뢰 등의 관계를 형성할 수 있다. 이러한 관계 형성은 이웃 간의 문제뿐만 아니라 주민과 계획가, 주민과 행정 사이의 신뢰 형성에도 중요한 역할을 할 수 있다. 그러나 계획가나 행정 모두 계획 수립이 완료된 후 실천단계에서까지 지속적으로 역할을 하기가 쉽지가 않으므로 무엇보다 주민과 주민간의 유대, 신뢰 등의 관계 형성이 중요하다고 할 수 있다.

또한 이러한 참여 과정을 통해 마을의 역사와 특성, 계획의 필요성과 내용, 마을환경과 관련된 여러 분야의 지식들도 학습하게 된다. 이러한 신뢰, 유대와 같은 관계자원들과 이해, 자료에 대한 동의 등의 지적 자원들은 계획이 끝나더라도 주민들이 마을을 지속적으로 가꾸어 가도록 하는 원동력이 될 수 있으며 이

것이 바로 지역적 역량이라는 용어로 표현되는 것이다. 계획과정에 참여하여 본인의 의견이나 생각이 계획내용에 영향을 미치거나 반영되는 과정을 통해 참여주민들은 스스로 지역사회의 주체가 되는 경험을 하게 되면서 자신의 일상에 대한 결정능력을 획득해간다고 할 수 있다. 이러한 과정이 바로 임파워먼트, 즉 역량 형성의 과정인 것이다.

계획과정을 통해 마을과 자신의 집에 대해 생각해 볼 수 있는 동기 부여

	주거안정성 및 정주성 강화 요인	주거안정성 및 정주성 약화 요인
나의 집	Q "내 집이 가지고 있는 좋은 점은 무엇인가?" A "작지만 마당도 있고, 옥상도 있어서 좋지."	Q "내 집이 가지고 있는 불편한 점은 무엇인가?" A "집이 너무 오래 되서 고칠 일이 너무 많아."
우리 동네	Q "이 동네에 살아서 좋은 점은 무엇인가?" A "공기 좋고 조용해서 살기 좋아."	Q "이 동네에 살면서 불편한 점은 무엇인가?" A "교통도 불편하고, 가난한 동네 같아서 기회만 된다면 떠날꺼에요."

과정상의 결과물인 지역적 역량 형성은 참여자의 의식과 관계된 것이다. 이것을 여러 학자들이 '자본'이라는 용어로 해석하는 것은 이러한 의식이 지역의 지속적 관리를 위한 수단으로서 작용할 수 있다고 봤기 때문이다. 계획과정의 참여를 통해서 자신의 사익뿐만 아니라 이웃과 공공을 위해 생각하고 행동할 수 있는 기회를 부여받고 지역사회의 책임 있는 주체로서 역할을 경험하게 함으로써 차후 지역사회에 발생할 쟁점들을 지속가능하게 처리할 수 있는 역량 형성에 기여할 수 있다. 따라서 계획과정의 참여를 통해 지역민들의 역량 형성 가능성을 확인하는 것은 무엇보다 중요하며 계획의 내용을 만들어내는 만큼 이 자체도 계획의 중요한 목표가 되어야 한다.

주민참여를 통한 계획이 그렇지 않은 계획과 대비해 더 훌륭한 전략과 문제해결을 가져오는 내용을 담을 수 있다고 확신할 수는 없다. 그러나 참여를 통한 계획은 내용적 결과물을 떠나 그 과정 자체가 가지는 결과물이 있다고 믿기 때문에 계획과정에서의 참여를 중요시하게 된다. 따라서 성공적인 참여계획이라면 계획의 내용적 결과물 자체는 전문가가 수립한 계획보다 더 나은 전략과 내용을 포함하지 않는다 할지라도 계획의 실행과정에서 더 많은 주민들이 관심을 가지고 지역을 관리해가는 자발성과 역량을 보여줄 수 있어야 한다. 주민 스스로 마을의 문제를 해결해내고 가꾸어 갈 내부적 동력, 자율성 등이 확보되어야 마을만들기가 지속될 수 있으며 이러한 기반을 계획과정의 경험과 학습을 통해 만들어갈 수 있어야 한다. 관계를 만들어가는 것에 대한 연습, 문제를 진단하고 이야기 하는 방식에 관한 연습이면서 학습의 장이 되어야 한다. 그런 측면에서 계획의 역할을 중요하게 고려해야 하며 이 학습의 과정이 보다 의미 있게 진행되기 위해 계획가는 효과적인 참여 과정과 방식에 대해 고민하고 설계해야 하는 것이다.

계획에 대한 평가와 모니터링 과정에서도 이 부분이 중요하게 다루어질 필요가 있다. 계획에서 제시한 전략들이 실제로 얼마나 실천되고 있는가도 중요하지만 그 과정에서 주민들의 장소애착, 마을의 문제를 스스로 해결하려는 의지 등이 얼마나 보이는지가 바로 그 계획의 성공 여부를 판단하는 중요한 요소가 되어야 할 것이다.

과정적 성과를 위해서는
계획과정 자체도 변화되어야 한다
참여의 방식보다는 그 성격과 지향을 되새겨야 한다

기존 도시계획의 문제 해소와 계획의 실행력 확보 등을 위해, 그리고 계획과정의 참여를 통해 지역 유지관리의 원동력이 될 수 있는 지역적 역량을 형성한다는 측면에서 참여는 중요시되지만 실제 참여의 성격과 질에 대한 고려가 얼마나 이루어지고 있는지는 되돌아볼 일이다.

단순히 계획의 의사결정과정에 주민이 참여하는 것으로 참여의 의미를 실현했다고 볼 수는 없다. 예로 재개발을 위한 조합의 구성, 사업추진과정에서의 조합의 역할 등을 주민참여의 사례로 보지 않는 경우가 많다. 왜 그럴까? 이들의 목적이 지나치게 개인의 사적인, 경제적 이익 측면에 맞추어져 있기도 하고 일상공간(특히 공공공간)에 대한 관심이 결여되어 있기도 하기 때문이다. 이런 면에서 참여는 공공의 가치, 공동체적 가치에 중요한 의미를 부여하고 있음을 알 수 있다. 공공공간, 생활공간에 대한 관심과 역할, 참여주민의 사익만이 아니라 나를 포함한 이웃의 이익과 삶의 질에 대한 공통된 관심, 우리, 함께, 함께하는 삶에 대한 관심과 이해를 바탕으로 하고 있는가 하는 점이 계획과정에서의 참여의 질을 결정짓는 중요한 요소가 될 것이다. 그러나 마을의 공공환경을 주요 계획대상으로 하는 여러 형태의 마을계획에서도 참여하는 주민들의 관심사의 출발은 개인적인 영역과 사익에 관계되는 경우가 많다. 이런 개인적인 영역에만 머물러 있는 관심들을 공공의 영역으로, 함께 사용하는 영역으로 확대할 수 있는 계기를 만들어주는 것이 바로 참여계획의 중요한 역할 중 하나일 것이다.

계획과정에서의 참여의 중요성은 때때로 지나치게 기법적인 측면 즉 참여방식에 관한 문제로 치부되기 쉽다. 워크숍, 동네지도 만들기, 의견조사 등 다양한 참여방식에 대해서 고민하고 가능한 다양한 주민들을 계획과정에 참여시키고자하는 노력들이 행해지고 있고, 이러한 참여방식에 대한 설계가 계획과정 설계에서 중요한 부분을 차지하기도 한다. 그러나 대부분의 참여방식들이 의사결정과는 관계없이 계획가(전문가)가 주민들의 관심이나 선호를 묻는 형식적인 면이 강조되고 있다. 실제 여러 방식으로 계획에 참여한 주민들은 자신들의 의견이나 참여활동들이 계획내용에 어떤 형태로 반영되는지를 모르는 경우도 많다. 참여 그 자체에만 지나치게 의미를 부여하고, 계획과정에서의 상호작용, 이해의 과정 등에 대한 관심이 결여되어 있기 때문이다. 행정이나 계획가는 일종의 블랙박스와 같아서 주민들의 의견은 청취되고 분류되고 분석되어지기는 하지만 실제 계획내용에 어떤 형태로 영향을 미치는지를 주민 스스로 알 수가 없는 구조로 이루어지고 있는 것이다. 정보가 계획가에서 주민으로, 또 주민에서 계획가로 흐르기는 하지만 계획가가 일방적으로 주민들의 의견을 반영하거나 그렇지 않거나를 결정하는 형태로 진행되어 상호작용과정이 이루어지지 않는다는 문제를 드러내고 있다.

주민들의 경험적 지식은 존중되어야 한다

기존에는 계획수립을 위해서 도시계획 현황, 토지, 건축물 등 물리적 환경 현황, 공간이용 현황, 시설설치 현황 등 주로 물리환경적 조사에 치중했다면 참여적 계획에서는 여기에 주민들의 특성, 관계망, 마을 내 소통방식, 주민들의 역량 등 마을사람들에 대한 조사도 중요한 조사항목으로 설정할 필요가 있다. 또한 계획가가 객관적인 시각에서 수집한 다양한 정보와 과학적 지식만큼이나 주민들이 가지는 경험적 지식을 존중할 필요가 있다. 주민들의 경험적 지식, 즉 실제 그 공간에 살면서 느끼고 생각하는 점들이 의미 있게 다루어질 필요가 있으며 전문가의 객관적이고 사실적인 과학적 지식과 주민들의 경험적 지식들이 유기적으로 작동해야만 지역을 정확히 파악하고 이해하는 것이 가능하다. 이러한 주민들의 경험적 지식들을 효과적으로 끌어내고 계획과정에 녹여내기 위해서도 주민참여과정이 잘 설계되고 실천될 필요가 있다.

참여계획에서의 지역조사

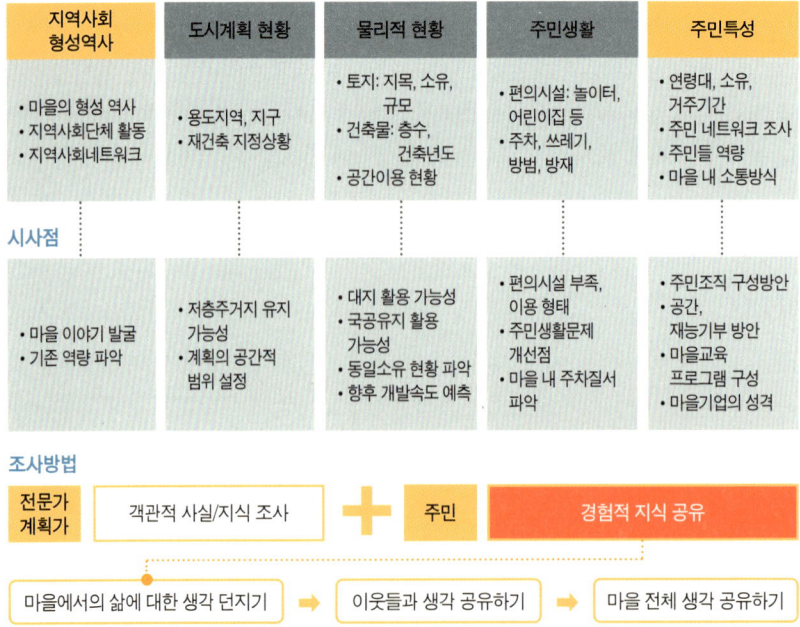

조사항목				
지역사회 형성역사	**도시계획 현황**	**물리적 현황**	**주민생활**	**주민특성**
• 마을의 형성 역사 • 지역사회단체 활동 • 지역사회네트워크	• 용도지역, 지구 • 재건축 지정상황	• 토지: 지목, 소유, 규모 • 건축물: 층수, 건축년도 • 공간이용 현황	• 편의시설: 놀이터, 어린이집 등 • 주차, 쓰레기, 방범, 방재	• 연령대, 소유, 거주기간 • 주민 네트워크 조사 • 주민들 역량 • 마을 내 소통방식

시사점

• 마을 이야기 발굴 • 기존 역량 파악	• 저층주거지 유지 가능성 • 계획의 공간적 범위 설정	• 대지 활용 가능성 • 국공유지 활용 가능성 • 동일소유 현황 파악 • 향후 개발속도 예측	• 편의시설 부족, 이용 형태 • 주민생활문제 개선점 • 마을 내 주차질서 파악	• 주민조직 구성방안 • 공간, 재능기부 방안 • 마을교육 프로그램 구성 • 마을기업의 성격

조사방법

전문가 계획가	객관적 사실/지식 조사	＋	주민	경험적 지식 공유

마을에서의 삶에 대한 생각 던지기 ⇒ 이웃들과 생각 공유하기 ⇒ 마을 전체 생각 공유하기

참여계획은
실제로 지역적 역량 형성에 기여하는가[1]

그렇다면 이렇게 주민참여를 기반으로 수립된 계획의 성과는 어떻게 평가될 수 있는가? 현재 우리나라에서 마을만들기를 표방하고 있는 여러 계획들은 주민들의 인식과 관련한 과정적 결과물을 형성하고 있는가?

계획의 수립과 집행과정을 통해 이러한 역량이 얼마나 형성되고 강화되었는지를 정량적으로 측정한다는 것은 어려운 일이다. 이 글에서는 2002년도에 고시된 '인사동 지구단위계획'의 수립 이후 지역 내에서 이루어진 몇 가지 활동들을 고찰하여 참여계획을 통해 지역역량이 형성될 가능성을 보여줄 수 있는 몇 가지 단초들을 찾아보고자 한다. '인사동 지구단위계획'의 경우 행정이 일방적으로 계획수립을 결정한 것이 아니라 계획수립의 필요성이 시민사회로부터 제기되었다는 점, 계획과정에 비교적 다양한 이해당사자들이 참여하였고 통상적인 주민참여방식인 설명회나 공람뿐만 아니라 다양한 측면의 비공식적 교류가 이루어진 점 등에서 봤을 때 참여를 기반으로 한 계획이라고 할 수 있다.

합의의 이행

계획의 성과 중 첫째는 이 계획이 지켜지고 있다는 자체일 것이다. 개발압력이 그 어느 곳보다 강한 서울 도심의 중심부에 위치한 상업지역에서 지역보전을 목적으로 하는 비교적 엄격한 건축규제가 지켜지고 있다는 것 자체가 중요한 성과일 수 있다. 왜냐하면 동일한 지역에서 이전에 행정주도적으로 수립된 계획의 경우 주민들의 반대로 실행되지 못했기 때문이다. 이 계획이 계획과정 중 비교적 다양한 형태의 참여를 통해 주요한 규제사항에 대한 합의를 이루었으며, 계

---

1 인사동 지구단위계획 수립 이후 지역적 역량 형성에 대한 사례 내용은 저자의 박사학위논문 『소통과 협력을 통한 역사환경 보전 계획과정 연구』(서울시립대 박사학위논문, 2005)에 수록된 일부 내용을 요약 정리한 것이다.

획의 실행과정은 이 합의를 지켜가는 과정으로 볼 수 있다. 계획과정을 통해 이해당사자를 포함하여 주요한 계획이슈들에 대한 논의가 이루어졌고 이런 과정을 통해 전반적인 계획의 필요성과 지역관리의 가치에 대한 이해가 형성되었다고 볼 수 있다.

협의과정을 통한 가치의 공유

인사동과 같이 지역의 역사성 보전이 계획의 주요 이슈가 될 때 각 건축물의 소유자나 지역민들이 지역의 보전가치에 대해 공감하게 된다면 이것은 향후 지역관리를 위한 가장 근본적인 역량이 될 수 있다. 특히 그러한 가치인식이 계획과정을 거치면서 형성된 것이라면 계획의 학습효과에 대한 기대를 가지게 한다.

우정국로에 면해있는 농협 건물의 경우 근대건축물로서 보전할 가치가 있는 것으로 계획팀은 판단했으나 소유자 측은 외관 보전에 대해 강력히 반발하였다. 그러나 수차례의 협의과정을 거치면서 결국 건축물 외관 보전에 합의했고, 계획고시 후 기존건축물의 외관은 보전한 상태에서 건축물 증축을 하였다. 이 과정에서 계획지침이나 심의과정에서 특별한 권고가 없었음에도 불구하고 소유자 측은 보전된 건축물 전면에 보전건축물임을 표시하는 표석을 자발적으로 설치하였다. 합의된 내용을 실천하는데서 그치지 않고 적극적으로 가치를 수용하고 표현했다는데서 계획과정이 지니는 학습효과를 발견할 수 있다.

근대건축물 보전과 표석 설치. 표석 표기 내용: 이곳은 2002. 1. 29 서울특별시 고시 제2002-27호에 의해 건물 전면 원형보존을 요하는 근대건축물로 지정되어(1926. 7. 5. 신축한 조선일보 옛 사옥) 2003. 8. 11 농협에서 증축한 곳입니다.

관계망의 강화: 관계의 연결 역할로서 지역단체의 역할 강화

인사동 내 대표적인 주민조직이라고 할 수 있는 '인사전통문화보존회'는 인사동 지구단위계획 진행과정에서 계획팀과 지역 상인들의 연계 역할을 하면서 지역대표단체로서의 위상이 강화되었다. 계획 수립 초기에 공식적인 계획추진기구로 구성한 '인사동 상설위원회'에 보존회 회장이 참여하기도 하고, 보존회 이름으로 계획내용에 대한 건의사항도 적극적으로 제시하였다. 주민설명회 이후에는 주민들의 계획내용에 대한 이해를 돕기 위해 자료를 보존회 사무실에 비치하여 지역 내에서 정보 전달이 가능하도록 하였으며 가장 불만이 많았던 한옥소유자들과의 만남을 주선하는 등 계획가와 주민, 행정과 주민 사이를 연결하는 매개체 역할을 하였다. 이를 통해 계획가는 용이하게 주민들과 관계를 형성한 측면이 있었고, 보존회는 지역의 전반적 문제에 대해 주민의견을 수렴하고 표현하는 실질적인 주민단체로서의 역할 토대를 마련할 수 있었다. 인사동 지구단위계획 이후 발표된 인사동 문화지구 관리계획에서 보존회를 주민대표기관으로 인정함으로써 계획집행과정에서 보존회의 역할은 더욱 강화되었다. 공공과 지역간의 관계를 연계하고 실질적인 주민접촉을 수행할 수 있는 중간기구의 역할을 현재 인사전통문화보전회가 일부 담당하고 있으며 그 토대는 바로 계획과정의 참여를 통해 이루어졌다고 볼 수 있다.

"(현재 보존회의 역할은) …… 예전하고는 분명한 차이가 있죠. …… 일년에 한번 축제 …… 돈 내서 축제 한번 뚝딱 하고 말아버린 것인데 …… 보존회가 그래도 필요한 단체예요. 어떤 최전방 행정을 시나 구에서 직접 할 수 없는 거 아니예요. 보존회를 놓고 양쪽이 서로 이용하는 것이죠. 주민 입장에서는 주민이 직접 행정을 상대하는 것이 아니라 보존회를 통하고 보존회가 중간 역할에서 의견을 듣고 건의하고 또 그 결과를 또 이쪽에 전달하고. 이런 역할을 해요."

- 보존회 관계자 인터뷰, 2004년

이러한 주민단체의 위상 강화는 시민 및 주민들을 대상으로 하는 활동의 적극성으로 이어진다. 기존에 보존회가 주관하던 전통문화축제에 더하여 2003년 '인사동 문화학교'라는 새로운 시민대상 프로그램을 시작하였다. 고미술 관련 강좌에는 지역상인들도 강사로 참여하고 있어, 보존회가 기획하고 외부인사들이 주로 참여했던 인사동 축제에 비해 지역민의 참여성도 나아졌다.

> *"(인사동 문화학교에 대해) 어쨌든 간에 상인들이 인사동에 대해서 장사만 하려고 하는게 아니라 뭔가 의미 있는 일을 하려고 하는 움직임이라는 측면에서 긍정적으로 본다."*
> *- 시민단체 관계자 인터뷰, 2004*

> *"강사진들도 주로 인사동 내부에서 평생 이 사업에 종사했던 분들이다. 내용이 특수성이 있다. 인사동이 아니면 할 수 없는 것들이다."*
> *- 보존회 관계자 인터뷰, 2004*

주민의 신뢰 향상

계획이 수립된 2000년대 초반까지만 해도 계획에 대한 주민설명회는 일반적으로 동사무소나 학교 등 공공시설에서 이루어졌으나 인사동 지구단위계획의 경우 지역 내에 위치하는 민간건축물인 대성산업 강당에서 개최되었다. 동사무소를 개최 장소로 고려하기도 했으나 지역 내에 위치하지 않아 주민들의 적극적 참여를 이끌기 어려운 점이 있어 지역 내에서 개최할 수 있는 방안을 모색하던 중 개별대지 내 건축지침의 협의를 위해 몇 차례 만남을 가졌던 대성산업 측에 장소 제공 가능성을 타진한 결과 긍정적 답변을 얻었다. 이는 지역사회에서 이루어지는 일에 대한 참여의 의미도 있지만 계획을 진행하는 행정과 계획가에 대한 신뢰의 의미도 내포하고 있다고 볼 수 있다. 이러한 신뢰는 바로 과거와는 다르게 소유자가 정보를 제공받을 수 있고 의사표현의 기회가 부여되며 논의과정을 통해 계획내용을 만들어갈 수 있다는 것을 경험한 것으로부터 형성된다고 할 수 있다.

신뢰관계는 계획과정을 통한 접촉으로 기본적인 관계를 형성할 수 있지만 그 관계가 강화, 확대되는 것은 계획의 집행과정을 통해서라고 할 수 있다. 특히 지역민들이 행정에 대해 갖는 신뢰는 계획을 통해 합의된 사항들이 얼마나 일관성 있고 지속적으로 추진되는가에 따라 강화될 수도 있는 반면 그런 합의가 제대로 이행되지 않을 경우 계획과정에 보였던 신뢰는 곧 사라질 수도 있는 것이다.

지역 내 문제에 대한 지역사회의 대처능력 향상

합의된 목적을 위해 함께 일할 수 있는 능력이 있는가? 혹은 인사동에 어떤 문제가 생겼을 경우 함께 행동할 수 있는 가능성이 있는가 하는 것은 지역적 역량에서 가장 중요한 요소이며 앞의 가치공유나 신뢰관계 등은 궁극적으로 함께 행동할 수 있는 가능성의 밑거름이 되는 요소들이라 할 수 있다. 이러한 징후를 보여주는 몇 가지 사례들이 있다.

먼저 인사동길 1층에는 계획에서 제시된 지정용도인 전통문화업종 이외에는 입지가 불가능하나 계획이 고시되고 얼마 되지 않아 인사동길 1층부에 설렁탕집이 들어섰다. 계획수립 이전에 찻집으로 이용되고 있었으나 지구단위계획의 내용은 건축물 신축뿐만 아니라 용도변경 때에도 적용되도록 하고 있어 신규영업 때에는 계획에서 지정된 용도만이 입점이 가능함에도 불구하고 간이음식점이 입점한 것이다. 이를 두고 주민들 사이에서는 이미 계획이 변질된 것이 아닌가 혹은 기존 영업권은 보장해 주는 것이 아닌가하는 계획 자체와 계획을 관리하는 행정에 대한 불신이 생겨나기 시작했다. 이러한 상황의 대처방안으로 보존회 및 시민단체(도시연대)는 각각 계획의 올바른 집행을 촉구하는 탄원서를 행정(종로구)에 제출하고 영업자에게도 압박을 주는 등 나름대로 문제 해결을 위한 행동을 실행했다. 물론 행정측의 노력이 없었던 것은 아니지만 벌금을 감수하고서라도 영업을 강행한다는 것이 기존 업주의 입장이어서 행정의 벌금부과와 시정명령은 별 효과를 거두지 못했다. 이보다는 지역사회의 퇴출압력이 더 효과적으로 작용하였다. 결국 간이음식점은 영업을 정지하였고 그 자리는 전통차 판매업소로 변화되었다.

또 다른 사례는 인사동에서 건축물 소유자들이 변경되면서 신축행위가 일어나고 또 기존 건물의 전면적 리모델링을 통해 임대료를 급상승시키는 행위들이 빈번히 발생하자 인사동 내 세입자모임의 구성 움직임이 나타난 것에서 찾아볼 수 있다(2004년 7월). 이 과정에서 리더 역할을 한 사람이 바로 계획과정에서 골목길 가꾸기 등의 과정에 적극적으로 참여했던 골목길 내 리더였다. 초기에 차음 식업 중심으로 모임이 이루어졌지만 모임의 취지에 공감하고 위기의식을 동시에 느끼고 있던 다른 업종들의 임차인들도 동조하면서 단순히 임대료 차원의 세입자 모임이 아닌 인사동을 바르게 가꾸어 나가자는 지역주민운동의 형태로 발전할 가능성도 보였다.

> "임대료 문제만 가지고 모임을 갖는 것은 부족하고 임대자 스스로의 자정 노력을 통해 인사동을 문화지구로 가꾸어가기 위한 움직임이 새롭게 일어나야 한다는 것이 도시연대의 입장이다. 단순히 임대료 문제가 아니고 인사동 가꾸기 문제로 들어가야 한다는 것에 참여자들도 동의하고 있다."
> - 시민단체 관계자 인터뷰, 2004년

계획수립 이후 지역에서 나타난 몇 가지 현상들은 계획과정의 참여를 통한 학습효과를 보여주고 있다. 그러나 이러한 움직임들이 지속적이고 실제적인 지

부적격 업소의 퇴출 사례

역관리의 역량으로 이어졌다고 볼 수는 없다. 학습효과는 분명히 있었지만 이를 유지 강화하기 위한 여러 노력들이 지역 내에서 자발적으로 이루어지는 데는 분명히 한계가 있었다. 계획과정을 통한 학습효과가 있었다 하더라도 그것은 가능성을 확인하는 정도이지 이를 실제적인 지역역량으로 형성해가기 위해서는 계획의 실천과정에서도 이를 지속강화해갈 수 있는 조치들이 필요할 것이다. 그렇지만 가능성이 나타난 것만으로도 중요한 성과일 수 있다.

마을만들기와 참여에 대한
인식변화의 토대를 만들어갈 필요가 있다

계획의 과정적 결과물, 비가시적 결과물이 매우 중요하다는 인식이 공유될 수 있다면 현재의 마을만들기형 사업들과 참여형 계획에 대한 여러 주체들의 인식도 변화될 것이다.

일반적으로 행정은 주민들의 참여 때문에 일 진행에 속도가 나지 않고 더 많은 비용과 시간이 걸린다는 생각을 가진다. 이는 계획의 발주부서가 실행단계까지 일관되게 관여하는 경우가 거의 없고 계획은 계획수립부서에서, 실행은 각 실행부서에서 담당하는 형태로 진행되다 보니 계획수립부서의 경우 계획수립과정에서 별다른 갈등과 마찰이 야기되지 않고 정해진 기간 내에 계획이 완성되는 것을 최우선의 목표로 삼는 경우가 많다. 그러나 사업의 효과와 지속성을 고려한다면 계획기간이 지연되더라도 주민들의 참여와 합의과정 도출은 반드시 필요하며 시간이 더 걸리더라도 주민들의 의지와 참여 속에 계획이 수립되어야 계획 실행과정에서도 이를 지속할 수 있다는 것을 분명히 인식할 필요가 있다. '마을만들기'라는 것을 주민참여를 통한 계획 정도로 한정적으로 보는 것이 아니라 주민들이 자기들의 공간에 대한 문제에 관심을 기울이고 이웃과 함께 스스로 가꾸고 지켜가는 행위로 본다면 계획수립과정뿐만 아니라 계획집행과정까지 고려한 계획의 의미를 찾아갈 필요가 있다.

전문가들의 인식은 어떨까? 특히 계획내용의 질 차원에서 주민들의 참여가 더 나은 계획의 결과를 가져다주는 것은 아니라는 인식이 존재할 수도 있다. 계획의 가시적 결과물 측면에서만 본다면 주민들의 참여가 반드시 디자인적으로, 내용적으로 훌륭한 계획안을 만드는 필요조건이 아닐 수도 있다. 그러나 이는 계획의 가시적 결과물인 계획의 내용만을 중시하는 입장이다. 참여적 계획은 참여과정 자체가 가지는 의미와 과정 자체가 줄 수 있는 결과물을 중시하기 때문에 계획가에게 더 많은 시간과 노력을 참여과정 자체를 설계하고 실행해나가는데 기울일 것을 요구한다. 참여적 계획과정 자체가 주는 과정적 결과물, 즉 참여자의 인식과 관련한 성과를 얻을 수 있다는 생각이 필요하다.

주민들은 어떠한가? 주민들의 경우 계획가에 의해 설계된 계획과정에 참여할 때 초기 왜 자신이 이 과정에 참여해야 하고 자신의 역할이 무엇인지 정확히 인식하지 못했을 수도 있다. 그런 상태에서는 나와 나의 집의 이익을 위해 참여하는 것이고, 내가 바라는 바만 얘기하면 된다고 생각할 수도 있다. 얘기를 하는 것에 초점이 맞추어져 있고 이웃의 얘기를 듣는 것에는 관심이 없을 뿐 아니라 마을의 일원으로서가 아니라 내 집의 주인으로서 계획과정에 참여했다면, 잘 설계된 계획과정에 참여하는 경험을 통해 우리 동네의 이익이 곧 나의 이익이 될 수도 있으며 권리를 주장할 때에는 의무도 따르고, 내 집의 주인으로서 뿐만 아니라 우리 동네의 일원으로서 나의 역할에 대해 인식하게 된다.

계획가는 처음부터 여러 주체들의 주장을 조율해내고 합의를 이끌어내는 것은 실질적으로 불가능하다는 생각을 할 수도 있다. 참여과정을 통한 계획과정의 경험을 통해 계획가도 100% 동의는 어렵지만 합의의 개념으로 접근할 수 있다는 생각을 가질 수도 있다. 결과적으로 동네의 주인일 수 없었던 주민들이 역량강화와 참여를 통해 마을이 지속가능하게 관리될 수 있는 원동력을 만들어가는 것이 우리 마을만들기의 인식구조 변화의 모델이 될 수 있을 것이다.

우리의 마을만들기,
참여에 대한 인식 수준

인식변화

행정 일 진행에 속도가 나지 않고 더 많은 비용과 시간이 걸린다.

전문가 주민들의 참여가 더 나은 설계와 계획의 결과를 가져다 주는 것은 아니다.

주민 나와 나의 집의 이익을 위해 참여하는 것이고, 내가 바라는 것만 얘기하면 된다.

계획가 여러 주체들의 주장을 조율해내는 것은 실질적으로 불가능하다.

행정 시간이 더 걸리더라도 주민들의 의지와 참여 속에 추진되어야 지속될 수 있다.

전문가 가시적 결과물의 질은 떨어질 수도 있으나, 계획과정이 주는 과정적 결과물을 얻을 수 있다.

주민 우리동네의 이익이 곧 나의 이익이 될 수 있으며, 권리를 주장할 때에는 의무도 따르는 것이다.

계획가 100% 동의는 어렵지만 합의의 개념으로 접근할 수 있다.

동네의 주인일 수 없음.

주민들의 역량강화와 참여를 통해
마을은 지속가능하게 관리될 수 있다.

　　모든 해결점은 결국 사람들의 마음과 생각에 달려 있다. 계획과정의 참여를 통해 그동안 경제적 가치만으로 평가해왔던 자신의 집과 동네에 대해 다른 차원의 가치와 의미를 스스로 부여할 수 있는 기회를 만들자는 것이다. 물론 생각의 변화를 이끄는 요인은 물리적 환경개선 등 가시적 효과가 상당부분 영향을 미치겠지만, 마을에서 자신의 역할 변화도 상당한 영향을 미칠 수 있다는 점을 참여계획에서는 중요한 포인트로 보고 있는 것이다.

참고문헌

- 서순탁, "사회적 자본 증진을 위한 도시계획의 역할과 과제", 『국토연구』 제33권, 국토연구원, 2002.
- 서울시, 『인사동 지구단위계획』, 2002.
- 장옥연, 『소통과 협력을 통한 역사환경 보전 계획과정 연구』, 서울시립대 박사학위논문, 2005.
- 팻치 힐리 저, 권원용 · 서순탁 역, 『협력적 계획』, 한울 아카데미, 2004.
- Innes · Booher, "Consensus building and complex adaptive systems", *Journal of the American Planning Association*, 1995.

주민참여와 주민

김세용 _ 고려대학교 건축학과 교수

서론

최근 국내 도시계획 분야에서 그 어느 때보다도 주민참여, 시민참여라는 단어가 필수적인 수식어로 붙고 있다. 이러한 경향은 민주화를 통해 고양된 시민의식, 1990년대 중반 이후 정착되어온 지방자치 관련 여러 제도와 시민단체들의 왕성한 활동 등에 기인한다고 생각된다. 또한 기존의 철거형 재개발 등 그동안 진행해온 여러 도시개발 및 관리 방법에 대한 반성과 지난 금융위기 이후 부동산 붐이 어느 정도 진정되어 정주성이 높아진 데 따른 결과라고도 볼 수 있다.

이러한 국내의 상황을 반영하듯 주민 교육 프로그램 역시 개별 자치단체마다 다양한 형태와 이름으로 우후죽순처럼 등장하고 있다. 그동안 개별 계획의 수혜자 또는 피해자, 방관자로 도시계획으로부터 타자화되고 자신의 공간으로부터 소외되어 왔던 또 하나의 도시계획 주체인 주민이 그 전면에 나서게 된 것이다. 많은 이들은 드디어 진정한 의미의 도시계획이 가능하게 되었다고 안도를 하며 장밋빛 미래를 그리고 있다. 주민들이 자신이 거주하는 지역 또는 장소, 공간에 대해 관심을 갖고, 스스로 문제를 제기하거나 그 문제를 다른 주민들과 논의하여 해결하는 도시계획이 가능해졌다고 생각하는 듯하다.

하지만 여기에 쉽게 지나치기 어려운 문제가 있다. 그것은 주민이 자신의 공간에 대해 애정을 갖고 계획을 수립해본 경험이 부족하다는 것과 주민이라는 계획 주체의 양면성이다. 전자의 문제는 실제로 계획이 주민으로부터 멀어져서 행정 주체의 단독으로 이루어진 기간이 너무 길기도 했고, 행정 편의적으로 주민들의 의견 및 이해관계를 이용하는 것 등에 문제의 근원이 있다. 또한 후자의 문제에 대해서는 우리가 쉽게 상정하는 '주민'이라는 개념은 고정된 개념이 아니고, 자신의 공간을 이용한 자산 증식이라는 경제적 이득으로부터 마냥 순수한 주체이기만 한 것은 아니라는 점이다.

이러한 사실을 곱씹어보면 과연 계획의 전면에 재등장한 주민이 하나의 도시계획 주체로서 제 역할을 잘 수행할 수 있을까에 대한 의문이 제기되지 않을 수 없다. 실제로 이 이슈에 대해서 많은 전문가들 역시 다양한 방향으로 의견이 나뉘고 있다.

본고에서는 이 첨예한 이슈를 다시금 짚어보고자 하며, 이를 통해 주민참여에서 주체인 주민의 본질 및 역할, 순기능, 역기능 등에 대해서 정리함으로써 주민참여의 나아갈 방향에 대해서 타진해보고자 한다. 이를 위해 먼저 주민의 개념을 시민이라는 개념과 구분하여 정리한 후, 상당히 다양하게 드러나는 주민의 역할을 소개하고자 한다. 그리고 주민과 도시계획의 또 다른 행위자들과의 관계에 대해 논한 후, 실제 사례들을 통해 바람직한 주민참여의 나아갈 방향에 대해서 제시해보고자 한다.

주민의 개념 및 태동
주민의 개념

주민의 개념을 논함에 앞서 가장 유사하고 혼용되어서 사용되는 시민이라는 개념에 대해서 살펴볼 필요가 있기에 그것에 대해서 알아본 후, 주민이라는 개념을 그것과 구분해서 정리해보고자 한다. 그럼으로써 현재 우리사회에서의 주민이라는 개념의 현주소를 분명히 하고자 한다.

먼저, 시민은 도시 지역 및 국가 구성원으로서 정치적인 권리를 갖고 있는 주체를 말한다. 즉 시민은 곧 국민이기도 하다. 이러한 시민의 개념은 고대 그리스에서 연원하는 것으로 알려져 있다. 이 개념은 도시국가의 참정권을 가진 계급을 지칭한 것이었고, 부분적이지만 직접민주정이라는 정치체제는 인류 역사에서 자취를 감추었지만 시민이라는 개념은 고대 그리스에서 로마로 이어졌다. 라틴어로 도시를 'Civitas'라 하였고, 그 도시의 주민으로서 정치 행위에 참여할 수 있는 자격을 가진 사람을 'Civis' 즉, 시민이라고 하였다. 영어의 'Citizen'의 어원은 이러한 'Civitas', 'Civis'에서 시작된 것이다. 'Citizen'은 도시에 살고 있는 주민을 의미하지만, 그것은 단순한 주민이 아닌, 한 도시의 정치사회적 구성원이라는 의미를 포함하고 있는 것이다.[1]

이러한 개념은 근대 시민혁명에 이론적 기초를 제공한 존 로크John Locke에 이르러 다시 강조되었는데, 로크는 재산과 교양을 가진 계층으로서 시민이 권력을 갖는 당시로서는 새로운 체제를 주장했다. 로크 이후, 시민의 범주는 점차 보통선거권을 기반으로 한 참정권 운동으로 확대되었고 오늘날의 시민은 그것의 본래적인 역사적 배경과는 다르게 한 국가의 구성원을 포괄적으로 일컫는 말로 쓰이고 있다. 단, 여기서 시민의 본래적 의미가 참정권에서 시작되었다는 점을 명시하고 싶다.

한편, 이와 구분될 수 있는 주민이라는 개념은 사전적 의미로는 일정한 지역에 살고 있는 사람을 뜻한다. 이러한 정의에 따르면 주민은 국민 또는 시민과 개념상 포함관계 속에 놓여있지만 그 진의가 미묘하게 다르다는 것을 알 수 있다. 좀 더 엄밀하게 따지자면 주민은 특정한 지역에 거주하고 있거나 그곳의 소유권을 갖고 있는 사람 즉, 특정한 지역을 경계로 삶의 수단을 공유하고 있는 사람인

---

1 김세용, "지구단위계획에서 주민참여에 관한 연구", 『대한건축학회논문집』 계획계 18(9), 2002, p.195.

것이다. 이 개념은 단순히 해당 경계에 토지소유권을 가지고 있는 사람 외에 세입자 등의 임시 거주자까지 포괄하는 개념이라는 점에서 의미가 있다.

이에 더해서 주민의 법적인 개념을 살펴보면 그 의미가 더욱 분명해진다. 공간을 계획하는 가장 주요한 법령 중 하나인 '국토의 이용 및 계획에 관한 법률'을 살펴보자면, 다양한 조항에서 주민에 대해 언급하고 있음을 알 수 있다. 이 법령 내에서는 대부분의 계획을 수립함에 있어서 주민의 의견을 반영할 것을 명시하고 있는데, 특히 제26조 제1항에서는 '주민(이해관계자를 포함한다)' 이라는 법구의 형태로 주민에 대해서 간접적으로 정의하고 있다. 이러한 법적 개념에서 주민은 단순히 삶의 수단을 공유하는 차원을 넘어서 특정 공간을 매개로 이해관계를 엮고 있는 사람들이라는 사실을 간접적으로 확인할 수 있다.

현재의 '지방자치법'에서는 주민의 권한으로 선거권을 정의함으로써 주민이 동시에 시민인 것이 당연하게 받아들여지지만 실제로 우리의 역사에서 주민이 동시에 시민이 된 것은, 즉 자신의 공간을 계획하는 지방의원 및 지방자치단체장에 대한 선거권을 획득한 것[2]은 2012년 현재를 기준으로 불과 24년 정도가 되었을 뿐이다. 이에 대해서는 다음 절에서 보다 자세히 살펴보기로 하겠다.

주민참여의 태동

이러한 주민참여 계획의 태동은 역시 근대적 도시의 개념 및 근대도시계획이 발달한 서구 및 기타 선진국들에서부터 그 연원을 찾을 수 있다. 미국, 영국 등의 선진국들에서는 이미 1960년대를 전후하여 도시계획 단계에서 주민참여의 중

---

2 지방자치법에서 주민의 권한으로 규정하는 두 가지 권한인 ①소속 지방자치단체의 재산과 공공시설을 이용할 권리 및 균등하게 행정의 혜택을 받을 권리와 ②지방자치단체에서 실시하는 지방선거에 참여할 권리가 규정된 것은 1988년 4월 6일의 전면개정에서부터이다. 지방자치법이 제정된 1949년부터 1988년 이전까지 해당 법조항에는 주민이라는 용어는 없었으며, 선거인이라는 불명확한 규정만이 존재했을 뿐이다.
3 Paul Davidoff, "Advocacy and Pluralism in Planning", *Journal of the American Institute of Planners(Journal of the American Planning Association)* 31(4), 1965, pp.331~338.

요성에 대한 강조가 이루어지고 있었다. 특히, 폴 다비도프Paul Davidoff 교수가 1965년에 발표한 "Advocacy and Pluralism in Planning"이라는 논문[3]에 포함된 참여주의 계획 또는 옹호주의 계획이라고 번역되어 소개되는 'Advocacy Planning'이 그 시작이라고 할 수 있을 것이다. 또한 우리와 가까운 이웃국가인 일본에서만 해도 오랜 주민참여의 역사를 찾아볼 수 있는데, 그들이 자주 사용하는 마치즈쿠리まちづくり라는 용어가 대표적이라고 할 수 있다. 이 용어는 우리에게 마을만들기, 도시만들기 등으로 번역되어져서 친숙한데, 이러한 일본의 주민제안 제도는 이미 1980년부터 도시계획법에 명시되어 시행되어 오고 있다.

이러한 선진국들과는 달리 우리의 주민참여 도시계획의 역사는 매우 짧다고 볼 수 있다. 단, 국내에 주민참여 도시계획의 역사를 논함에 있어서 새마을운동에 대해서 짚고 넘어가지 않을 수 없다. 그 이유는 국내의 주민참여 도시계획의 연원에 대해 1970년대부터 시행된 새마을운동을 거론하지 않는 이가 거의 없기 때문이다. 하지만 이 새마을운동이 가지고 온 그 많은 성과들과 논쟁들을 차치하고라도 실제로 그 안에 주민을 찾을 수 있을 것인가에 대한 질문에는 다소 부정적일 수밖에 없다. 새마을운동에서의 주민은 철저히 관에 의해서 동원되고 계몽되고, 사업의 일꾼으로서, 사업의 수혜대상으로서, 계몽의 대상으로서만 존재했기 때문이다. 이것이 국내의 주민참여의 시초로 거론된다는 점에서 현재 우리의 주민참여가 겪고 있는 어려움이 어디서 근원했는지를 알 수 있게 해준다.

국내에서 주민이라는 개념이 중요하게 거론되고, 그들에 의한 도시계획인 주민참여 도시계획 또는 주민참여 마을만들기 등에 대한 관심이 높아지기 시작한 것은 1990년대 중반부터로 생각된다. 이 시기를 즈음하여 주민참여에 큰 영향을 준 사안이 있었는데, 1991년의 기초의회 의원선거와 1995년 6·27지방선거가 그것이다. 이 두 시점은 각각 30여년 만에 주민들 스스로 광역 및 기초의회 의원을, 35여년 만에 광역 및 기초단체장을 뽑을 수 있게 되었기 때문에 이는 이후 우리 사회에 주민참여 개념의 확대에 있어 막대한 의미를 지닌다. 즉, 지역 주민들이 직간접적으로 자신들의 삶에 영향을 미치는 계획·정책을 수립하는 주체들에게 다시금 영향을 미칠 수 있게 되었기 때문이다.

또한 이 무렵 지방선거권 환원과 함께 보다 적극적인 정치의사 표현의 기구로 시민단체 설립 역시 주민참여 확대 및 발전에 큰 몫을 했다. 1989년의 경실련(경제정의실천시민연합)을 시작으로 1995년을 전후로 하여, 참여연대, 녹색연합 등 다양한 시민단체들이 결성되어 활동을 시작했기 때문이다. 즉, 1990년대 중반을 기점으로 비로소 주민이 시민으로서의 권한을 갖고 자신의 공간에 대한 의사표현을 할 수 있는 기반이 마련되고 그 필요성이 제기된 것이다.

주민참여의 순기능과 역기능

이러한 주민참여 도시설계·도시계획의 등장은 다양한 결과를 가지고 올 것으로 예상된다. 왜냐하면 우리가 주민이라고 부르는 집단은 사회과학에서 1970~80년대 동안 회자되어 온 대중, 민중 등의 용어만큼이나 광범위하고 모호한 개념이기 때문이다. 즉, 이것은 다양한 상황에 놓여있고 그 안에서 수많은 생각과 의견을 가지고 있는 개별 주체들을 대표하는 포괄적인 개념인 것이다. 실제로 주민참여 도시계획의 가장 중요한 주체인 주민은 그들이 놓인 상황마다 전혀 다른 모습을 보여주고 있다. 이러한 모습을 조금 단순화하여 긍정적인 모습과 부정적인 모습으로 설명하면 다음과 같다.

먼저 주민참여 도시계획의 순기능에 대해서 살펴보자면 다음과 같다. 현재 도시계획 하에서 주민참여의 활성화를 통해서 재개발·재건축 사업 시행에 따

주민이 직접 가꾼 용두동 꽃길과 철거 후의 모습

른 다양한 이해집단 간의 갈등이나 특정 집단의 소외 등의 문제를 어느 정도 극복할 수 있을 것으로 생각된다. 또한 주민들이 자신들의 삶의 장소, 삶의 공간에 대한 애착을 갖고 보다 더 그것의 유지관리에 힘을 쏟을 것으로 기대되기도 한다. 그리고 도시계획의 과정이 보다 민주적으로 바뀌고 그 안에서 다양한 의견들이 수렴되고 반영될 수 있을 것으로 생각된다. 또한 주민들 하나하나는 동시에 참정권을 지닌 시민이라는 점에서 기존의 도시계획의 주체인 행정에 대해서 상호협력자로서 도시계획에 힘을 실어주는 중요한 주체로 자리매김할 것으로도 기대된다.

하지만 주민참여의 확대는 전술한 긍정적인 면 외에 역기능 또한 내포하고 있다. 첫 번째 역기능은 주민들 스스로가 자신의 공간을 직접 계획하기 보다는 행정에 이용되는 도구로 전락하고 있다는 점이다. 여전히 행정기관에서는 주민을 행정 편의적으로 대하고 있으며, 사실상 자신들의 정책 및 계획을 정당화하는 수단으로 주민을 대하는 무책임과 관성을 보이고 있기 때문이다.

첫 번째 문제는 주민들의 의식수준의 제고와 행정기관의 반성, 이를 보완할 수 있는 제도의 수립 등으로 충분히 해결할 수 있다면, 다음으로 살펴볼 두 번째 문제는 그 양상이 보다 복잡하다. 주민들은 실제로 고정된 존재가 아니라 다양한 얼굴과 각기 다른 생각을 가지고 있다는 점이다.

두 번째 문제는 주민은 정치적 권한을 행사하고 그에 대해서 책임을 지는 시민이라는 정치적 주체이지만 동시에 자본주의 사회에서 살아가며 의사결정과 경제활동을 통해 자신의 이익을 추구하는 합리적인 개인이며, 이해관계자이기도 하기 때문이다. 즉, 그들은 자신의 삶의 공간 또는 장소를 하나의 자산으로 여기고 그 안에서 자신의 이익을 추구하는 경제활동의 주체들인 것이다. 특히, 우리나라에서 살아가는 대다수의 주민들은 자신의 토지에 대해서, 자신의 삶의 공간에 대해서 공적인 개념을 바탕으로 생각하기 보다는 그것을 하나의 사적 소유물이자 자본이 회수될 수 있는 하나의 상품으로 보는 경향이 짙다. 이러한 경향은 몇 십년간의 급속한 도시화에 의한 지가 상승, 아파트 붐 등에 의한 직간접적 경험에서 비롯된 것으로 생각된다. 결과적으로 이러한 경험을 직간접적으로 갖고 있는 주민들은 도시계획 또는 마을만들기 과정에서 하나의 이기적 집단으로서 역할을 할 수밖에 없는 것이다. 이러한 경향에 우리나라의 소유권과 사용권이 분리되지 않는 토지제도 역시 한 몫을 하고 있다.

이러한 경향은 주민들 개개인의 정주성을 훼손시키기에 이르렀다. 자신의 공간을 교환의 수단으로 바라보기 시작한 대가로 끊임없이 이사를 다녀야하는 처지에 놓이게 된 것이다. 결과적으로 우리 사회 대다수의 주민들은 일정한 장소에서 오래 거주함에 따라 자연스럽게 파생되는 주변 이웃들과의 관계, 자신의 공간에 대한 애착심까지 같이 상실하게 되었다. 이제 주민들은 자신의 공간을 꾸미고 가꾸는 계획의 권리에서 소외된 동시에 자신의 공간을 단순히 돈이나 평수 따위의 수량으로 밖에 보지 못함에 따라 자신의 공간에 대한 사랑의 부수물인 심리적 안정을 누릴 권리에서까지 소외당하기에 이른 것이다.

주민참여에서 주민과 다른 주체간의 관계
주민참여의 주체들

이러한 주민의 역할은 실제로 다른 도시계획의 행위자들과의 관계를 고려해볼 때 더욱 복잡해진다.

일반적으로 도시계획에서의 참여자의 구성은 행정체계, 계획전문가, 주민, 사업시행자, 시민그룹의 다섯 가지 주체로 구성된다.[4]

여기에서 행정체계는 주로 공무원이 중심이 되고 이들을 지원하는 각종 심의위원회 등에 참여하는 전문가들로 구성된다. 계획전문가는 전문용역기관과 대학 및 연구기관의 관계자들을 꼽을 수 있다. 주민그룹은 직접적인 이해를 가진 주민과 이들의 대표자가 포함되며 동시에 지방의회도 주민그룹에 포함된다. 시

---

4 황희연, "도시정비 참여주체와 주민참여지원센터의 역할", 『건축』 0709호, 2007, p.48.

민그룹은 당해 도시정비에 관심을 갖는 일반시민 및 시민단체 그리고 여기에 관심을 갖고 적극 참여하는 전문가들도 포함될 수 있다. 사업시행자는 당해 지역을 대상으로 사업을 시행하는 주체를 의미하는 것으로 민간과 공공이 있을 수 있다. 주민이 조합 등을 구성하여 자신들의 사업을 시행하게 되면 주민그룹이 아니라 사업시행자로 보아야 타당할 것이다.

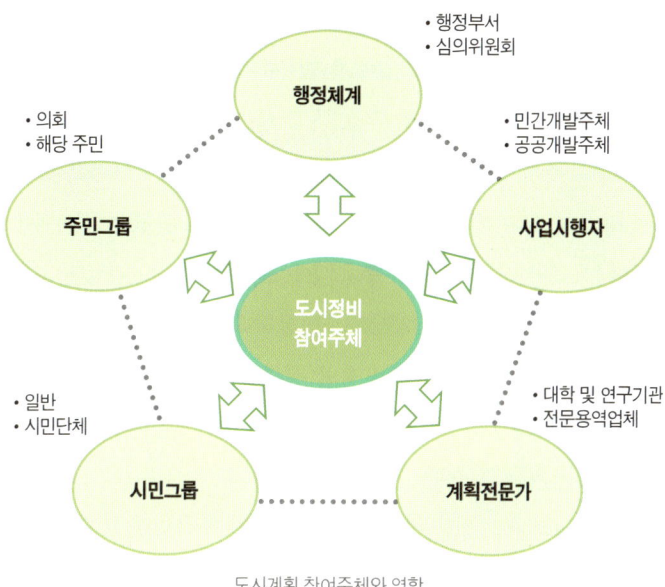

도시계획 참여주체와 역할

주민과 행정체계와의 관계

우리나라에는 지식인 계층과 함께 관원, 즉 국가 공무원에 대한 관존官尊사상이 존재한다. 혹자들은 이에 대해서 조선조의 전통적인 사농공상 또는 관존민비사상의 전통 때문이라고 설명하기도 한다. 하지만 대체로 제2차 세계대전 이후 독립해서 빠른 근대화를 겪은 대부분의 아시아 국가들에서 경제적 부 및 보급물자의 분배가 국가 행정체계에 의해서 이루어졌기 때문에 우리의 경우에도 이러한 의식이 강하다는 설명이 좀 더 설득력이 있을 것으로 생각된다.

　문제는 이러한 의식이 동시에 주민들이 행정기관에 대해 갖는 공무원 및 행정에 대한 불신, 즉 행정의 부정부패, 무능력, 무관심 등 부정적 의식의 근원이기도 하다는 점이다. 이러한 의식 때문에 주민과 행정과의 관계는 복잡한 양상을 띠는 것이다. 기존의 우리나라 행정체계는 도시정비의 결과물인 도시환경의 질 향상에 관계없이 행정 편의 위주의 관점에서 접근하는 경향이 있었기 때문에 매우 소극적인 모습을 노정해왔다. 또, 규제의 적용에 있어서도 규제지침의 문구에 따라 경직되게 운영하는 경우도 비일비재하였다. 이러한 맥락에서 최근에는 주민을 여전히 행정기관의 편의에 따라 이용하는 도구로 활용하고 있다는 비판 역시 받고 있는 것이다.

최근에 주민에 의한 세금을 바탕으로 행정처리가 운영된다는 사실과 주민 한 사람 한 사람이 동시에 참정권을 가지고 있는 시민이라는 점 때문에 행정에 대한 요구의 증가와 보다 적극적이고 질 좋은 행정서비스를 요구하는 목소리가 높아가고 있다. 이러한 경향에 힘입어서 최근 행정체계에서도 다양한 시도를 하고 있는데, 각 자치단체에서 자발적으로 주민참여를 이끌어내기 위해서 마을만들기 지원센터나 마을만들기 지원조례 등을 지정하여 운영하고 있기도 하다.

주민과 계획전문가와의 관계

전술한 대로 계획의 주도권을 쥐고 있는 행정기관이 특별한 경우를 제외하고는 무력한 모습을 보임에 따라서 계획전문가 그룹의 역할이 상당히 중요하게 되었다. 특히, 계획전문가 그룹은 공공의 입장에서 주민들에게 조언과 정보를 제공하는 역할을 담당해왔다. 동시에 계획과정에 직접 참여함으로써 민간의 이해를 대변하거나 공공의 목표를 보조하는 역할 역시 수행하고 있다.

계획전문가 집단이 이러한 역할을 할 수 있었던 것은 전술한 행정체계의 문제 때문이기도 하지만 우리 사회에 뿌리한 학계에 대한 신뢰 때문인 것으로 생각된다. 그것은 대체로 현대의 도시계획이 전문적인 용어와 복잡한 법제도에 의해서 구축되어 있기 때문인 것으로 생각된다. 특히, 이러한 경향에 우리나라 특유의 지식인에 대한 강력한 숭배의식이 이러한 관계를 부채질했다고 생각된다. 하지만 때론 이러한 전문가 그룹에 대한 긍정적 의식 외에 현실과 괴리되어 있다는 다소 부정적 인식 또한 존재하기도 한다.

주민과 사업시행자와의 관계

사업시행자는 특정부지에 대한 개발을 수행하는 자로서 지역 커뮤니티 형성에 직접적으로 관여하는 그룹이다. 사업시행의 결과물은 구체적인 지역환경으로 자리 잡게 되므로 전체 지역환경에 상당한 영향을 미치는 만큼 그 역할이 중요하다고 할 수 있다.

사업시행자는 전술한 대로 주민 스스로가 되기도 하고, 민간기업이 되기도 한다. 하지만 주민 전체가 그 시행자가 되기보다는 해당 지역 내에 자산을 소유하고 있거나 강한 정치색을 띄는 소수가 주로 사업시행을 떠맡는 경우가 많다. 이러한 경향은 민간기업이 시행을 담당할 경우에도 유사하다. 이러한 상황에서 문제가 발생하는데, 지역 주민끼리 합의점을 찾지 못해서 맞고소를 하기도 하고 재정비 사업의 시행 여부를 놓고 강력한 찬반대결을 벌이기도 하는 등 지역의 갈등이 불거지기도 한다. 이러한 상황이 발생하는 이유는 실제로 재정비 사업에 있어서 공공이 주도적으로 참여하지 못하기 때문이라는 비판에 의해서 최근 서울시 등에서 공공관리자 제도가 운영 중이기도 하다.

서울시 동대문구 제기 5구역을 둘러싼 재개발 찬반 갈등

주민과 시민단체와의 관계

주민의 의견을 대변하는 대표적인 기관은 입법기관으로 알려져 있는 의회이다. 특히 지방의회는 주민들의 의견에 매우 민감하게 반응하며 그들의 의견을 만들기도 하고, 주민들의 의견에 힘을 싣기도 한다. 이러한 특성은 전술한 주민은 동

시에 시민이며, 보통선거권에 기반한 참정권을 지닌 개인이기 때문에 나타난다. 이러한 특성은 일견 긍정적으로 작용할 것으로 생각되지만 실제로 주민은 항상 합리적인 선택을 하는 그룹이 아니라는 점을 고려할 때 전술한 상황이 긍정적으로 작동하는 것만은 아닌 것은 자명하다.

이러한 상황에서 대안의 하나로 등장한 것이 시민그룹이다. 이들은 주민그룹과는 달리 객관적인 입장에서 사회공동의 가치를 실현하고자 한다. 이러한 시민그룹은 새로운 개념의 도시정비를 전파하는 역할을 수행하며, 주민 간이나 주민과 행정체계 간에 갈등이 발생했을 경우 이를 중재하는 역할을 수행하기도 한다.

하지만 시민그룹 자체에도 한계점이 없는 것은 아니다. 특히, 우리 사회에 뿌리내리고 있는 활동가에 대한 반발 심리가 이들의 활동을 가로 막기도 하고, 이들의 활동에 금전적 보상이나 사회적 위상 그 어떤 것도 지원되지 않는 상황에서 활동가들의 활동 역시 자연스럽게 제약이 따를 수밖에 없다. 또한 대부분의 활동가들이 구체적이고 전문적인 지식을 가지고 있는 것은 아니기 때문에 또 다른 한계가 노정되기도 한다.

바람직한 주민참여의 방향

이상으로 알아본 상황에서 앞으로 어떤 주민참여가 바람직하다고 할 수 있을까. 서두에서 이미 밝힌 대로 최근 상당한 수의 시민교육 프로그램 및 주민참여 도시계획, 주민공모 등 다양한 움직임들이 시도되고 있다. 우측의 표는 국내외적으로 주민의 도시계획 및 도시정비의 참여시에 활용되고 있고, 활용될 수 있는 다양한 주민참여 기법에 대해 정리한 것이다.

하지만 전술한 다양한 기법들을 모으고 적절히 활용한다고 해서 현재 우리의 상황이 쉽게 해결될 것처럼 보이지는 않는다. 기법은 어디까지나 도구일 뿐이기 때문이다. 자신의 거주 공간을 단순한 삶의 터전으로 바라보지 않고 자산 증식의 도구로 바라보는 시행자로서의 주민 및 민간, 그러한 주민들 간의 의견이나

주민참여 기법의 특징

참여기법	성격	주도그룹	규모	초점	주요내용	기술수준	결과물	유형
디자인 워크숍	상호적, 참여적	컨설턴트	대/소그룹	직접적, 결과물 연계	정보, 아이디어, 태도	보통	주로 정성적	일회적
소그룹	상호적, 참여적	커뮤니티, 자원자, 컨설턴트	소그룹	직접적, 간접적, 장기적	모두	낮음	혼합적	정기적
초점그룹	상호적, 참여적	전체	소그룹	직접적, 간접적	모두	보통	주로 정성적	수시적
포럼	상호적, 참여적	계획가, 개발가	주로 대그룹	전체	정보, 아이디어, 기술	낮음	오직 정성적	정기적
실제적 계획	상호적, 참여적	컨설턴트, 계획가	대/소그룹	전체	모두	낮음	혼합적	가끔
견학	상호적, 참여적	전체	소그룹	직접적, 간접적	모두 (판단은 제외)	낮음	주로 정성적	일회적
환경교육	상호적, 예비적	컨설턴트, 계획가	어느 것이나	장기적	정보, 아이디어, 태도	보통	주로 정성적	정기적
참여훈련	상호적, 예비적	컨설턴트	소그룹	장기적	정보, 아이디어, 태도	보통	주로 정성적	일회적
관리개발	상호적, 예비적	컨설턴트	소그룹	장기적	정보, 아이디어, 태도	낮음	주로 정성적	정기적
전시회	일방적, 정보제공	개발가, 계획가, 컨설턴트	개인	직접적	정보, 아이디어, 판단	보통/높음	주로 정량적	일회적
공청회	일방적, 정보제공	전체	대그룹	직접적	모두 (판단은 제외)	보통	혼합적	정기적, 혹은 가끔
리플렛	일방적, 정보제공	전체	개인	직접적	정보, 아이디어, 판단	어느 것이나	주로 정량적	일회적
소식지	일방적, 정보제공	전체	개인	전체	모두	보통/높음	혼합적	정기적

참여기법	성격	주도그룹	규모	초점	주요내용	기술수준	결과물	유형
시청각 자료	일방적, 정보제공	전체	개인	직접적	정보, 태도, 판단	보통/높음	주로 정성적	일회적
설문	일방적, 사실발견	전체	개인, 소그룹	직접적, 간접적	정보, 태도, 판단	보통	오직 정량적	일회적
면접	일방적, 사실발견	전체	개인, 소그룹	직접적, 간접적	모두	보통	혼합적	일회적
거리조사	일방적, 사실발견	전체	개인	직접적	모두	낮음	주로 정량적	수시로
캠페인	일방적, 홍보	전체 (계획가 제외)	누구든	직접적, 간접적	모두	어느 것이나	주로 정성적	가끔/ 지속적으로

(출처: DoE, *Community Involvement in Planning and Development Process*, pp.64~68)

상황 차이, 그러한 차이를 중재하기 벅찬 시민그룹, 대체적으로 무관심하거나 주민을 이용하여 편의를 추구하는 행정체계, 전문 용어와 법제도로 무장한 채 실무와 괴리를 안고 있는 전문가 그룹, 이것이 현재 대한민국 도시계획 및 도시 정비에서의 주민참여의 현주소이기 때문이다.

이러한 우리의 상황에 대한 완벽한 해결책을 제시하기 보다는 작은 실마리를 제공해 줄 수 있을 것으로 생각되는 두 사례를 소개하고자 한다. 첫 번째 사례는 9.11 이후의 로어 맨해튼Lower Manhattan 개발에 관한 주민참여 과정이며, 두 번째 사례는 필자가 직접 기획하고 운영한 성북구 도시아카데미에서의 주민참여 과정이다.

9.11 이후의 로어 맨해튼 개발

우리가 주지하다시피 2001년 9월 11일 충격적인 사건이 발생했다. 두 차례의 비행기를 이용한 테러로 세계무역센터(이하 WTC) 두 동이 차례로 무너져내린 것이다. 하지만 다행스럽게도 미국인들의 마음가짐까지 무너져내린 것은 아니었는데, 이 사건을 계기로 앞으로 어떻게 해야할 것인가에 대한 근원적인 물음과 함께 그에 대한 치열한 논의가 시작되었기 때문이다. 도시계획 분야도 예외는 아니었으며, 9.11로 무너진 WTC 재건축에서부터 그 주변에 관한 개발계획, 보다 넓게는 향후 맨해튼, 또는 뉴욕의 개발 및 관리방향에 대한 토론이 수없이 진행되었다.

이러한 논의는 전문가들로부터 시작하였다. 9.11 이후 100여일이 지난 후인 2002년 2월 1일과 2일 양 이틀간 컬럼비아대학교에서 중요한 세미나가 개최되었다. 세계무역센터 포럼World Trade Center Forum이라는 세미나가 바로 그것으로, 마천루에 대한 근원적 질문, WTC 일대 복원시 기반시설 계획에서 고려사항, 기념공간의 필요성 및 계획 방향 등의 다양한 주제가 논의되었다. 이 세미나를 통해 복구계획은 로어 맨해튼 일대가 되어야 한다는 것으로 전문가들의 의견이 모아졌다.

이후 행정기관이 움직이기 시작했으며, 로어 맨해튼 개발을 주도하고 있는 로어 맨해튼 개발공사LMDC: Lower Manhattan Development Corporation에서는 WTC 대상지에 대한 도시설계 연구를 시작하였고 2002년 7월 초순에 6개의 개념계획안Concept Plan을 내놓고, 이를 바탕으로 국제공모전을 개최함으로써 구체적인 설계안을 도출하고자 하였다.

이렇게 전문가들이 선도적으로 논의의 흐름을 앞장서고, 정부에서 실질적인 안을 제시한 후, 시민들의 차례가 찾아왔다. 하지만 로어 맨해튼 개발은 수십, 수백 여명의 시민이 모여서 의견을 개진하는 차원으로

미국 Listening to the City 보고서
(사진: www.civic-alliance.org, Listening to the City Report of Proceeding)

는 그 의견을 모두 수렴하는 것이 무의미하다는 의견이 지배적이었고 다수의 의견을 본격적으로 수렴하기 위해서 한꺼번에 5천여 명이 모여서 의견을 개진하는 이벤트가 진행되었다. 이를 위해서 7월 20일부터 22일까지 3일이 소요되었고 맨해튼에 위치한 대규모 컨벤션센터인 제이콥스 제이비츠 컨벤션 센터Jacobs Javits Convention Center가 활용되었다. 이 행사의 이름은 'Listening to the City'로 특기할 만한 것은 여기 모인 5천여 명의 의견이 거의 동시에 참석자 전원에게 전달될 수 있도록 했다는 점이다. 회의는 같은 테이블에 앉은 사람끼리 토론하는 방식으로 일반적으로 진행되었으나 테이블 회의에서 정리한 내용을 컴퓨터에 띄우면, 중앙 서버에서 의견을 취합한 뒤, 다시 테이블로 보내는 방식으로 진행되었기 때문에 이것이 가능했던 것이다. 이외에 온라인을 이용한 의견 수렴 역시 별도로 7월 29일부터 8월 12일까지 진행되기도 하였다.

비록 정부가 제시한 6개 안이 시민들의 회의에서 모두 거부되는 예기치 못한 상황이 일어났으나 시민들의 의견 수렴은 충분히 길고 폭넓게 이루어질 수 있었다. 그들은 그 안에서 다양한 사안들을 논의할 수 있었으며 6개 안에 대해서 거부를 했고 정부는 이를 수렴할 수밖에 없게 되었다. 혹자들은 이를 반쪽짜리 주민참여 성공으로 볼 수도 있을 것이나 충분한 논의와 폭넓은 참여가 있었던 만큼 정부의 계획안이 거부된 것 역시 의미 있는 결과이며, 주민 주체의 선택이라고 생각된다.

성북구 도시아카데미의 경험

앞선 미국의 사례와는 또 다르게 주민 리더 육성을 통한 주민 주체의 회복을 목적으로 2011년 4월과 11월에 각각 두 달여 동안 서울시의 성북구에서 두 차례의 도시아카데미가 개최되었다. 4월의 도시아카데미는 단독주거지 주민들을 대상으로 하였으며, 11월의 것은 재래시장 상인들을 대상으로 하였다.

4월의 것과 11월의 것 모두 흥미로운 사례지만 본고에서는 4월의 주거지의 거주자들을 대상으로 한 아카데미를 소개하고자 한다. 왜냐하면 동일한 먹거리 터전을 공유한 상인들 보다는 공동의 터전이라는 느슨한 경계를 공유한 주거지

성북 도시아카데미에서의 주민참여 모습

거주자들이 더욱 다양한 의견과 모습을 보여주었기 때문이었다.

　해당 프로젝트가 대상지에 실제 거주하는 주민들을 대상으로 했지만 지역의 리더를 육성하고자 하는 아카데미라는 교육의 성격이 짙었음에도 그 안에서 만나 본 주민들은 정말 다양한 모습을 하고 있었다. 그들은 자신의 삶의 문제를 토로하는 불평자이자 민원인이기도 하며, 자신의 거주지 외의 곳에 대한 계획에 대해서는 방관자이기도 하고, 자신의 지역의 재개발 계획이 무산되지 않도록 감시하기 위한 감시자이기도 했다. 또한 계획의 실현 가능성에 대해서 꼼꼼히 따지는 현실주의자이기도 했으며, 때론 너무 이상적인 계획에 대해서는 부정적인 염세주의자이기도 했고, 관련 계획의 실현에 자신의 토지 또는 현금 등의 비용이 발생하는 지 여부를 계산하는 합리적 소비자이기도 했다. 그리고 자신의 이웃이 비협조적인 경우에는 강력한 비판자이기도 했고, 공동의 문제에 대해서는 똘똘 뭉치는 조력자이자 협력자이기도 했다.

　대체로 도시아카데미는 8주간 이론적인 교육과 자신이 실제 거주하는 지역을 대상으로 도시설계를 진행하는 실습 방식의 교육이 함께 진행되었다. 대체로 이론 수업은 당일에 이루어질 실습과 연관성이 높은 주제를 배치하고자 하였고, 매주 교육이 이루어지기 전에 조교들과 함께 각 대상지에 대해서 미리 어떤 계획안들이 가능할지에 대해서 논의해보기도 하였다. 다만, 실습에서는 전문가 그

룹에서 미리 구상한 안이 드러나지 않도록 또는 전문가 그룹에 의해서 주민들의 안이 유도되지 않도록 최대한 주의하며 실습을 진행하였다. 그렇게 8주가 지나고 주민들 스스로가 도출해낸 계획안이 패널과 모델 등의 형태로 전시되자 주민들은 기뻐하며 자신들의 계획안을 자랑삼아, 추억삼아 사진을 같이 찍기도 하고 서로 자연스럽게 덜 풀린 부분에 대해서 논의하기도 하는 등의 자발적인 모습을 보이기도 하였다.

특히, 각 팀의 팀장들은 자신의 팀의 결과물을 마지막날 많은 사람들 앞에서 직접 프레젠테이션하기도 하고 공무원들과 사업화가 가능한 사업들에 대해서 논의하는 시간을 갖기도 하였다. 또, 아카데미가 종료된 이후, 자신들의 마을로 돌아가 다른 주민들을 만나서 의견을 청취하고, 자신들의 계획안 중 가장 시급한 것을 공무원들과 논의하여 사업화하는 과정이 추가로 진행되기도 하였다.

현재 세 곳의 대상지에서 아카데미 수료자들을 중심으로 각각 다른 색깔의 사업들이 진행 중이다. 아카데미에 참여한 이들이 그 사업화 결과물을 통해서 얻을 수 있는 것과 자신들의 마을에 미칠 영향, 주민참여의 리더로서 역할을 수행할 수 있을지에 대해서는 아직 명확한 답을 얻지는 못했지만 분명 복잡하게 얽힌 실타래를 풀어나가는 하나의 방법이며, 과정일 것이라고 생각된다.

이상에서 소개한 두 사례들 역시 우리의 현재 상황에 명쾌한 답이 되거나 우수한 선진 사례이기만 한 것은 아니다. 하지만 몇몇 계획안이 현실화되는 것을 지켜보며 주민들이 자신들의 가능성에 대한 자신감 회복과 자신의 거주공간에 대한 애정 및 관심의 회복이 이루어질 것이다. 또한 그러한 주민들이 실질적인 주체가 되는 한편, 주민에 대한 정확하고 현실적인 이해가 바탕이 되어 지금은 분절되어 있는 도시계획 및 도시정비의 개별 주체들 간의 신뢰가 회복될 수 있다면, 분명 희망이 있을 것이다. 우리의 도시가 빠르게, 빠른 결과를 얻고자 하는 주체들의 마음에 의해서 망가졌다는 것을 상기하고, 이러한 작은 시도들을 통해 각 주체 하나하나의 노력과 신뢰를 얻어나가야, 비로소 우리 사회에 제대로 된 주민참여의 뿌리가 단단히 자리할 수 있을 것이다. 우리의 주민참여는, 그리고 주민들이 자신의 삶의 터전에 다시 주인으로 자리하려는 시도는 이제 막 시작되었기 때문이다.

참고문헌

- 김세용, "지구단위계획에서 주민참여에 관한 연구", 『대한건축학회논문집』 계획계 18(9), 2002, p.195.
- 황희연, "도시정비 참여주체와 주민참여지원센터의 역할", 『건축』 0709호, 2007, p.48.
- DoE, *Community Involvement in Planning and Development Process*, pp.64~68.
- Paul Davidoff, "Advocacy and Pluralism in Planning", *Journal of the American Institute of Planners*(*Journal of the American Planning Association*) 31(4), 1965, pp.331~338.

커뮤니티 디자인, 주민갈등을 넘어 관계를 디자인하다

이영범 _ 경기대학교 건축대학원 교수

주민참여는 '주민이해住民利害'의 참여이다

사람들과 함께 하는 삶을 통해 우리 동네의 생활공간을 다시 살려내는 일, 그리고 함께 하는 생활공간을 통해 동네 사람들이 하나 되어 행복한 동네로 바꾸어 가는 일이 마을만들기를 위한 커뮤니티 디자인이라 할 수 있다. 함께 사는 삶, 함께 쓰는 장소, 함께 하는 축제와 같이 더불어 나누고 즐기는 공동체로서의 공간환경을 만드는 일은 누가 대신 해 줄 수 있는 일이 아니라 나 스스로가 관심을 갖고 참여하여 주체로서 나설 때 가능한 일이다. 참여는 관심에서 시작되지만 궁극적으로는 참여를 통해 의사결정의 권한과 책임을 갖게 된다. 또한 참여를 통한 커뮤니티 디자인 과정에서 주민들의 힘만으로는 해결하기 어려운 문제를 풀어 나가기 위해서 전문가 그룹, 지역단체, 그리고 행정과 소통하고 협력하는 작은 지역 거버넌스를 구축하기도 한다.

주민들의 이해(利害)는 사업의 내용이 구체화되고 디자인의 세부내용이 그려지기 시작하면 무관심과 마찬가지였던 자신의 생각을 훨씬 구체적으로 표현하기 시작한다.

어린이는 어린이의 눈높이에서 자신의 이해(利害)를 표현한다. 어린이와 함께 하는 놀이터 디자인에서는 어린이들이 흥미를 느끼고 자신의 생각을 적극적으로 표현할 수 있는 참여 방법의 디자인이 중요하다.

　　참여를 통해 소통하고 협력하는 일련의 과정을 통해 진행되는 커뮤니티 디자인은 근본적으로 이해利害 당사자로서의 주민, 행정, 지역단체들의 참여를 기반으로 하고 있기 때문에 다양한 사람들의 서로 다른 생각과 의견에서 출발할 수밖에 없다. 서로 다른 생각이 공존하고 그 생각의 차이가 공유되면서 공통의 지향점이나 가치를 찾아나가는 작업이 주민참여의 본질이기 때문에 생각의 차이는 내부 구성원들을 이해하는 출발점이기도 하고 커뮤니티 디자인의 소중한 자원resource이기도 하다. 하지만 주민 각자가 자기만의 생각을 고집하거나 참여한 모든 구성원들의 생각이 중구난방衆口難防 격으로 서로 다를 때 협력자facilitator로서 참여한 전문가나 지역 시민단체들이 조정하고 타협을 이끌어 내기란 쉽지 않다.

　　커뮤니티 디자인에서 참여는 '우리' 라는 가치가 '나' 의 참여 없이는 불가능함을 깨닫는 데서 시작된다. 또 참여에서 중요한 것은 '우리' 가 되기 위해서는 '나' 말고 '너' 가 있음을 인정하는 일이다. '너' 를 인정한다는 것은 다른 사람의 삶, 즉 다른 이의 생각과 사는 방식을 인정하는 일이다. 그래야만 개개인의 다양한 생각과 사는 방식을 묶어 공동의 가치를 공유하는 사회적 삶으로 이어질 수 있도록 만드는 마을만들기가 가능해진다. 평범한 일상생활을 담는 도시의 무미건조한 장소가 살고 싶고 살기 좋은 동네가 될 수 있도록 만드는 일은 곧 '너', '나', 그리고 '우리'가 함께 살 수 있는 삶의 장소를 가꾸어 나가는 일이다. 그런 삶의 장소를 통해 도시에서 잊혀져 가는 '배려의 삶', '공유의 삶', '어울림의 삶', '희망의 삶'의 싹을 다시 키우는 일이 바로 커뮤니티 디자인이다.[1] 그리고 그 출발점은 바로 주민참여이다.

커뮤니티 디자인의 만병통치약으로 이야기되는 주민참여는 사실 '주민이해住民利害'의 참여이다. 좀 더 구체적으로 이야기한다면, 뒷 페이지의 그림에서 보여지는 것처럼 주민참여는 주민들의 개인적이고, 다양하고, 현실적인 '이해관계利害關係의 참여'이다. 왜냐하면 주민들은 자신의 생각을 갖고 참여하고, 참여를 통해 각자의 극히 개인적인 생각을 표현하기 때문이다. 그러다보니 생각이 다르고 그 다른 생각이 서로 부딪히면서 서로 갈리게 되면 갈등이 생기기 마련이다. 그래서 커뮤니티 디자인에서 강조하는 주민참여의 실체는 마을만들기의 해답이 아니라 마을 내부의 갈등의 표현이라고 말할 수 있다.[2] 사람과 사람 사이의 갈등, 사람과 장소 사이의 갈등, 그리고 각자의 삶과 함께 사는 생활 사이의 갈등일 수 있다.

참여를 통한 커뮤니티 디자인의 실제 사례를 통해 갈등의 문제를 좀 더 구체적으로 들여다보자. 한 예로 참여 디자인을 통해 학교 놀이터를 리모델링할 때 부딪힌 문제는 모험이냐 안전이냐의 놀이터의 딜레마였다. 대체로 아이들은 스

---

1 가치 있는 삶을 가꾸며 살고 싶고 살기 좋은 우리 동네를 만드는 커뮤니티 디자인을 지탱하는 큰 원칙으로 '주민참여', '공유와 공존의 삶', '소통과 협력', '공공의 가치'를 들고 있다(이영범, "함께 사는 세상을 꿈꾸는 커뮤니티 디자인", 『커뮤니티 디자인을 하다』, 나무도시, 2009, pp.13~14 참조).
2 걷고싶은도시만들기시민연대, 『주민참여를 통한 한평공원 만들기』, 2007.

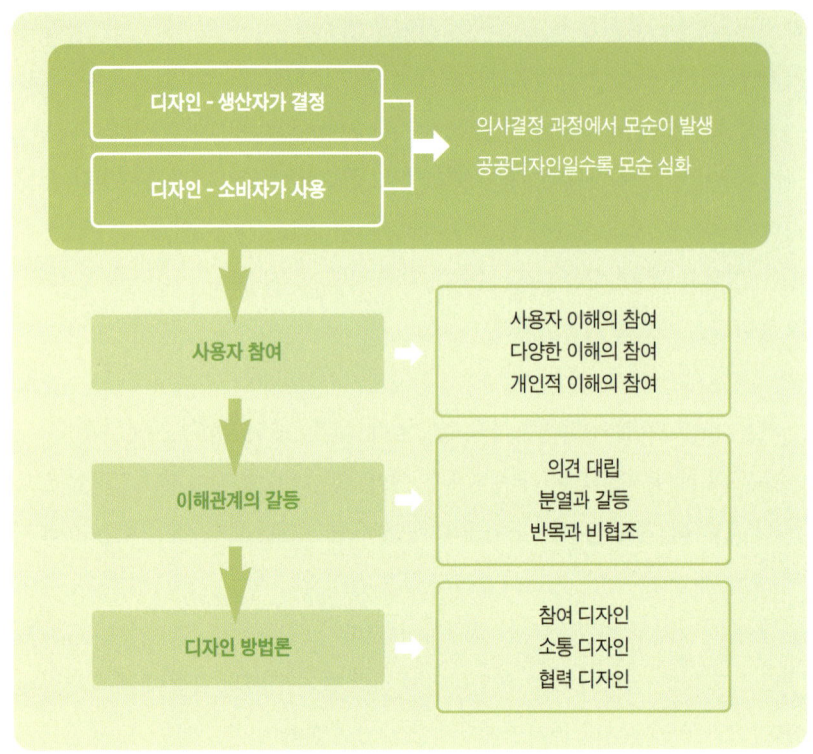

디자인 - 생산자가 결정

디자인 - 소비자가 사용

의사결정 과정에서 모순이 발생
공공디자인일수록 모순 심화

사용자 참여

사용자 이해의 참여
다양한 이해의 참여
개인적 이해의 참여

이해관계의 갈등

의견 대립
분열과 갈등
반목과 비협조

디자인 방법론

참여 디자인
소통 디자인
협력 디자인

공공공간의 의사결정 과정에서의 모순으로 인한 사용자 참여의 당위성과 개념

릴과 모험이 넘치는 놀이터를 선호하지만 선생님과 학부모는 안전한 놀이터를 선호한다. 하지만 놀이터의 주인은 아이들이기에 아이들이 선호하는 모험성을 놀이터 디자인에서 배제하는 것은 모순이다. 또 아이들은 놀이터가 교실에 가까운 곳에 있어야 빨리 가서 놀고 많이 놀 수 있다고 생각하지만 선생님은 아이들이 쉬는 시간에 뛰어노는 놀이공간이 필요하긴 한데 교실에서 가까우면 소음이 심해 멀리 떨어져 있으면 좋겠다는 입장을 대부분 취한다. 이렇듯 참여를 기반으로 한 커뮤니티 디자인을 통해 학교 놀이터를 디자인할 경우 안전과 모험에 대한 놀이터 성격과, 교실과의 관계에서 놀이터 위치에 대한 아이들과 선생님의 양립할 수 없는 가치를 어떻게 모두 수용할 수 있을까?

갈등의 가능성은 도시의 일상생활 속에도 만연해 있다. 다세대·다가구주택의 골목길은 늘 싸움터이다. 주차문제로 이웃과 옥신각신하고, 쓰레기를 남의 집 담장 아래 몰래 내다버리는 주민을 파렴치한으로 몰아세우며 몰래카메라를 설치하기도 한다. 생활 속에서 부딪히는 이런 문제들은 주민참여를 통한 커뮤니티 디자인을 진행할 때도 어김없이 생긴다. 혹은 전혀 생각하지 못한 갈등이 표출되기도 한다. 주민참여는 단지 주민이해만의 문제는 아니다. 주민참여를 통해 개입되는 다양한 이해관계들은 지역의 이해, 행정의 이해, 시민단체나 활동가의 이해, 디자이너와 같은 전문가의 이해, 그리고 예산과 일정이라는 사업상의 이해들이며, 이들 이해관계는 서로 복잡하게 맞물려 있어서 어느 하나만의 이해관계를 조정한다고 해서 문제가 깔끔하게 해결되지도 않는다. 다양하고 개별적이고 간혹 일방적이기까지 한 주민들의 이해관계는 함께 참여한 전문가들의 인내를 실험한다. 이러한 주민이해의 참여는 사업을 지연시키거나 변경시키기도 하고 자신이 아닌 제삼자에게 끊임없이 무엇인가를 요구하는 속성을 지닌다.

커뮤니티 디자인 과정에서 노출된 생각의 차이는 의사결정 단계에서는 결국 갈등으로 전환된다. 의사결정이 극단적으로 서로 다른 가치를 모두 수용하기가 어려울 때 갈등은 심각한 내부 분열을 만들기도 한다. 하지만 갈등은 결코 부정적인 가치가 아니다. 참여로 인해 야기되는 갈등은 커뮤니티 디자인의 시작이라 할 수 있는데, 이는 갈등 없이는 주민 내부의 속사정을 파악하기 어렵기 때문이다. 갈등은 참여로 인해 표현되기 시작하는 주민들의 생각의 차이에서 시작된다. 하지만 그 갈등의 근원은 결코 생각의 옳고 그름의 문제가 아니다. 주민참여 과정에서, 참여한 주민들의 각자의 생각이 다르고 그 다름을 드러내는 각자의 이해관계가 서로 차이가 날 수 밖에 없어서 갈등은 늘 생기기 마련이다. 이렇게 생기는 갈등은 주민참여의 과정에서 늘 만날 수밖에 없는 골치 아프고 부담스러운 문제점이다. 다만 그 과정에서 '우리'라는 좀 더 큰 틀에서 그 갈등을 각자가 풀어 나가기 위해 노력하고, 갈등이 풀리는 과정에 지속적인 관심을 갖고 적극적으로 참여할 때 갈등은 해소되지 않지만 타협과 조정을 통해 어느 정도 완화

될 수 있다. 어떤 경우는 갈등을 안고서 다음 단계로 넘어가기도 한다. 그리고 다음 단계에서는 안고 있는 이전의 갈등관계로 인해 전혀 새로운 갈등으로 전환되기도 한다. 하지만 마지막 순간까지도 갈등이 풀리지 않은 채 커뮤니티 디자인이 끝나는 경우도 있다. 이럴 경우 극단적인 생각의 차이를 커뮤니티 디자인의 과정에서 조정하고 타협하지 못하고 결과를 마무리하는 반쪽짜리 주민참여 디자인으로 전락하고 만다. 하지만 주민참여 디자인에서는 갈등을 꼭 부정적인 요소로만 보기보다는 갈등을 통해 이해 당사자들 사이의 관계를 파악하고 소통의 계기로 활용하는 좀 더 적극적인 자세가 필요하다. 왜냐하면 갈등은 실제로는 갈망의 또 다른 표현이기 때문이다.

공간을 둘러싼 이해관계의 실체는 '갈망'과 '갈등'의 이중구조이다

참여 과정에서 발생하는 갈등은 해소되어야 하는가? 마을만들기의 과정에서 늘 부딪히는 갈등은 사실 갈망과 한 몸이다. 개인적인 관심을 참여를 통해 표현하는 것은 자신이 중심이 된 극히 이기적인 생각일 수도 있고, 동네 사람 모두가 이렇게 좀 같이 했으면 좋겠다는 공동의 실천에 대한 개인적인 생각을 표현한 것일 수도 있다. 관심이 참여를 통해 개인의 갈망으로 전달되고, 그렇게 개인적이고 다양한 갈망이 서로 혼재되어 부딪힐 때 우리는 그것을 갈등의 노출이라고 부른다. 갈망으로 인해 생기는 갈등은 참여가 가져다 준 선물이고, 마을만들기를 위한 소중한 내부의 목소리이기도 하다.

참여 디자인을 통해 지역의 어린이 놀이터나 학교 놀이터를 리모델링할 때 늘 마주치는 문제가 있다. 놀이터에 내재된 갈등에는 늘 청소년이 개입되어 있다는 사실이다. 주민들의 이야기를 듣다보면 놀이터의 특정 공간이 청소년들의 우범지대가 되어 있어서 어린이들은 늘 그 공간을 기피하고, 이를 바라보는 어른들은 우범지대화된 공간을 폐기했으면 좋겠다는 생각을 갖고 있음을 알게 된다. 날이 어두워지면 동네 놀이터의 주인이 바뀐다. 마치 해가 지고 달이 뜨면 세상을 지배하는 자가 달라지는 영화의 줄거리처럼. 그네는 청소년들의 의자가 되고 좀 더 늦은 밤 으슥한 공간이 있다면 백발백중 그 공간은 청소년들의 애정행각을 위한 은신처가 되거나 흡연과 음주의 장소로 전락한다. 여기서 공간의 갈등이 생긴다. 곰곰이 생각해보면 청소년들로 인한 놀이터 공간의 갈등은 청소년들의 자신만의 공간을 향한 갈망의 표현인 셈이다. 자신들의 공간을 허락하지 않는 입시 중심의 사회에서 갈 곳이 없는 청소년들의 갈망은 결국 이런 갈등의 형태로 드러난다.

주민참여를 통해 조성되어 1999년 개장한 사당동 양지공원 사례는 커뮤니티 디자인의 초기 성공사례로 많은 관심과 주목을 받았다. 하지만 양지공원의 성공담을 들여다보면 거기엔 이해관계 당사자들의 갈망과, 갈망의 좌절에 따른 갈등이 첨예하게 노출되고 대립되었음을 알 수 있다. 567평에 이르는 사당3동 220-6번지 일대에 조성된 양지공원[3]은 원래 도로부지로 구획된 곳이었으나 10년째 방치되어 있었다. 체육시설이 설치되어 있었으나 주민들이 별로 이용하지 않았고 자연스럽게 불법쓰레기 투기장이 되어 있었다. 1997년 행정이 방치되어 있던 공지를 주차장으로 이용하려 하였으나 주민들은 차량으로 인한 안전, 소음과 매연 등의 이유로 반대하였고 그 결과 행정은 공원을 조성하기로 계획을 수정하였다. 당시 서울시는 서울마당 조성계획을 세우고 있었고 사당동은 3개의 시범지역 중 하나로 선정되었다. 사당동 서울마당 시범사업을 위해 서울대학교 조경학과 김성균 교수가 설계를 담당하였고 김교수는 주민의 의견을 반영하자고 서울시에 제안하였고 그 의견은 채택되었다. 참여 디자인을 위해 사당3동 동사무소를 통해서 주민대표를 모집하였다. 그 결과 주로 주차장 반대운동을 주도하였

3 김성균, "사당동 양지공원에서의 주민참여 과정과 이에 대한 행정지원 방안의 필요성과 과제", 『마을만들기 활성화를 위한 워크숍』, 도시연대, 2001, pp.5~17.

던 12명이 참여의지를 표명하면서 1997년 하반기부터 주민참여로 동네 공원을 조성하는 사업이 진행되었다. 하지만 진행과정에서 주민들 사이의 대립과 갈등이 심했다. 주차장 건설을 원했던 주민과 공원조성을 원했던 주민간의 갈등이 완전히 해소되지 못했기 때문이다. 공원을 반대한 주민들은 마을의 주차장을 갈망했던 주민들이다. 공원이란 가치보다는 그들에게는 주차장이란 생활공간의 필요가 더 강했지만, 사업의 목표가 공원으로 결정됨으로써 그들은 갈등의 주체가 된 것이다. 한 대상지에 공원과 주차장을 모두 조성할 수 없기에 갈망과 갈등은 결국 선택의 문제에 의해 결정될 수밖에 없었던 것이다. 하나의 갈망은 다른 한쪽의 갈망을 갈등으로 만들 수밖에 없는 다수결의 의사결정구조로 인해 공원조성을 찬성하는 주민 중심으로 공원이 조성될 수밖에 없었다. 공원이 조성된 이후 공원 관리와 운영과정에서도 잠재된 갈등이 표출되어 양지공원은 공원 조성이란 측면에서는 적극적인 주민들의 참여로 성공적인 결과를 얻어냈으나 결과적으로 주민참여는 동네 주민을 양분하고 대립관계로 만든 셈이다.

이처럼 다양한 이해관계가 부딪히면서 발생하는 갈등은 '문제'가 아니라 '관심'의 표현이다. 개개인의 이해관계가 부딪히면서 발생하는 생각의 차이인 셈이다. 개인적이고 다양한 각자의 이해관계가 참여를 통해 표출됨으로써 다음 단계의 문제는 이들 이해관계를 어떻게 수용하여 하나의 공통된 가치로 수렴해내느냐의 과제로 이어진다. 갈망하는 가치가 다를 경우 이를 조정하고 통합하는 것은 결코 쉽지 않다. 사당동 양지공원의 사례처럼 주민들이 버려진 공지를 무엇으로 바꿀 것인가에 대한 의견이 서로 나뉘고 자신이 갈망하는 가치가 최종적으로 선택될 경우 이를 갈망하는 주민들만이 참여하는 것처럼 갈망은 심각한 갈등구조를 만들어낸다. 그럼에도 불구하고 주민참여가 필요한 이유는 무엇인가?

주민참여는 각각의 생각의 차이들을 펼쳐놓고 부분집합을 도출하여 실현시켜 나가는 과정이다. 이를 통해 참여한 구성원들은 자신의 이야기가 결코 무시되거나 빠지지 않고 선택되었다는 만족감을 갖는다. 그래서 참여를 통해 드러나는 주민들의 의견은 매우 소중하다. 그 의견이 소중한 이유는 '주민들이 자신의 동네에 대해서 이야기하기 때문'이다. 그리고 동시에 '다른 주민들의 의견에 대해서도 귀 기울일 기회'를 갖기 때문에 소중하다. 동네의 현안에 대해 서로 허심탄회하게 이야기하면서 수다를 떠는 것이 바로 주민들이 소통하는 방식이다. 한데 소통에서 매우 중요한 것이 있다. 그것은 주민이 서로 자신의 이야기를 하는 것이 아니라 남이 이야기하는 것을 들어주는 것이다. 또한 주민참여 디자인의 참여 방식에서 중요한 것은 대상지를 이렇게 조성하겠다는 최종적인 결론을 정해 놓고 주민들에게 의견을 묻는 식의 접근은 피해야 한다. 그것은 시작부터 주민들의 의견을 찬성과 반대로 서로 나뉘게 하기 때문이다. 오히려 최종적인 결론을 열어 놓고 주민들이 이야기를 시작하고 끝매듭을 스스로 지을 수 있도록 참여 과정을 잘 디자인해 주는 일이 갈망이 만드는 갈등을 선순환의 긍정적인 가치로 활용할 수 있는 방법이다.

주민참여 과정에서 발생한 갈등을 해결하는 팁은 무엇일까?

- 내부의 문제는 내부에 있는 사람이 가장 잘 알기 때문에 주민들 스스로가 자신의 문제를 이야기할 수 있는 기회를 제공하는 것이 참여이다.
- 이때 주민들이 이야기하는 것은 주민 각자의 개별적인 성격이 강하다.
- 따라서 내부의 문제를 전체적으로 조망하는 능력이 떨어질 수 있다.
- 그래서 참여에는 객관적인 조정자의 개입이 필요하다.
- 이해관계가 갈등을 만들고 조정이 필요할 때, 지역리더나 지역전문가와 같은 객관적인 조정자의 역할이 없다면 노출된 갈등은 결코 다음 단계로 넘어갈 수 있는 실마리를 제공하지 못한다.
- 참여자가 많을수록, 참여도가 높을수록 갈등은 심화된다.
- 노출된 갈등을 조정하고 타협하는 데는 시간이 필요하다.
- 시간을 두고 다양한 이해관계를 조정할 수 있는 참여 프로그램을 실행하여 서로의 입장을 다시 한번 되돌아보고 이해할 수 있는 가능성을 만든다.
- 참여는 갈등을 낳지만 시간을 충분히 갖는 소통은 갈등을 마을만들기의 긍정적인 가치로 전환시킨다.

주민참여 과정에서 표현된 주민들의 생각은 가끔 황당한 것들도 있고 실현 불가능한 것도 있기 마련이다. 주민참여 디자인을 위해 표현된 주민들의 생각을 전문가의 기준이나 선입견을 갖고 판단하여 취사선택한다면 이는 전문가의 생각과 다를 바 없다. 엉뚱한 이야기라도 듣고 또 듣고, 생각하고 또 생각하면 왜 이런 이야기를 하는지를 알게 된다. 주민참여에서 주민이 말한 이야기 자체보다 그 이야기를 하는 주민의 의도가 중요할 때가 있다. 그 의도를 잘 파악하는 것이 중요한 것은 의도에 의해 드러나는 의견보다 구체성이 훨씬 덜 하기 때문이다. 의견은 구체적으로 무엇을 표현하기 때문에 다양한 의견이 나올 경우 결국은 선택의 문제로 흘러 갈 수 있지만 의도는 서로 유사한 것끼리 통합할 수 있는 가능성을 갖는다.

주민참여를 통한 의사결정 과정에서 발생하는 갈등은 주민들 사이에서만 볼 수 있는 유형은 아니다. 마을만들기에서 추구하는 가치는 주민들만의 문제가

주민참여 디자인의 의사결정 요인에 따른 갈등의 유형

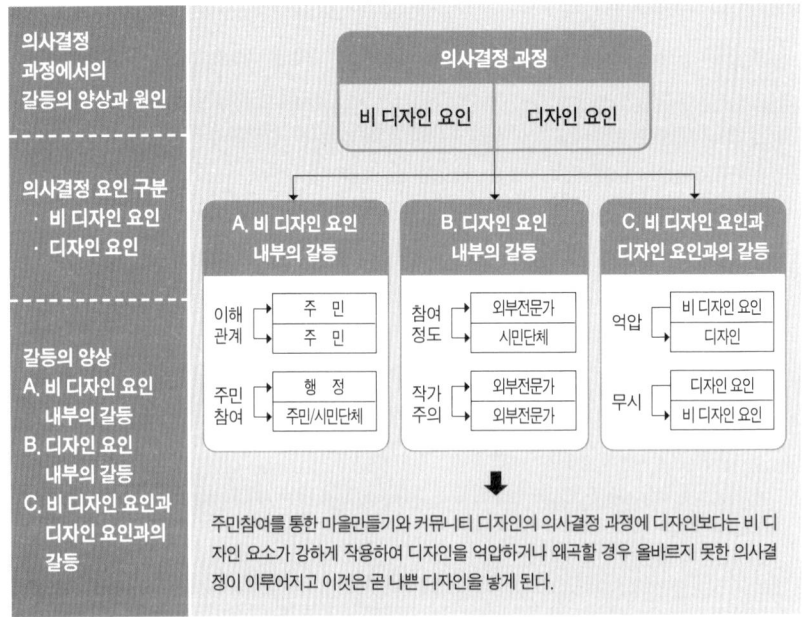

아니라 이 과정에 참여하는 이해당사자로서의 행정, 지역단체나 시민단체, 외부전문가 등의 이해관계와 맞물려 있기 때문에 의사결정 과정에서 생기는 갈등의 유형은 그 원인에 따라 다양할 수 있다. 예산과 일정을 둘러싸고 행정과 주민과 같은 비 디자인 주체끼리의 갈등이 있는 반면, 장소만들기와 같은 공간 디자인 작업에서 비 디자인 주체인 시민단체와 디자인 주체인 외부전문가의 충돌도 흔히 생기는 갈등의 유형이다. 주민참여 과정에서의 의사결정은 그 안에 내재된 이해관계가 매우 다양하기 때문에 한 사람의 전문가가 모든 것을 조정하고 이끌어가지 못한다. 오히려 시민단체가 일방적으로 주도하거나 외부에서 참여한 건축가가 모든 역할을 수행하려고 할 때 문제가 발생한다. 오히려 전문성을 지닌 다양한 전문가들의 의견과 활동을 통해 의사결정 과정에서 노출된 불협화음과 현실성, 이해관계를 조정해내는 코디네이터의 역할이 더 필요하다. 흔히 조정자facilitator라고 부르기도 한다. 조정자로서의 코디네이터가 참여한 다양한 이해그룹의 신뢰를 얻을 경우 갈등은 소통과 협력의 단계를 열어가는 기회요소가 된다.

갈등은 흔히 디자인을 주도하는 외부전문가 내부에서 매우 심각하게 발생하기도 한다. 주민들과 함께 하는 커뮤니티 디자인은 근본적으로 작은 디자인이다. 제약조건도 많다. 작은 규모의 사업이고 제약조건도 많지만 주민들의 바람은 이것과 상관없이 다양하고 지나치게 많을 경우도 있다. 디자인을 진행하는 전문가들 역시 주민들의 바람을 작은 용기에 다 담아주고 싶은 욕심이 생긴다. 과하면 넘치기 마련이고 쓰임새가 불편해진다. 혹은 시공과정에서 예산문제로 디자인된 내용이 바뀌어 오히려 어색한 장소가 만들어지기도 한다. 그래서 커뮤니티 디자인에 참여하는 디자이너는 만약 작가성과 대중성이 충돌하여 어느 한쪽이 다른 한쪽을 무시하거나 억압할 경우 하나만이 살아남는 게 아니라 둘 다 죽는다는 점을 인지해야 한다. 전문가의 작가성을 주민에게 강요할 경우 작가성은 작가에게만 의미가 있지 이를 받아들이는 주민에게 있어서 강요된 작가성이란 아무런 생명력을 가지지 못하기 때문이다. 이런 경우의 작가성은 폐기되거나 주민들에 의해 변형된다. 전문가에 의해 과하게 디자인되면 오히려 사용자가 불편해하고 지나친 디자인에 대해서도 주민들의 거부 반응이 존재한다. 만약 디자인에 과도한 욕심을 부리기 시작하면, 참여는 했지만 그 참여가 소통이 되지 못하고 강요와 교육을 꾀하는 엘리트주의가 될 수 있다. 혹은 참여가 참견이 되기도 하여 주민들의 생활공간을 일일이 디자인으로 제약하는 경우도 생긴다. 자기 몫을 가지고 가서 다른 사람의 몫하고 잘 어울리는 하나를 만들어가는 것이 진정한 참여의 의미이다. 즉, 참여는 어떻게 소통할 것인가의 문제이고, 따라서 참여 다음단계인 소통단계로 어떻게 넘어가는지에 관심을 기울어야 한다.

주민참여 디자인 과정에서 만나는 갈등은 '소통'의 시작이다

주민참여 과정에서 발생한 갈등을 해소한다는 것은 매우 어려운 숙제이다. 제한된 일정 안에서 진행되는 사업일 경우 갈등은 사업을 지연하는 원인이 된다. 하지만 주민참여를 통한 커뮤니티 디자인의 경우 갈등을 무시하고 동의하는 주민들만 참여한 상태에서 다음 단계로 넘어가는 것도 또 다른 갈등이 된다. 갈등의 해소 없이 다음 단계로 넘어갈 수도 없고 갈등이 남아 있는 한 주민들 사이의 이견으로 인해 사업이 제대로 진행될 수도 없다. 갈등은 주민 스스로 해결하는 것이 가장 좋다. 원칙은 그렇지만 갈등이 이미 노출된 상태에서의 주민들의 만남은 오히려 갈등을 심화시킬 위험성이 훨씬 높다.

갈등을 어떻게 해소할 수 있을까? 주민참여시 발생한 갈등을 해결하는 방법으로 아래의 네 가지 정도가 있을 수 있다.

① 주민 스스로 해결할 때까지 기다린다.
② 전문가가 개입하여 조정하고 타협하도록 도와준다.
③ 투표하여 다수결로 해결한다.

④ 갈등을 무시하고 다음 단계로 넘어간다.

무엇이 갈등을 해결하는 가장 좋은 방법일까? 갈등은 갈등의 주체인 이해당 사자가 스스로 해결하는 것이 원칙적으로는 가장 좋은 방법이다. 하지만 이해가 첨예하게 대립될 경우 결자해지結者解之가 되는 경우가 많지 않기 때문에 갈등의 조정에는 중재자의 개입이 필요하다. 이때 누가 중재자의 역할을 하느냐가 굉장 히 중요하다. 갈등의 양 측의 신뢰를 받을 수 있는 지역활동가나 외부전문가가 양측의 갈등을 풀어낼 수 있는 타협책을 제시하면서 이를 통해 서로 이견을 점 점 좁혀가면서 갈등을 조정하는 방법이 있다. 또한 반드시 갈등을 해소하고 다 음 단계로 넘어가야만 진정한 주민참여라고 생각하는 고정관념을 버릴 필요가 있다. 갈등을 해소하기 위해 다음 단계를 진행하는 것도 한 방법이다. 갈등은 공 동의 목표가 자신의 이해관계와 맞지 않기 때문에 생기는 경우가 허다하다. 극 단적으로 반대하는 소수자가 있을 경우에는 오히려 갈등을 무시하고 다음 단계 를 진행하여 그 결과와 내용이 반대자 자신의 이해관계와 결코 상반되지 않는다 는 것을 스스로 느낄 수 있게 해주면 갈등은 다소 완화된다. 이제부터는 필자가 참여했던 주민참여 디자인의 두 가지 대표사례를 통해 구체적으로 어떤 갈등이 어떤 상황을 두고 발생했는지, 그리고 그 갈등은 각 사례별로 어떻게 해결되었

사례별 갈등의 주체와 유형 구분

사 례	갈등의 주체	갈등의 유형
미아2동 삼양초등학교 학교 놀이터 디자인 사례	학교 대 지역주민	학교 공간 개방을 둘러싼 갈등
	학교 대 시민단체	놀이터 참여 디자인의 협조를 둘러싼 갈등
	지역주민 대 지역주민	놀이터 조성을 위한 공간 확보와 관련된 갈등
인사동 섬진강 골목길 공동간판 디자인 사례	골목길 상인 대 골목길 상인	입간판 정리에 대한 입장의 차이
	골목길 상인 대 외부 디자인 전문가	상인 소수의 참여에 따른 정당성에 대한 갈등

는지를 살펴보기로 하자. 두 가지 사례별로 갈등의 주체와 유형을 간략히 정리해보면 앞 페이지의 표와 같다.

미아2동 삼양초등학교 학교 놀이터 디자인 사례 [4]

서울시 강북구 미아2동에 위치한 삼양초등학교는 사용자 참여를 통한 놀이터 디자인 사업을 진행했던 2002년 당시 학생수가 2,000명이 넘고 전체 학급수도 53학급으로 구성된 규모가 제법 큰 초등학교였다. 이 학교 주변의 주거지는 대체로 경사지에 밀집된 다가구주택으로 구성되어 있어서 지역 주민뿐만 아니라 취학 아동들에게도 동네에 변변한 놀이터 하나 없는 실정이어서 학교 운동장은 아이들의 유일한 안식처이자 놀이공간이었고 지역주민들에게는 체육활동을 할 수 있는 지역의 유일한 공공공간이기도 하였다. 경사지에 밀집한 노후 단독주택이 다가구로 점차 바뀌어 주거밀도가 높아지면서 취학아동의 유입이 증가되어 기존 학교시설은 수용의 한계를 드러낸다. 2000년부터 단계적 개축공사에 들어가 2002년 초에 교사동 시설을 모두 새롭게 완공하였지만 개축 과정에서 새롭게 조성된 주차장 부지에 원래 있었던 놀이터와 동물사육장이 사라지게 되었다. 당시 학부모와 주민들은 공사가 아직 다 마무리되지 않아서 학교 놀이터가 설치되지 않은 것으로 생각하고 있었다. 하지만 신축교사 완공 후 예산 미확보와 공간 부족 등을 이유로 사라진 놀이터와 기초체육시설의 설치가 지연되자 학교 운영위원회를 중심으로 학교 옥외공간 이용 상의 문제점을 개선하고 지역사회에 열린 옥외공간을 조성하고자 하는 노력이 싹트게 되었다. 그 과정에서 기본적인 놀이시설을 설치하려고 계획하고 있던 학교 측은 학교 운영위원회와의 논의를 통해 진행 중이던 계획을 유보하고 학교와 지역사회가 함께 공유할 수

---

4 이영범의 2005년 논문 "사용자 참여 디자인을 통한 열린 놀이터 만들기 - 서울 삼양초등학교 옥외공간을 중심으로"와 최용철의 2002년 자료인 "삼양초등학교 놀이터 만들기, 얘들아 놀자! 놀이터에서"를 참조.

있는 놀이터 공간을 조성하기로 했다. 학교 운영위원회는 당시 도시연대 회원이셨던 운영위원장을 통해 주민참여를 통한 여러 사업을 하는 도시연대에 놀이터 조성에 관한 도움을 청했다. 도시연대와 도시연대 내의 커뮤니티 디자인센터, 그리고 경기대 건축대학원 설계스튜디오가 공동으로 3개월의 조사와 학생, 교사, 지역주민, 학부모, 운영위원회와의 미팅과 참여 프로그램 워크숍을 통해 놀이시설 계획안을 마련하였다.

삼양초등학교 놀이터 디자인 학교 내 전시회　　삼양초등학교 학교 운영위원회와 놀이터 디자인 협의 미팅

　사용자 참여 디자인은 구체적으로 학교 및 주변지역의 공간현황 조사, 사용자에 의한 학교공간 선호도 조사, 학생들과 함께 하는 내가 꿈꾸는 놀이터 디자인 작업, 선생님과 학부모와의 설문 및 인터뷰, 디자인 작업의 피드백을 위한 전시 및 의견 수렴, 운영위원회와의 실무협의라는 방법 및 절차에 의해 진행되었다. 놀이터 사업은 2002년 9월부터 12월까지 대략 3개월에 걸쳐서 예비논의 단계, 사용자 참여 디자인 단계, 디자인 제안 단계, 간담회를 통한 의견수렴 단계까지 진행되었다. 놀이터 참여 디자인이 진행 중이던 2002년 10월 말, 도시연대는 지금까지 진행된 작업을 일차 정리하여 학교 운영위원회를 통해 서울시 교육청에 지역사회와 함께 하는 '열린 놀이터 만들기'란 제목의 디자인 제안서를

제출하였다. 2003년 2월 서울시 교육청에 의해 이 제안서가 교육복지 투자우선 지역 지원사업 대상으로 지정되었다. 하지만 이 사업이 시설물 설치가 아닌 교육 프로그램을 지원하도록 되어 있어서 지역주민과 함께 할 수 있는 열린 놀이터 디자인을 만들기와 가꾸기로 이어갈 수 없게 되었다. 다만 학교 운영위원회와의 미팅을 통해 향후 제안된 내용을 단계적으로 실현시킬 수 있는 방안을 모색하는 것으로 프로젝트를 종결짓게 되었다.

학교의 외부공간의 문제점을 찾고 외부공간의 활용도를 높이는 제안 속에서 놀이터 디자인을 다루게 되었다. 놀이터를 조성하는 방안을 검토하는 과정에서 우선 놀이터 공간을 어떻게 확보할 것인가가 관건이 되었다. 여기서 부딪힌 문제는 학교 운동장을 사용하는 주체가 무척 다양하며, 그 다양성은 결국 서로 다른 활동이 운동장에서 벌어짐으로 인해 놀이터를 조성할 수 있는 공간 확보가 어려워졌다는 점이다. 아이들과 주민들이 함께 쓰는 학교 운동장에서 서로 다른 사용자들이 모두 운동장을 공유할 수 있도록 하기에는 아이들의 활동과 어른들의 활동이 판이하게 달랐다. 가장 큰 문제가 조기축구회의 활동이었다. 아이들은 다양한 놀이기구가 설치된 넓은 공간환경의 놀이터를 원했다. 놀이기구 위주의 놀이터 보다는 놀이공간으로서 좀 더 창의적인 학교 놀이터를 조성해주고 싶은 것도 사실이었다. 하지만 이런 놀이터를 조성하려면 제한된 학교 운동장 부지를 사용할 수밖에 없었다. 이 경우 기존 운동장 공간의 축소로 인해 학생들의 체육교과활동과 조기축구회와 같은 지역주민의 활동이 제약을 받을 수 있다는 점에서 논란이 일었다. 조기축구회에서는 학교 주변부지 매입을 통해 놀이터 공간을 확보하라고 요구하기도 했다. 이 경우, 운동장 공간을 침해하지 않고 놀이터를 조성할 수 있지만 예산의 확보와 매입의 어려움, 조성일정의 지연이라는 문제점을 지녀 학교 측과 디자인을 진행한 도시연대 커뮤니티 디자인센터에서는 부정적으로 판단했다. "이 순간 누가 학교 운동장의 주인일까?"라는 의문이 들기도 했다. 학교 운동장은 아이들이 우선적으로 고려되어야 할 공간인데, 그렇다고 지역개방형 학교 운동장에서 조기축구회와 같은 어른들의 활동에 제약을 주는 공간 활용은 심각한 갈등을 야기할 것 같아 오히려 갈등은 디자인을 담당한 커뮤니티 디자인센터에게로 돌아왔다. 갈등을 해결할 수 있는 방법은 디자인에서 공간 활용의 창의성을 통해서였다. 그 결과 운동장을 침해하지 않고 학교 내 자투리 공간을 활용하여 놀이의 동선을 길게 이끌어 내는 새로운 공간 개념의 놀이터를 제안하였다. 이는 운동장 공간을 유지하면서 기존의 방치된 운동장 주변의 옥외공간을 정비하고 이 공간의 사용효율을 높일 수 있는 방법으로서 디자인을 통해 최대한 현실적인 제약조건을 극복하고자 한 제안이었다. 갈등이 커뮤니티 디자인의 창의적인 문제해결의 원동력이 된 셈이다.

놀이터 조성을 위한 참여 디자인 과정에서 도시연대의 커뮤니티 디자인센터와 학교와의 갈등은 오히려 서울시 교육청에 의해 열린 놀이터 디자인 제안서가 교육복지 투자우선지역 지원사업 대상으로 지정되면서 시작되었다. 참여 디자인 과정에서 가장 소극적이었던 학교가 교육청의 재정지원의 집행의 주체가 되면서 모든 주도권을 오히려 학교가 쥐게 되면서 외부에서 참여한 도시연대 커뮤니티 디자인센터는 이후 예산집행과 관련된 모든 내용에서 소외되었다. 소외된 가장 큰 이유는 선정된 사업의 예산이 교육복지에만 비용을 사용해야 하는 제약이 있어서 놀이터와 같은 시설투자가 불가능해서 도시연대 커뮤니티 디자인센터가 제안한 열린 놀이터를 조성할 수 없게 된 데 있었다. 따라서 교육청으로부터 지원받기 위해 제안한 디자인 내용과는 다르게 학교는 일반적인 놀이기구를 설치하여 학교 놀이터를 조성하는 것으로 마무리하였다. 오히려 학교 운영위원회에는 도시연대가 어린이 놀이터에 어울리지 않는 제안을 하느라 학교 측에서 놀이터를 조성하려는 데 시간만 지연되었다고 설명하기도 했다. 시간이 한참 지나서 도시연대 커뮤니티 디자인센터가 다시 운영위원회와의 미팅을 통해 교육청에 제안했던 열린 놀이터 디자인 내용을 프레젠테이션 할 때까지 운영위원회마저도 학교 측의 설명을 그대로 믿고 있었다. 학교 운영위원회는 이 제안서의 내용이 무산된 점을 무척 아쉽게 생각하고, 제안서 내용에 담긴 학교 정문을 어린이 정서에 맞게 다시 디자인하는 것과 학교 내의 버려진 자투리 공간을 다듬어 다시 사용하는 아이디어를 향후 예산이 생기는 대로 하나씩 추진해보자는 의욕을 보이기도 했다.

삼양초등학교의 지역사회와 함께 하는 열린 놀이터를 사용자 참여를 통해 디자인하는 작업에서 만난 갈등은 학교와 지역사회와의 오랜 반목에서 유래된 불신에서 출발하였다. 학교와 지역사회와의 갈등과 대립 이외에도, 참여 디자인 과정은 운동장 축소에 따른 지역주민과 놀이터 디자이너와의 갈등, 놀이공간을 둘러싼 고학년과 저학년의 갈등, 놀이의 성격에 따른 여학생과 남학생의 서로 다른 의견 차이, 학교와 시민단체와의 신경전 등의 다양한 갈등의 양상을 표출하였다. 지역사회와 학교와의 갈등은 놀이터 참여 디자인을 통해 해결할 수 있는 문제는 아니어서 무척 안타까웠다. 하지만 공간의 제약과 놀이공간 사용에 대한 사용자 특성에 따른 요구는 디자인을 통해 해결할 수 있는 그런 유형의 갈등이었다. 결과적으로 구체적으로 드러난 사용자의 놀이터 공간에 대한 갈등은 디자인 개념을 도출하는 데 매우 유용한 단서로 기능하였다.

인사동 공동간판 디자인 사례

인사동 공동간판 디자인의 대상지는 공식명칭이 인사동7길인 막힌 골목길인데, 골목길 가장 안쪽에 위치한 '섬진강'의 이름을 따서 섬진강 골목길이라고 불렀다. 이 곳 섬진강 골목길에는 골목 초입에는 표구사, 다기점, 한복집, 필방 등이 있으며, 골목 안쪽에 들어서면 대부분 음식점들이 들어서 있다. 막힌 섬진강 골목길에 가게 영업의 경쟁과 이기주의가 급속히 불어 닥쳐오면서 암묵 속에서 유지되어온 인사동 골목길만의 분위기와 질서가 깨지기 시작했다. 길이 막히다 보니 사람들의 발걸음이 그만큼 줄어들게 되고 그 줄어든 발걸음을 붙잡기 위해 서로들 골목길 밖으로 영업공간을 확장하고 간판을 줄지어 세워 놓게 되었다. 골목길에 위치한 상가 주민들이 서로 이해관계를 대립하면서 개인의 이익을 위해 골목길까지 점유하며 대형입간판을 난립시켜 공유공간을 사유화하는 등의 문제를 발생시켰다. 앞이 막히니 자연히 안으로 향한 발걸음은 더 끊기기 마련이고 골목길로 들어서서 가운데 난 큼직한 길마당도 어수선한 입간판으로 가득 차게 되었다.

경쟁적으로 가게를 알리기 위해 입간판을 주렁주렁 매단 음식점들로 인해 골목길이 유지해 온 가게들 사이의 질서와 관계가 깨지게 되자 가게 상인들 중 몇 분을 중심으로 골목길의 공간 갈등을 풀어내기 위해서 난립한 개별간판을 정비하고 골목길의 정취를 살릴 수 있는 공동간판을 만들기 위한 상인들의 모임을 생각하게 되었다. 뜻을 같이 한 이 골목 상인 몇 분과 도시연대 회원이기도 하신 섬진강의 남사장님은 2003년 하

섬진강 골목길 안마당의 전봇대에 매달린 간판들

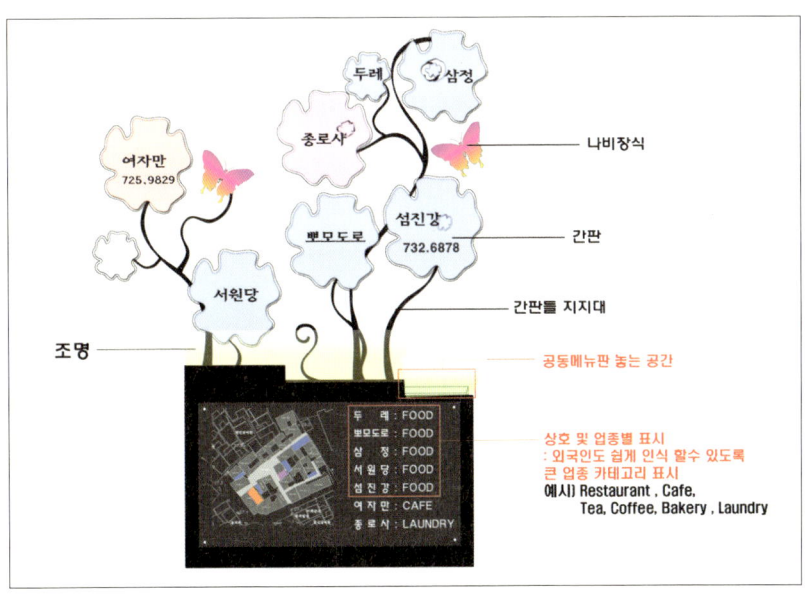

안마당 나비꽃 모양 공동간판 디자인의 예시

반기에 처음으로 도시연대와 골목길 가꾸기를 같이 해 볼 것을 모여서 논의하였다. 경기대 건축대학원 스튜디오에서 이곳 골목길에 대한 기초작업이 진행되면서, 2004년 봄에 골목길의 상인 분들이 가급적 최대한 참여할 수 있는 날을 잡아 골목길 모임을 다시 갖게 되었다. 난립한 입간판을 정리하고 골목길을 인사동답게 가꾸자며 시작한 논의는 이야기가 진행되면서 서로의 잘잘못을 따지는 것으로 흘렀다. 그러다보니 상인들 모임이 진행될수록 서로 갈등은 커지고 감정의 골만 깊어져 갔다. 문제를 풀기 위해 자발적으로 모인 주민들의 협의체가 오히려 서로의 감정을 건드려서 더 이상 논의도 불가능한 상태까지 이르렀다. 시간이 지나면서 서로가 다시 대화를 시작하게 되었고, 대화를 위해 다시 만나는 데 걸린 시간은 6개월 후가 되기도 하고 혹은 1년이 걸리기도 했다.

2003년 섬진강 골목길의 갈등을 해소하고 인사동 문화를 살리기 위한 골목길 가꾸기를 처음 시작할 당시, 가능한 모든 주민의 참여로 골목의 현안들을 모아내고, 현존하는 갈등을 해소한 다음 모든 주민들의 동의하에 골목길 가꾸기를 진행하려 했다. 그러나 모든 주민들이 참여해 합의점을 찾아 나가기에는 주민들 사이의 이해와 요구가 첨예하게 대립되어 모임은 2005년까지 한번 만나면 더 이상 모임이 진척되지 못하고 중단되는 과정을 겪게 된다. 오랜 시간이 걸렸지만 2005년 도시연대 커뮤니티 디자인센터는 골목길의 난립한 입간판을 정리하기 위해 공동간판을 도입할 것을 상인들에게 제안하였다. 골목길의 공공공간을 침범하거나 무분별하게 많이 걸려 있는 개별간판을 정리하여 최소화하고 골목길의 입구와 마당에 섬진강 골목길을 상징하며 인사동의 정취를 반영한 공동간판을 도입하는 데 상당수의 상인들이 찬성하였다.

그렇게 해서 골목길 입구의 기둥간판, 골목길이 마당으로 꺾이기 전에 동선을 유도하기 위한 바닥간판, 그리고 마당 한가운데의 배전함을 이용한 공동간판의 세 가지를 제안하게 되었다. 입구의 기둥간판은 취객이 발로 차면 관리가 어렵다는 상인들의 의견에 따라 갤러리 서호의 전봇대에 매달 수 있는 공동간판으로 바뀌었다. 마당의 나비꽃 화단 모양의 공동간판은 상인들의 반응이 무척 좋았다. 입간판을 정비해서 마당에 각 가게마다의 상호를 나비꽃 모양으로 만들어서 꽃화단을 조성하면 그 마당에서 시낭송과 전시회를 하겠다는 인사동 뚝배기의 시인 사장님의 제안이 공동간판 사업의 가능성을 더욱 부추겼다. 우선 그렇게 두 가지만이라도 먼저 추진하자고 하여 진행되던 공동간판은 입간판을 가장 많이 내 걸었던 음식점이 한 가게를 인수하면서 논의가 점차 더디게 진행되더니 결국에는 공동간판에 참여하기로 했던 몇몇 가게들이 이탈하는 상황에 이르게 되었다. 공동간판에 참여하기로 한 가게와 그렇지 못한 가게들이 크게 갈려 결국 두 패로 나뉘게 되었다. 공동간판의 취지에 따라 모든 가게들이 골목길 공동간판에 참여하여 골목길을 인사동답게 가꾸어 나가려는 계획이 어려움에 봉착하게 되자 다시 사업은 끝없이 지연되었다. 원래 골목길 상인들이 자비를 들여 하기로 한 사업이라 별도의 사업 일정이 있는 것도 아니어서 갈등으로 인한 반목으로 인해 사업은 한없이 늘어졌다.

2년의 시행착오를 통해 모든 주민이 만족하고 참여하는 공동간판을 통한 골목길 가꾸기는 실현하기 힘들다고 판단하였다. 시간이 해결해 줄 것이라고 생각했던 갈등이 시간이 갈수록 그 골이 깊어만 갔고, 갈등을 해결할 수 있는 실마리는 찾기조차 어려웠다. 그래도 주민참여인데, 모든 상인들이 동의해서 함께 할 때 주민참여의 의미가 있을 것이라고 생각하고 기다리고 또 기다렸지만 방법을 찾기는 어려웠다. 오히려 소수에 의해 야기된 갈등을 무시하고 뜻을 같이 하는 주민들과 사업을 추진하여 골목길 가꾸기의 성과를 가시적으로 만들어 낸다면 갈등이 해소될 것이라는 다른 차원에서 접근을 하게 되었다. 갈등을 해소하기 위해 갈등을 무시하고 함께 할 수 있는 주민의 참여를 유도하는 방식으로 전환했다. 그동안 진행했던 공동간판 디자인의 설명회를 통해 1차 디자인을 상인들에게 소개하자 많은 가게들이 관심을 보였다. 이러한 방식이 결실을 맺어, 이후 공동간판사업의 진행 상황을 살피던 가게들 몇 군데가 합류하였고, 결국 섬진강 골목길의 가게 11곳이 골목길 입구에 매다는 공동간판의 참여를 결정하게 되었다.

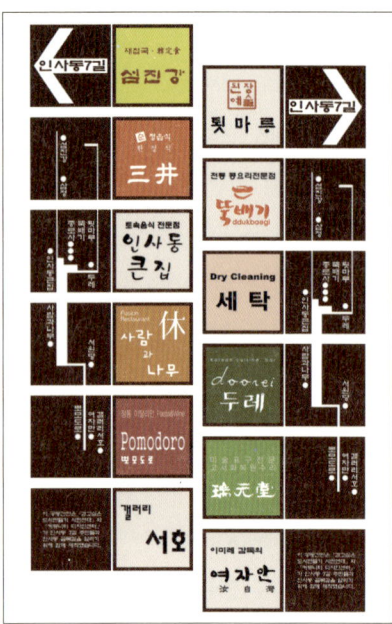

하지만 공동간판을 하면 개별간판을 정리해야 하는 부담감과 공동간판으로 인해 간판을 하나 더 달게 된다는 생각이 강했던 몇몇 가게들이 이후 공동간판 사업에서 이탈하게 된다. 이 과정에서 다시 생긴 골목길 내부의 갈등을 내부 상인들 차원에서 해결하기 어려워 인사동 전체 상인들의 지원모임인 인사전통문화보존회를 통해 조정하려는 노력을 시도했다. 보존회 회장님이 갈등의 중재자 역할을 하신 것이다.

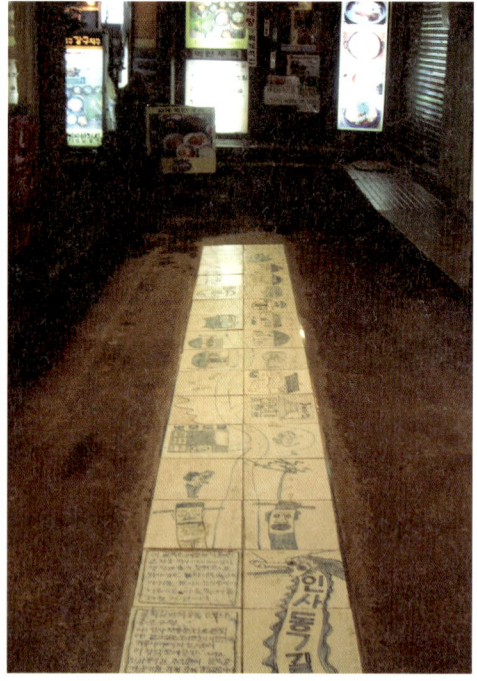

공동간판 최종 디자인(골목 입구의 기둥간판과 바닥간판)

공동간판 디자인의 내용을 보존회에서는 적극 지원하면서 오히려 인사전통문화보존회 차원에서 종로구청에 사업을 제안해서 예산을 받아서 집행하면 어떻겠냐는 제안을 하였다. 주민이 만드는 골목길 공동안내판을 세 군데 조성하는 사업내용이 종로구청에 받아들여져 1200만원의 예산을 확보하게 된다. 이 예산을 갖고 골목길 공동안내간판을 만드는 데 참여하는 가게만을 집어넣어 추진해야 하는 문제가 발생했다. 골목길의 가게들은 종로구에서 지원해 준 사업인데 골목길을 민화의 형식으로 지도로 표현하기로 한 바닥간판은 모든 가게의 이름을 넣어야 한다고 주장했다. 반면 기존의 공동간판에 대한 부담감은 여전하여 공동간판에는 참여를 거부하였다. 몇 군데 가게들이 간판에 따라 선택적인 참여를 선언한 것이다. 결국 바닥간판은 도예작업을 통해 골목길 모든 가게들을 포함하여 제작해서 설치했고, 입구의 공동간판은 추후 설치에 따른 갤러리 서호와의 갈등으로 다시 몇 개의 가게가 참여를 포기하여 섬진강, 삼정, 뚝배기 세 가게만의 간판으로 공동간판을 축소하여 설치하게 되었다.

골목길과 한옥이라는 공간의 정취와 골목과 하나로 어우러진 작은 가게들이 끈질긴 생명력으로 살아남을 수 있다면 하는 바람을 안고서 시작한 인사동 공동간판 사업의 경우처럼, 그토록 반목하고 갈등의 골이 깊어만 갔던 골목길 상인들을 모임으로 인도해내고, 그들 스스로 '무엇이 문제이었는지', '그러한 문제들이 어디서부터 출발했는지', '이제 그 문제를 누가 어떻게 풀어나가야 하는지'에 대해 논의하기 시작했다는 데에서 마을만들기의 의미를 찾을 수 있을 것이다. 꼬일 대로 꼬여 결코 풀릴 것 같지 않았던 주민들의 닫힌 마음을 바꾸고 이들의 변화된 마음이 골목길을 지켜나가는 등대지기가 될 수 있음을 인사동 공동간판 한평공원 사례가 보여주는 것처럼, 마을만들기는 보기 좋은 장소만들기가 아니라 보이지 않는 이해당사자들의 관계만들기이다.

관계 디자인을 통해 갈등 해소의 자율성을 확보하자

마을만들기의 중심에는 주민이 자리한다. 하지만 주민참여를 통해 마을만들기가 진행되면 늘 생각하지도 않은 문제점들이 노출된다. 문제점은 오히려 마을만들기의 필수조건인 주민참여에서 시작되며, 문제의 핵심은 마을공간을 둘러싼 주민 각자의 이해관계의 노출에 따른 갈등구조의 형성이다. 갈등은 결국 자신들의 마을을 스스로의 힘으로 만들고 가꾸기 위해 서로 의견을 주고받는 순간 발생하는 의견의 차이를 의미한다. 차이가 발생하는 이유는 근본적으로 주민참여가 주민들의 이해의 참여이기 때문이다. 마을만들기 과정에서 드러난 주민들의 이해는 극히 개별적이고 다양하며, 주민들의 개별적인 이해는 결코 일치하지 않기에 이들 사이에 갈등이 존재한다. 주민들 사이에 존재하는 다양한 차원의 갈등은 흔히 마을만들기 사업의 넘기 힘든 장애와 장벽이 되기도 한다. 그럼에도 불구하고 주민참여는 마을만들기의 시작이라고 할 수 있다. 왜냐하면 주민들 사이에 차이가 존재한다는 사실은 오직 주민참여를 통해서만 읽어낼 수 있으며, 마을만들기는 바로 이 노출된 갈등을 해결하기 위해 어떻게 주민들 사이의 관계를 디자인할 것인가에서부터 시작되기 때문이다. 동시에 주민참여는, 주민들의 생활장소를 기반으로 벌어지는 사업에 외부에서 참여한 전문가들이 결코 알지 못하는 내부의 문제를 드러내는 좋은 장치이다. 내부의 속사정을 알아야 문제가 어디에 있는지, 디자인을 어디에서 출발해야 하는지를 알 수 있다.

이 글은 마을만들기 과정에서의 주민참여는 개별적이고 다양한 이해관계들의 갈등구조를 근본적으로 내포하고 있다고 보는 데서 출발한다. 갈등의 노출은 적극적인 주민의 의사표현의 방식이며, 동시에 외부적 입장에서는 주민의 관계망을 읽을 수 있는 소통언어이기도 하다. 내재된 갈등을 드러내고, 또한 노출된 갈등이 마을만들기에서 긍정적인 힘으로 작용할 수 있도록 하기 위해서는 개별적으로 존재하는 갈망과 그 갈망을 둘러싼 주민관계의 갈등을 성공적으로 조정하고 중재해 나가는 소통의 장치가 필요하다. 갈등의 해소는 결국 갈등을 둘러싼 관계―주민들 사이의 관계, 주민과 공간 사이의 관계, 시간과 공간 사이의 관계―를 어떻게 디자인할 것인가에 달려 있다. 관계의 디자인을 통해 주민 스스로 마을을 만들고 가꾸는 내부적 자율성을 확보할 때 마을만들기가 지속될 수 있는 사회적 기반이 형성될 수 있다.

참고문헌

- 걷고싶은도시만들기시민연대, 『2009 한평공원 이야기』, 2009.
- 걷고싶은도시만들기시민연대, 『나는 주민참여 마을학교에 참가한 적이 있다』, 2001.
- 걷고싶은도시만들기시민연대, 『마을만들기 활성화를 위한 워크숍』, 2001.
- 걷고싶은도시만들기시민연대, 『전국 마을만들기 대회 마을만들기 2000+2 - 마을만들기의 지속가능성』, 2002.
- 걷고싶은도시만들기시민연대, 『주민참여를 통한 한평공원 만들기』, 건설교통부 도시정책팀, 2007.
- 걷고싶은도시만들기시민연대, 『한평공원 조성 프로그램을 활용한 주민참여공간 만들기』, 서울시 녹색서울시민위원회, 2003.
- 김성균, "사당동 양지공원에서의 주민참여 과정과 이에 대한 행정지원 방안의 필요성과 과제", 『마을만들기 활성화를 위한 워크숍』, 도시연대, 2001.
- 김찬호, "지역문화 활성화를 위한 커뮤니티 디자인의 과제와 전략", 『나는 주민참여 마을학교에 참가한 적이 있다』, 도시연대, 2001.
- 이영범, "사용자 참여 디자인을 통한 열린 놀이터 만들기 - 서울 삼양초등학교 옥외공간을 중심으로", 『한국교육시설학회 논문집』 12(3), 2005.
- 이영범, "함께 사는 세상을 꿈꾸는 커뮤니티 디자인", 『커뮤니티 디자인을 하다』, 나무도시, 2009.
- 이영범, 『도시의 죽음을 기억하라』, 미메시스, 2010.
- 최용철, "삼양초등학교 놀이터 만들기, 얘들아 놀자! 놀이터에서", 『전국 마을만들기 대회 마을만들기 2000+2 - 마을만들기의 지속가능성』, 도시연대, 2002.
- 커뮤니티 디자인센터, 『커뮤니티 디자인을 하다』, 나무도시, 2009.

거점의 발견[1]

안현찬 _ 서울대학교 협동과정 도시설계학 전공 박사과정 수료

시작하며: 거점의 발견

'마을만들기는 사람만들기다'[2]라는 유명한 말이 있다. 마을만들기를 전문가와
행정에 의해 하향식으로 이루어졌던 그간의 도시계획 및 설계에 대한 대안으로
본다면, 계획과정에 다양한 이해당사자들, 그 중에서도 특히 주민이 직접 참여
하여 그들의 실제 요구와 의견을 반영하는 것은 마을만들기의 성공에 있어서 무
엇보다 중요하다. 또한 이러한 참여를 통해 주민이 성장하고 주민공동체가 보다
튼튼해지는 것 자체가 마을만들기에서 추구하는 또 하나의 목표이기도 하다. 그

---

1 이 글은 2010년 한국·대만·일본 마을만들기 공동연구회(ASCOM) 국제학술회의에서 발표된
'Community post, a practical approach for community design in Korea'를 수정보완한 것임을 밝
힌다.
2 마쓰오 다다스 외 공저, 진영환 외 공역, 『시민이 참가하는 마치즈쿠리: 전략편』, 한울, 2006, p.50.

거점의 발견 163

래서 마을만들기는 사람만들기인 것이고, 주민참여는 마을만들기의 과정인 동시에 결과인 셈이다. 이렇다 보니 많은 사람들이 주민참여를 마을만들기의 가장 핵심적인 부분으로 여기곤 한다. 실제로 주민참여를 최우선 순위에 놓고 마을만들기를 실천하거나 평가하는 경우를 어렵지 않게 찾아볼 수 있다. 예컨대 어떤 동네가 마을만들기 사업을 통해 겉으로는 매우 깨끗하고 아름다워졌다고 하더라도 그 과정에서 주민들의 참여가 제대로 이루어지지 않았다면, 그래서 주민들끼리 여전히 데면데면하게 지내고 앞으로 자기 동네를 스스로 가꾸고 개선해나갈 여지를 마련하지 못했다면 그 사업은 대개 실패했다고 평가받을 것이다.

마을만들기에 대한 연구 또한 이러한 경향과 무관하지 않다. 오히려 '참여주체'라는 연구주제를 통해 주민참여를 다른 주체들과의 관계 속에서 고민할 수 있는 여지를 제공했다는 점에서 큰 공헌을 했다고 보는 것이 더 정확하겠다. 연구자들은 주민참여를 제고하기 위해서는 먼저 계획을 수립하고 실행하는 과정에서 다양한 참여주체들이 벌이는 난맥상을 분명하고 체계적으로 이해하는 것이 중요하다고 보았다. 그래서 참여주체들을 주요한 특징에 따라 주민, 행정, 전문가, 시민단체로 크게 구분하고 각각의 고유한 역할과 권한을 밝히고자 했다. 또한 주체 간의 관계에도 주목하여 서로가 어떤 관계를 맺는지, 그 관계가 상황에 따라 어떻게 변하는지를 연구하고 궁극적으로는 바람직한 관계구도를 정립하려고 했다. 일례로 커뮤니티 디자인에서 다양한 참여자의 역할과 상호관계를 잘 정리한 김성주의 글을 일부분 옮겨보면 다음과 같다.

> "참여의 틀 안에서 행정은 상대적으로 독점적일 수밖에 없는 자원과 정보, 권력을 공유해야 하며 상황론적이며 유연한 행정 처리 태도가 필요하다. 주민은 참여의식과 책임의식 그리고 자치역량을 갖추어 단순한 공공서비스의 소비자가 아니라 적극적인 협력자로 역할하여야 할 것이다. 전문가는 전문적 지식에 기반하여 합리적인 대안을 제시하는 것이 무엇보다 중요하며 합리적 대안을 통해 모든 주체와 소통하는 조정자와 중재자의 역할도 필요하다. 또한 시민단체나 지역단체의 경우 주민의

의견을 전달하는 소통채널로서의 역할도 중요하지만 때로는 모든 참여자들의 관계를 원활히 하는, 주민을 대표하는 역할도 겸할 수 있을 정도의 역량을 갖추어야 하며 바람직한 관계가 이루어질 수 있도록 관계를 디자인하는 기획력도 필요하다."[3]

이러한 내용은 이제 전문연구자 뿐만 아니라 마을만들기에 관심 있는 사람이면 누구나 당연하고 익숙하게 여기는 보편적인 틀로 자리 잡았다. 주민참여가 마을만들기의 중요한 원칙 또는 가치라고 한다면, '주체' 는 이에 입각해서 마을만들기를 이해하고 실천하고 판단하는 하나의 '프레임frame' 인 것이다.

그런데 마을만들기를 현장에서 직접 실천하고 있는 활동가나 일선 공무원들의 이야기를 듣다보면, 이 프레임으로는 설명하기 힘든 낯선 존재들을 종종 만나게 된다. 이를테면 어린이집, 지역도서관, 사회복지관 등이 그런 경우인데, 마을만들기를 진행하면서 겪었던 다종다기한 어려움과 난관을 헤쳐 나가는데 있어서 이들의 역할과 기여가 지대했다는 것이 공통된 증언이다. 예를 들면 주민들이 함께 모이고 행동하는 데 굳건한 중심이 되었다거나, 행정과 주민 사이에서 훌륭한 가교 역할을 했다거나, 마을만들기 사업을 실제로 맡아서 요령있게 수행했다는 것이다.

흥미로운 점은—말하는 사람마다 제각각이어서 이들을 하나로 묶어서 정의하기가 쉽지는 않지만—일견 이들이 주체와 비슷해 보이지만 막상 주체 프레임에 대입하려면 생각만큼 간단치가 않다는 것이다. 이들은 주민 같기도 하고 전문가 같기도 하고 시민단체 같기도 하다. 그래서 한 가지 주체로만 간주하거나 아예 새로운 카테고리로 분류하려면 주저하게 되고 만다. 주체 프레임에서 설정해 놓은 분류 기준과 경

---

3 김성주, '따로 또 같이 - 다양한 참여자의 역할', 『커뮤니티 디자인을 하다』, 나무도시, 2009.

계를 마음대로 넘나들기 때문이다. 또한 이들은 어떤 공간이나 시설을 의미하기도 한다는 점에서 아예 주체라는 개념 자체를 벗어나는 것 같기도 하다. 마치 언어로 비유하자면 한국어인지, 영어인지, 일본어인지 헷갈리는 한편 또 어떻게 보면 아예 말과 글이 아닌 몸짓 언어body language 같기도 한 셈이다. 이렇듯 이들은 주체와 유사한 대상과 내용을 의미하는 것 같지만 둘 사이에는 간과하기 힘든 차이가 존재한다. 이들을 주목하는데 큰 도움을 준 안산[4]의 용어를 빌려 표현하자면, 이른바 '거점據點'의 발견인 것이다.

이 글은 주체와 거점의 이러한 차이가 어떠한 의미와 가능성을 가지는지에 대한 의문에서 출발한다. 만약 거점을 현장에서 포착된 우리나라 마을만들기의 새롭고도 중요한 현상으로 볼 수 있다면, 그런데 마을만들기에서 보편적으로 통용되고 있는 주체 프레임이 이를 적절하게 설명하거나 반영하지 못하는 것이라면, 이 간극의 실체와 의미를 면밀하게 탐구하는 것은 주체 프레임을 성찰하고 보완하는 좋은 기회가 될 수 있다. 이러한 보정은 주체 프레임이 갖는 위상과 영향력을 감안해 볼 때 학문의 영역에서 마을만들기와 관련한 복잡한 현상을 보다 정확하고 섬세하게 읽어내는 데 도움이 될 뿐만 아니라 실천의 영역에서 주민참여라는 가치가 더욱 실질적으로 발현될 수 있는 방안과 전략을 모색하는 데에도 보탬이 될 것이다. 이를 위해 본론에서는 우선 대표적인 거점으로 거론되는 몇 가지 사례들을 소개하고 공통적으로 발견되는 내용을 통해 주체와 대별되는 거점의 특징을 간추려 보고자 한다. 그리고 이를 바탕으로 거점이 마을만들기에 있어서 어떤 의미와 가능성을 갖는지 살펴보고, 마지막으로 주체 프레임과 마을만들기의 실천에 관한 일련의 시사점을 제시하고자 한다.

---

[4] 이 기회를 통해 석수골 작은도서관의 임은아 관장님과 안산 좋은 마을만들기 지원센터의 이현선 사무국장님께 감사의 말씀을 전한다.

성미산마을 공동육아 어린이집

성미산마을은 서울시 마포구 성산1동과 그 일대에 모여 사는 주민공동체를 일컫는 말이다. 이 동네는 겉으로 봤을 때 서울의 여느 주거지와 크게 다를 바가 없다. 그래서 종종 방문객이 성미산마을 한가운데서 성미산마을이 어디냐고 묻는 일이 생기곤 한다. 그러나 이곳 주민들은 육아, 교육, 먹거리, 문화, 주거 등 다양한 일상의 일들을 개인적으로 해결하기보다는 서로 소통하고 협력해서 함께 해결하는 일종의 '돌봄 커뮤니티'를 이루고 살아가고 있다. 공동육아 어린이집을 시작으로 생활협동조합, 성미산지키기 운동, 대안학교, 마을축제, 유기농반찬가게, 되살림가게, 공동체라디오방송국, 마을까페, 마을극장 등 다양한 분야와 활동으로 이어진 그들의 마을살이는 희망과 즐거움은 물론 위기와 시련도 함께 겪으면서 지금까지 성장해왔고, 이제는 전국적으로 유명한 마을만들기 사례가 되었다.

성미산마을의 시작이라고 볼 수 있는 공동육아 어린이집은 거점의 측면에서 눈여겨볼 만한 경우이다. 1994년, 처음으로 '우리 어린이집'이 만들어지던 때로 거슬러 올라가 보자. 당시 마음 놓고 아이를 맡길만한 어린이집을 찾기가 너무나 어려웠던[5] 몇몇 젊은 부모들은, 바쁘고 힘든 사회 초년생 시절임에도 불구하고 직접 아이들을 돌볼 수 있는 어린이집을 만들기 위해 함께 뜻을 모았다. 공동육아 어린이집은 학부모들이 아이들의 교육과 어린이집 운영에 직접 참여하는 것을 원칙으로 한다. 그래서 그들은 어린이집 건물을 임대하고 교사를 채용할 돈을 십시일반으로 마련했고, 거의 매일 퇴근 후 함께 모여 어린이집의 설립

---

5 당시 어린이집들은 주로 상급학교 진학을 위한 수업 위주로 운영되었다. 한편 모 일간지에 약을 먹여 낮잠을 재우는 유치원에 대한 고발 기사가 실려 세간에 화제가 되기도 했었다. 그렇다고 비용이 적게 드는 것도 아니었고, 비용이나 시설 등에서 안전하고 안심할 만하다는 국공립 육아시설은 거의 없었으며, 있어도 경쟁이 심해 들어가기가 어려웠다. 유창복, "나의 마을살이 10년 - 이제 마을하자!", 『마을을 이야기하다』, 사람과 마을 연구포럼, 2007, p.8.

과 운영에 관해 토론했다. 전원합의로 모든 걸 결정하다 보니 회의는 새벽까지 이어지기 일쑤였다. 때때로 주말이나 쉬는 날에는 직접 아이들의 교육에 참여하거나 건물을 보수하거나 놀이기구를 제작하기도 했다.

이 모든 일들이 그들에게 무척이나 힘들고 고된 것은 사실이었지만, 동시에 그들은 이러한 경험을 통해 잊고 지냈던 행복과 즐거움을 맛보았다고 한다. 비슷하면서도 다른 사람들이 모여 진솔하게 대화하고 서로를 이해하면서 의견을 조율해가는 경험, 이런 모임이 술자리 등 친목모임으로도 이어지고 그래서 학부모 사이를 넘어 친구 사이로 서로의 관계가 더욱 가까워지고 깊어지는 경험, 필요한 것을 돈으로 구매하는 게 아니라 때로는 직접 계획하고 만들어서 나누는 경험, 이러한 경험을 통해 그들은 직장과 사회생활에서 생겨난 어떤 목마름을 해갈할 수 있었다. 특히 386세대인 그들이 사회생활을 시작하면서 가슴 깊숙한 곳에 묻어두어야 했던 대학시절의 경험과 감정, 열망이 이 과정에서 되살아나기도 했다. 아이들을 행복하게 해주려고 시작한 일이었는데 정작 부모들이 더 많이 행복해지고 성장한 셈이다. 이듬해 어린이집에 아이를 보내기 위해 기다리고 있던 몇몇 부모들이 '날으는 어린이집'을 새로 만들었고, 이렇게 늘어난 어린이집이 현재 성미산마을에만 모두 4곳에 이른다. 그리고 어린이집을 졸업한 아이들을 위해 마을에 협동조합 방식의 방과후교실과 대안학교인 성미산학교를 만들게 되면서 부모들의 관계는 꾸준히 이어지고 더 다양하게 연결되고 확장되었다. 더불어 어린이집에서의 경험과 관계를 발판으로 생활협동조합이나 각종 문화동아리 등 마을에서 이루어지는 다른 분야의 모임에도 부모들이 자신의 취향과 관심에 따라 제각각 참여하면서 전체적인 마을활동 또한 더 다양해지고 활발해졌다.

성미산마을의 공동육아 어린이집은 젊은 부모들이 자신들의 긴요한 사정에 따라 설립한 민간 보육시설이다. 그러므로 여기에 공공성이나 지역성 따위를 당연한 듯이 요구하거나 기대할 수는 없다. 그러나 공동육아 어린이집을 만들게

성미산마을의 공동육아 어린이집의 행사들

된 취지, 육아철학, 운영방식, 이에 따른 일련의 경험들은 공동육아 어린이집이
단순한 민간 보육시설에 머무르지 않고 주민공동체와 마을만들기 활동에 있어
서 소중한 존재가 될 수 있게끔 하였다. 부모들은 공동육아 어린이집 활동을 통
해 그들이 잊고 지냈던 혹은 미처 알지 못했던 참여, 소통, 협력의 즐거움과 효용
을 몸소 체험할 수 있었다. 이 경험은 주민공동체 활동에 대해 개개인이 작지만
굳건한 확신을 가질 수 있는 계기가 되었고, 조금 더 확장해서 생각해보면 그들
이 스스로 원하고 또 할 수 있는 부분에서부터 마을만들기의 가치를 공유하고
조금씩 실천해보는 맞춤형 학습과 훈련의 기회이기도 했다.

　뿐만 아니라 그들은 학부모로 만나서 점차 친구와 이웃으로 가까워졌고 이
관계는 어린이집과 그 밖의 다양한 마을활동을 통해 질적으로 양적으로 발전하
였다. 현재까지도 많은 젊은 부모들이 어린이집을 통해 처음으로 성미산마을을
접하고 기존 마을주민들과 친분을 맺는다는 점에서 공동육아 어린이집은 성미
산마을의 관계적 토대이자 관계를 확장하고 연결하는 주요한 기제로도 볼 수 있
다. 따라서 공동육아 어린이집은 실질적인 의미에서의 주민을 길러내고, 그들을
연결하고 하나로 묶어주며, 또 다른 분야의 마을활동에도 참여할 수 있도록 도

와주는 성미산마을의 인큐베이터 같은 역할을 하고 있는 것이다.

안산 선부2동 석수골 작은도서관

경기도 안산시의 북서쪽 외곽에 위치한 선부2동은 인근의 반월·시화공단에서 일하는 3, 40대 맞벌이 부부들이 많이 거주하고 있는 베드타운이다. 누군가[6]는 이곳을 '다가구주택이 다닥다닥 붙어 있고 정원은 상상도 못하며 주차하는 것 조차 힘들어서[7] 저녁이면 잦은 다툼이 비일비재해서는, 아차! 내가 비전 없는 낙후한 마을로 잘못 왔구나 하는 느낌'이 든다고 표현했다. 게다가 주민 대다수는 이른 아침에 출근해서 늦은 밤에야 지친 몸을 이끌고 동네로 돌아오는데 그런 그들에게 동네에 대한 애착이나 공동체 활동 같은 것을 기대하기란 쉽지 않았다. 이런 와중에 가장 많은 위험과 문제에 노출되어 있는 건 역시나 낮 시간에 홀로 동네에 방치된 어린이들이었다.[8]

2006년, 안산YMCA는 지역에 밀착된 시민운동의 일환으로 '별자리 작은도서관'을 이곳에 개관하였다. 도서관은 일차적으로 어린이들이 책을 읽고 노는 곳이지만, 안산YMCA는 더 나아가 '마을의 커뮤니티를 활성화하고 지속적인 마을 공동체 센터의 역할'[9]까지 해낼 수 있기를 기대하였다. 개관 이후 이내 동네 아이들의 참새방앗간이 된 별자리 작은도서관은 도서관의 울타리를 넘어 여러 가지 마을만들기 활동을 벌이기 시작했다. 2007년부터는 주민들과 함께 '마을정원만들기 프로젝트'를 추진하였고, 어린이 마을문화예술교육이나 마을만

6 박태화 석수골 마을만들기 주민위원회 위원장, 『2008 꽃·나무·곤충과 더불어 살아가는 선부2동 골목길 사람들』, 별자리 작은도서관, 2008, p.4.
7 2007년 마을정원 마스터플랜 조사 자료에 따르면 선부2동의 주차장 확보율(임시주차장 제외)은 44.6%로 같은 기준의 안산시 평균 확보율인 64.10%에 크게 못 미친다.
8 2005년 별자리 도서관 건립 기초자료에 따르면 낮 시간에 어린이 혼자 집에 있는 경우가 54.5%나 된다.
9 별자리 작은도서관, 『2008 꽃·나무·곤충과 더불어 살아가는 선부2동 골목길 사람들』, 2008, p.11.

들기 주민대학처럼 주민을 대상으로 한 교육문화 프로그램을 운영하고 마을축제도 매년 개최하고 있다. 2009년에는 마을정원만들기 프로젝트의 성과를 토대로 동네 초등학교의 담장을 허물고 학교마을정원을 조성하기도 했다. 그리고 2010년에는 정부 지원금과 기금으로 현재의 도서관 건물을 신축해서 이전하였고 이름도 '석수골 작은도서관'(이하 석수골 도서관)으로 변경하였다. 어느덧 석수골 도서관은 처음 개관할 때 그들이 바랐던 것처럼 동네에 튼튼하게 뿌리내린 지역 문화공간이자 마을 공동체 센터로 차츰 자리잡아가고 있었다.

석수골 도서관이 거점으로서 가지는 의미는 마을정원만들기 프로젝트를 통해 자세히 살펴볼 수 있다. 마을정원만들기 프로젝트는 건물의 진입로나 적재공간 정도로 쓰이던 건물 사이의 자투리 공간을, 주민들이 일상적으로 교류할 수 있고 어린이들이 안전하게 놀 수 있는 공공정원으로 만들고자 한 사업이다. '한평공원'이나 '동네숲'과 같은 비슷한 종류의 성공사례들에서 시민단체와 전문가들이 그러했듯이, 석수골 도서관 또한 주민들의 소통과 참여 속에서 대상지를 선정하고, 아이디어를 발굴하고, 정원을 디자인하고, 향후 관리방안을 마련하였다. 그러나 우리가 정말 주목해야할 부분은 이와 더불어 석수골 도서관은 마을 정원을 이용하는 콘텐츠와 문화를 만드는 데에도 많은 노력을 기울였다는 점이다. 임은아 도서관장은 선부2동이 살고 싶은 동네가 되는 데 있어서 가장 큰 걸림돌은 돈만 벌면 당장 이 동네를 떠나겠다는 주민들의 '뜨내기' 정서와 여기에서 비롯된 동네에 대한 무관심과 냉소였다고 회상한다. 그래서 주민들이 동네에 관심을 갖고 주민들끼리 친해지고 동네생활이 점차 즐거워지는 과정을 통해 동네에 대한 애착과 자긍심을 갖게 되는 게 무엇보다 중요하다고 생각했고, 그 실마리를 문화에서 찾고자 했다.

당연하게도 첫출발은 도서관 활동과 경험에서부터였다. 석수골 도서관은 2007년 5월부터 11월까지 매월 마지막 주 토요일 오후에 '석수골 문화마당'이라는 작은 동네문화행사를 개최하였다. 이 행사의 주요 프로그램은 어린이에게

안산 석수골 마을정원(사진: 안산 좋은 마을만들기 지원센터)

그림책을 읽어주고, 함께 그림을 그리고, 공작물을 만들던 기존의 도서관 프로그램에 '가족이 함께 보기 좋은' 영화 상영을 더한 것이었다. 그전부터 석수골 도서관을 들락거렸던 동네 아이들은 이제 부모를 이끌고 도서관과 어린이 놀이터로 모여들었고 그렇게 석수골 문화마당은 조금씩 저변을 넓혀 나가게 되었다.

석수골 문화마당이 선부2동이라는 척박한 토양에 문화의 씨앗을 뿌리는 활동이었다면, 그 바통을 이어받아 2007년부터 매년 개최되고 있는 '석수골 마을축제'는 힘들게 발아한 그 씨앗들을 마을정원이라는 모판 위에서 왕성하게 자라나게 하는 활동이었다. 마을정원이 1차로 완성된 2008년부터 석수골 도서관은 마을축제를 위한 무대로 마을정원을 적극적으로 활용하기 시작했다. 주민들은 동네 곳곳에 위치한 마을정원에서 책을 읽고, 떡과 차를 맛보고, 아이들의 시와 그림을 감상하고, 추억의 공기놀이를 즐기고, 정원의 식물을 관찰하고 도감을 만들 수도 있었다. 그렇게 마을정원에 사람들이 모여들고 누군가는 프로그램에 참여하고 누군가는 구경을 하면서 자연스레 인사가 오가고 대화와 웃음이 생겨났다. 마을축제는 석수골 도서관의 다양한 문화콘텐츠와 마을정원이라는 공간이 결합되어 주민들이 커뮤니티 공간의 가치와 효용을 몸소 체험하고 이를 계기로 동네가 점차 나아질 수 있다는 가능성을 확인하는 기회가 되었던 것이다. 또한 석수골 도서관은 마을축제가 열리지 않는 평소에도 마을정원이 제대로 관리되고 주민들에게 개방되어 있도록 틈틈이 살피고 관리주체인 집주인들에게 도움을 주었으며, 스스로도 마을정원을 이용한 도서관 프로그램을 꾸준히 기획하고 운영했다. 이로 인해 마을축제의 경험은 일회적인 것으로 그치지 않고 주민들의 생활 속에서 누적되고 확산되었고 마을정원은 점차 일상적인 커뮤니티 공간으로 자리매김할 수 있게 되었다. 석수골 도서관의 이러한 노력은 그간 마을만들기 사업으로 생겨난 커뮤니티 공간들 중에서 얼마 지나지 않아 주민들에게 외면당하거나 방치되는 경우가 적지 않았고, 그 원인으로 대개 사업의 중점이 물리적인 공간 조성에 치우쳤던 것이 거론된다는 점에서 더욱 의미심장하다. 특히 석수골 도서관이 이러한 일들을 해낼 수 있었던 밑바탕에는 관련자들의 노고와 더불어 지역에 착근해서 교육과 문화를 매개로 주민들, 그 중에서도 주로 어린이들과 일상적으로 교류하는 지역도서관 본연의 기능과 특성이 자리하고 있다는 점 또한 주지해야할 부분이다.

대전 대동 종합사회복지관

대전광역시 동구에 위치한 대동은 한국전쟁 이후 대전의 도심지가 급격하게 성장하면서 함께 생겨난 대표적인 달동네다. '가파른 산자락을 따라 판자촌이 누덕누덕 자리한'[10] 이곳에는 사회적으로도 기초생활수급권자, 독거노인, 장애인, 한부모가정 등 취약계층과 저소득층이 많이 거주하고 있다.[11] 과거에는 이 동네에도 재개발 바람이 두어 차례 불었는데 그때마다 집주인이 외지인들로 속속 바뀌었다고 한다.[12] 그러나 결국 사업성 문제로 재개발 사업은 번번이 무산되었고, 그 후로 이곳은 새로운 집주인과 행정의 무관심 속에 별다른 대책 없이 한동안 방치되어 있었다.

이러한 대동에 획기적인 변화가 생긴 건 2006년부터 대전시가 추진하고 있는 '무지개 프로젝트'에 의해서다. 무지개 프로젝트는 '생활환경이 낙후하고 빈곤이 집중된 지역을 대상으로, 물리적 환경을 개선하고 주민들에게 복지 혜택을 제공하여 자활 능력을 높이며 이를 통해 지역공동체를 되살려 스스로 지속가능한 삶터를 가꾸어 나갈 수 있도록' 돕는 일종의 마을만들기 사업으로, 재개발 사업의 폐해가 점차 심각해지던 당시에 그 대안으로서 전국적인 관심을 받기도 했다. 처음에는 영구임대아파트를 대상으로 사업이 추진되었다가 2008년부터

---

10 윤진, "무지개 프로젝트: 못다 핀 꽃", 『걷고 싶은 도시』 61호, 도시연대, 2010, p.30.
11 2011년 대전시 자료에 따르면 대동에 거주하는 취약계층은 기초수급자 652명(7.0%), 노인 1,791명(19.2%), 장애인 816명(8.8%), 한부모가정 128명(1.4%), 차상위계층 1,662명(17.8%)에 이른다.
12 대전시에서는 2011년 현재 대동의 자가 비율을 약 20~25% 정도로 추정하고 있다.

는 달동네로 대상지의 범위가 확대되었고, 이 때 대동 또한 대상지 중 한 곳으로 선정되었다.

　무지개 프로젝트를 통해 대동의 골목길은 걷기 좋게 정비되었고 가파른 오르막길에는 안전하게 다닐 수 있도록 계단과 미끄럼 방지시설이 설치되었다. 낡은 집은 무상으로 수리했고 빈 집은 헐어서 마을정자나 쌈지공원을 만들기도 했다. 구석지고 위험했던 곳들은 CCTV와 가로등을 설치해서 밝고 안전하게 탈바꿈시켰다. 한편 동네 사회복지관은 마을신문을 제작하고, 독거노인과 저소득층을 위한 도시락을 배달하고, 일자리 마련을 위한 직업교육을 실시하는 등 주민생활을 돕고 자활을 지원하는 여러 가지 프로그램을 운영했다. 그렇게 대동은 주민들의 기존 생활공간과 이웃관계를 훼손하지 않고 존중하면서 더 나은 삶터로 점차 변화하게 되었다.

　언론이나 인터넷에서 대동의 변화상을 다룬 내용들을 보면 벽화와 설치미술로 동네 곳곳을 아름답게 만든 공공미술 작업이 단연 눈에 띈다. 그러나 그에 못지않게 대동 사례에서 돋보이는 것이 바로 사업 진행과정에서 대동 종합사회복지관(이하 대동 복지관)이 맡았던 역할이다. 사회복지사업법에 따르면 사회복지관은 '지역사회를 기반으로 일정한 시설과 전문 인력을 갖추고 지역주민의 참여와 협력을 통하여 지역사회의 복지문제를 예방하고 해결하기 위해 종합적인 복지서비스를 제공하는 시설'을 말한다. 주된 역할은 국가가 마련한 다양한 사회복지 서비스가 해당자에게 제대로 전달delivery될 수 있도록 일선 현장에서 직접 주민들을 만나고 서비스를 제공하는 것인데, 그렇다 보니 수혜대상자인 사회적 취약계층이 모여 사는 지역에 설립되는 경우가 많다. 대동 복지관 또한 1994년 학교법인 혜화학원에 의해 이곳에 설립된 이후 지금까지 사회복지관의 기본적인 업무와 활동을 수행해왔고, 2007년부터는 공공미술 프로젝트, 아름다운 마을 가꾸기 사업, 무지개 프로젝트 등 본격적인 마을만들기 사업을 지역에 유치하고 실행하는 데에도 많은 노력을 기울이고 있다.

무지개 프로젝트의 진행 과정에서 대동 복지관이 기여한 점도 이러한 사회복지관의 고유한 특성과 많은 관련이 있다. 업무 특성상 사회복지사들은 서비스 수요자인 지역 주민들을 자주 만나야 하고 그들의 상태와 생활여건을 꾸준히 확인해야 한다. 그러다 보면 동네 사람들의 집과 이름과 얼굴을 자연스레 외우게 되고, 사무적인 관계 이상의 친분과 신뢰가 쌓이기도 한다. 그렇기 때문에 사회복지사들은 그 동네와 주민의 숨은 사정까지 소상하게 알고 있는 경우가 많고 때로는 업무 이외의 일에 대해서도 주민들을 돕거나 대변하는 경우도 있다. 주민들 또한 일자리를 구하러, 한 끼를 해결하러, 복지서비스에 대한 정보를 얻으러 사회복지관에 자주 들르게 되는데 그러다 보면 사회복지관은 어느덧 동네 사랑방이 되곤 한다. 일부러 주민들을 불러 모으지 않아도 그들이 스스로 모여서 교류하고, 동네의 여러 가지 정보를 교환하며, 여론이 형성되는 장소가 바로 사회복지관인 것이다.

이런 점들로 인해 대동 복지관은 무지개 프로젝트를 추진하는 행정과 대동 주민 사이에서 훌륭한 가교 역할을 할 수 있었다. 이종인 대전시 담당 사무관에 따르면, '지역주민들이 직접 무지개 프로젝트에 참여할 수 있도록 주민협의체를 구성했지만 그럼에도 불구하고 행정으로서 동네를 이해하고 주민들과 소통하는 부분에서 느낄 수밖에 없었던 한계를 대동 복지관이 많은 부분 보완해 주었다'[13]고 한다. 행정이 추진하는 마을만들기 사업들이 대부분 사업 효과를 높이기 위해 체계를 갖추고 정비하는 데 많은 노력을 기울이지만, 그러한 공식적인 체계에 의해서 미처 다 채워지지 못하는 상호이해와 의사소통의 빈 곳들을 대동 복지관이 효과적으로 메우고 연결한 것이다.

---

[13] 대동 무지개 프로젝트 답사 및 간담회, 걷고싶은도시만들기시민연대 2011 춘계세미나, 2011년 5월 13일.

대전 대동의 무지개 프로젝트

또한 대동 복지관은 무지개 프로젝트를 실행하는 데 있어서 일정 수준의 실력과 전문성을 갖춘 실무자이기도 했다. 사회복지관의 업무 중에는 해당 서비스 수요자를 찾아서 복지수당이나 바우처voucher를 제공하는 중개 방식의 일도 있지만 사회적 일자리나 장애아동 돌봄처럼 사회복지관이 직접 사업을 기획·운영하는 방식의 일도 있다. 대동 복지관은 무지개 프로젝트 이전부터 '노인공동 작업장', '장애아동을 포함한 어린이 주야간 보호교실', '집수리 사업단'과 같은 사업을 자체적으로 진행해 왔고 이 과정에서 나름의 전문성과 노하우를 축적할 수 있었다. 이를 바탕으로 대동에서는 대동 복지관의 기존 복지 사업 중 일부를 무지개 프로젝트의 세부 사업으로 채택하여 이전보다 적극적이고 활발하게 추진될 수 있도록 하였고, 한편으로는 마을공원 조성과 같은 새로운 분야의 사업에서도 주민 일자리 사업과 연계하는 등 대동 복지관의 역량을 활용하고 일정 부분 실무자 역할을 담당케 하였다.

이로 인해 대동의 무지개 프로젝트는 전체적으로 환경 개선 분야와 경제 및 복지 분야의 사업들이 비교적 잘 조화되고 균형을 맞출 수 있었고, 세부 사업의 추진 또한 큰 어려움 없이 정책의 취지에 맞게 이루어질 수 있었던 것으로 보인다. 이를 두고 김현채 복지관장은 '사회복지관의 원래 업무 또한 대동을 보다 살기 좋게 만들려는 자구 노력이라는 점에서 마을만들기에 해당한다고 볼 수 있는데 이것이 무지개 프로젝트를 만나서 더욱 활력을 얻게 된 것'[14]이라고 술회하기도 했다. 이 부분은 도시·건축 분야의 마을만들기 사업들이 자칫 경제 및 복지 분야에 소홀해지는 점을 해결하는 데 좋은 단초를 제공한다. 그리고 주민들이 당장 스스로의 문제를 해결할 수 있는 여력이나 자원이 부족한 경우 이들을 곁에서 돕고 때로는 먼저 나서서 일을 개시할 누군가가 필요하다는 점에서 이에 걸맞는 본래 기능과 전문성을 갖춘 사회복지관의 긴요함과 반가움은 더욱 크다고 하겠다.

---

14 앞의 행사

거점의 특성과 의미

지금까지 살펴 본 사례들은 구체적인 면면이 제각각인 듯 보이지만 그럼에도 주체와 구별되는 몇 가지 공통된 특징들을 발견할 수 있다. 우선 거점은 주체에는 없거나 중요하게 다루어지지 않는 요건들을 몇몇 포함하고 있다. 주체가 어떤 역할을 주되게 하는 행위자를 의미한다면, 거점은 거기에 더해 특정한 기능과 이에 따른 전문성, 독립된 공간까지 함께 일컫는다는 것이다. 예를 들어 보육 기능을 담당하는 공동육아 어린이집은 이를 위해 전문적인 프로그램과 교사, 보육공간을 기본적으로 갖추고 있다. 이 중 어느 하나라도 부족할 경우 온전한 모양새로 보기 어렵다는 점에서 이 요건들은 개별적이거나 선택적이기 보다는 총체적이다. 서로 단단하게 연관되어 있다는 것이다. 그런데 이 요건들은 하나하나가 마을만들기와 밀접한 관련이 있거나 마을만들기의 실천에 유용한 것들이다. 동네 차원의 보육, 교육문화, 사회복지와 같은 기능은 마을만들기에서 이미 중요하게 다루어지고 있는 아젠다agenda에 해당한다. 그리고 보육교사, 사서司書, 사회복지사와 같은 전문가와 그들이 축적한 정보와 관계망, 노하우는 본래의 업무를 원활하게 수행하는 것과 더불어 마을만들기 사업을 실행하는 데 있어서도 많은 도움이 된다는 것을 앞선 사례들에서 충분히 확인한 바 있다. 또한 동네에 자리 잡은 독립된 공간은 주민들의 일상적인 교류나 친교의 장소로, 회의실이나 작업 공간으로, 특별한 행사나 축제를 위한 무대로 요긴하게 쓰인다. 게다가 이러한 점들은 요건들의 총체성으로 인해 함께 발생하거나 서로 연결되어 상승효과를 일으키기도 한다. 그러므로 거점은 본래 주어진 업무와 역할을 충실하게 수행하는 것 자체가 마을만들기로 이어질 뿐 아니라 내재된 자원과 역량이 대단히 뛰어나지 않은 경우라도 마을만들기 활동에서 효과적으로 활용될 수 있는 것이다.

물론 행정, 전문가, 시민단체와 같은 주체들 또한 거점과 마찬가지로 각자의 고유한 기능, 전문성, 독립된 공간을 갖고 있다. 이 점에서 요건들의 총체성은 거점과 주체의 실제적인 차이라기보다는 둘을 바라보는 관점의 차이, 즉 주체 프레임에 의해 생겨난 간극일 수도 있다. 주체 프레임의 일차적인 목적은 다양한 참여주체들이 계획의 수립과 실행을 두고 벌이는 난맥상을 이해하기 쉽도록 개념화, 체계화하는 것이다. 그렇다 보니 참여주체들을 본래의 모습 그대로 온전히 다루기보다는 부차적인 부분들은 가급적 걷어내고 핵심적이고 차별적인 부분을 중심으로 구분하고 정리한 측면이 있다. 하지만 바로 이 특성 때문에 주체 프레임이 그간 우리에게 마을만들기를 이해하고 실천하기 위한 좋은 길라잡이가 되었다는 점에서 이를 단지 문제점으로만 볼 수는 없다. 그러므로 주체 프레임 자체에서 문제를 찾기보다는 오히려 주체 프레임을 현실에 적용하는 우리의 태도와 방식이 혹시 경직되고 획일적이지는 않았는지 되짚어 보는 것이 더 중요하다. 이를테면, 우리는 은연중에 시민단체에게 그들이 원래 무엇을 하던 곳인지 혹은 어떤 특별한 전문성과 노하우를 갖고 있는지와 상관없이, 주민들을 조직하고 그들을 대변하며 여러 주체들 간의 이해관계와 갈등을 조정하는 코디네이터 역할을 요구한 것은 아닌지 자문해 볼 필요가 있다. 마을만들기에 있어서 이러한 역할이 매우 중요하고 대개의 경우 시민단체가 여기에 가장 잘 부합하는 주체인 것은 맞다. 하지만 이런 역할만 부각되는 것은 다소 단순하고 일면적인 구석이 없지 않다. 어떤 시민단체냐에 따라서 이것 외에 또 다른 역할과 기여가 가능하거나 되레 그걸 더 잘할 수도 있다. 따라서 요건들의 총체성에 대한 인식은 마을만들기 주체를 바라보는 기존의 관점과 방식에 대한 성찰과 보완으로 이어질 필요가 있다. 주체 프레임의 개념적이고 구조적인 틀은 충분히 활용하되 주체들이 가지는 생생하고 총체적인 모습을 있는 그대로 이해하고, 비록 부차적이고 주변적인 특성이더라도 그것이 마을만들기와 관련된 의미와 효용을 가지고 있다면, 기본적인 틀 위에서 유연하게 받아들이고 활용하는 게 더 바람직할 것이다.

거점의 또 다른 특징은 동네에서 일어나는 일상생활과 관련이 깊다는 점이다. 이들은 동네에 자리를 잡고서 주민들에게 소소하지만 생활에 필요한 것들을 제공한다. 아이를 맡기고, 책을 보거나 빌리고, 생활에 필수적인 부분에 도움을 얻는 일은 동네 슈퍼에서 물건을 사고, 죽마고우와 동네 호프집에서 맥주 한 잔을 나누고, 약국에서 조언을 얻는 일과 크게 다르지 않다. 거점은 주민들이 동네에서 하루하루를 살아가는 '생활세계life world' 안에 존재하는 것이다. 이 점을 근거로 마을만들기 주체를 새롭게 분류해 본다면 거점은 보통 동네 바깥에서 섭외되는 전문가와 시민단체와는 다른 '내부자'인 동시에 같은 내부자인 주민과도 구별되는 또 하나의 동네 구성원인 셈이다. 여기서 비롯되는 거점의 가장 큰 장점이 바로 주민들과 자연스럽고 친밀한 관계를 형성하고 더 나아가 전체적인 관계망network의 연결점 또는 중심 역할까지도 한다는 것이다. 이러한 관계가 그 자체로 대단한 결속력과 행동력을 갖거나 동네에 큰 변화를 불러오는 것은 아니다. 하지만 이를 바탕으로 했을 때 마을만들기의 실천이 얼마나 실질적이고 효과적으로 이루어질 수 있는지는 앞선 사례들이 톡톡히 보여주고 있다.

전통적인 도시계획 이론에 대해 누구보다 강력하고 독창적인 의문을 제기했던 도시 사상가인 제인 제이콥스Jane Jacobs 또한 동네가 활력을 유지하는 데 있어서 이러한 관계망이 얼마나 중요한지를 역설한 바 있다. 그녀에 따르면,[15] 길에서 이웃과 가볍게 대화를 나누고, 식료품점에서 물건을 사면서 주인에게 이런 저런 조언을 듣고, 커피 한 잔을 마시러 동네 까페에 들르는 일처럼 사람들 사이에 일상적으로 이루어지는 작고, 사소하면서도, 부담스럽지 않은 '사회적 접촉public contact' 이 모두 합쳐지고 점차 쌓이게 되면 "사람들 사이에 공적 정체성의 정서와 공적 존중과 신뢰의 망이 생겨나며 개인이나 이웃이 위급할 때 요긴한 자원이 된다." 그리고 사회적 접촉은 사람들이 무의식적으로 만들어 놓은 공적 생활과 사생활 사이의 절묘하고도 놀라운 균형 위에서 제대로 이루어질 수 있기 때문에 "이러한 신뢰는 제도를 통해 형성될 수 없다." 또한 그녀는 동네에는 사회적 접촉이 더 잘 일어나도록 다양한 서비스를 제공하는 이른바 '공적 인물public character' 들이 있다

---

15 제인 제이콥스 저, 유강은 역, "2장. 보도의 효용: 접촉", 『미국 대도시의 죽음과 삶』, 그린비, 2010, pp.88~111.

제인 제이콥스가 살던 동네에 있던 'White Horse Tavern' 이라는 술집. 50년이 지난 지금까지도 거점의 역할을 하고 있다(1960년대 모습과 2008년 모습을 꼴라쥬).

고 했다. 이를테면 이웃들의 열쇠와 택배를 잠시 맡아두고, 갑자기 내리는 비에 우산을 빌려주고, 집안일에 대해 적당한 조언과 격려를 전하고, 동네의 정보를 적재적소로 연결해주는 동네 슈퍼 주인이 대표적인 경우다. 이러한 공적 인물이 되려면 사회적 접촉의 근저에 자리한 균형과 공적 신뢰의 특성을 정확하게 이해하고 사람들이 불편함과 어색함을 느낄 수 있는 미묘한 선을 절대 넘지 않아야 하는데 이 점에서 공적 인물과 그들이 제공하는 서비스 또한 공식화, 제도화하기 어렵다.

이처럼 사회적 접촉과 공적 신뢰는 동네의 활력을 유지하고 높이는 데 필요한 원동력이라는 점에서 마을만들기와 같은 활동이 제대로 이루어지기 위한 기본적인 토대인 동시에 마을만들기를 통해 우리가 얻고자 하는 성과 그 자체이기도 하다. '마을만들기는 사람만들기다' 라는 말의 의미를 이쯤에서 다시 한 번 생각해 본다면, 사람만들기는 특정 개인이나 조직을 발굴하고 성장시키는 것보다는 이러한 관계망을 만드는 일에 더 가까울 것이다. 마을만들기 사업에 참여하는 전문가와 시민단체들 또한 이 점을 매우 잘 알고 있고, 그래서 사회적 접촉을 늘리고 관계망을 만들기 위해 부단히 노력한다. 그러나 많은 경우 생활세계의 바깥에서 영입되는 전문가와 시민단체는 주민들과 일상적이고 자연스러운 사회적 접촉을 갖기가 쉽지 않고 이로 인해 관계망을 만들거나 그 연결점 또는 중심 역할을 하기에도 무리가 있다. 쉽게 말해 그들은 공적 인물이 되기에는 태생적인 한계가 있는 것이다. 간혹 외부에서 온 전문가나 시민단체가 사업 기간 동안 한시적으로 동네에 공간적 거점을 차리고 상주하면서 주민들과 교류하고자 시도하는 경우가 있다. 이를 통해 그들은 놀라울 만큼 주민들과 가까워지고 다양한 참여자 간의 갈등과 이해관계를 중재할 수 있는 권위를 인정받기도 한다. 그러나 이 또한 특정한 의도를 갖고서 사업에 관련된 내용을 중심으로 형성되는 관계이기 때문에 제인 제이콥스가 말한 공적 신뢰만큼, 그리고 앞선 사례들이 보여준 관계망만큼의 깊이와 지속성을 가질 수 있는지에 대해서는 곰곰이 생각해 볼 필요가 있다. 이 점에서 생활세계의 내부자인 거점은 외부에서 온 전문가와 시민단체에 비해 뚜렷한 강점을 가진다. 거점은 그저 본래 역할과 기능을 수행하는 것만으로도 일상적인 사회적 접촉이 일어나고 이것이 모여 공적 신뢰의 관계망이 형성되는 지름길로 들어설 수 있다. 거기에 더해 자신들의 고유한 기능과 전문성을 적절하게 활용한다면 관계망을 더 발전시키거나 마을만들기 활동으로 연결하는 것도 가능하다. 거점은 전문가와 시민단체보다 합리적이고 창의적인 대안을 도출하거나 이해당사자 간의 첨예한 갈등을 조정하는 능력은 부족할지 모른다. 하지만 그들이 쉽게 할 수 없는, 이 사소하지만 중요한 일에 있어서는 더 적임자인 셈이다.

그러므로 거점의 이러한 특성을 감안한다면 거점을 포함한 주체간의 역할 분담을 한층 더 정교하고 실천적으로 재구성해 볼 필요가 있다. 더 구체적으로는 행정과 전문가와 시민단체가 직접 주민들과 교류하고 관계망을 형성하려는 노력도 당연히 중요하지만 그 일을 전담하려 하기보다는 이 일에 더 적합한 거점을 발굴해서 지원하고 협력하는 방안을 적극적으로 모색해 볼 필요가 있다는 것이다. 이러한 고민은 더 크게는 살기 좋은 동네를 만들기 위해 공식적이고 제도적인 차원에서 이루어지는 개입과 지원이, 동네에 내재한 비공식적이고 자율적인 질서와 힘과 어떻게 서로 겹치거나 불협화음을 내지 않고 적절하게 연결되고 조화될 수 있는가 라는 문제로도 볼 수 있다. 그런 면에서 최근 활발하게 전개되고 있는 마을만들기 지원센터의 설립은 주민들을 지원하는 주체와 방식을 이전보다 효과적이고 전략적으로 개선하려는 고무적인 노력으로 볼 수 있다. 그리고 이와 비교했을 때 거점에 주목한다는 것은 지원하고 협력해야 할 대상을 실천적으로 발견하려는 노력이라는 점에서 차이가 있으며, 만약 두 가지 접근을 함께 시도한다면 중복과 상충이 일어나기보다는 상보적인 효과를 기대할 수 있을 것이다.

마치며: 거점의 만개를 꿈꾸다

지금까지 거점은 마을만들기에서 주변적인 존재였다. 마을만들기를 연구하고 실천하는 이들의 눈에 그 존재가 제대로 포착되지 않거나 주민조직 또는 지역에서 활동하는 시민단체 정도로 간주되는 경우가 많았다. 하지만 최근 들어 몇몇 마을만들기 실천 현장에서 이들이 조금씩 자신의 쓰임새를 드러내기 시작했고 이에 대한 관심과 의문, 더 나아가 그간 너무나 당연하게 여겨져 왔던 주체 프레임을 다르게 바라보는 작업이 필요하다는 생각에서 이 글은 출발하게 되었다.

주체 프레임은 마을만들기를 이해하고 실천하고 판단하는 기본적인 틀로서 여전히 유효하고 의미가 있다고 생각한다. 그러므로 이 글의 목적은 주체 프레임을 부정하거나 유통기한이 지났음을 주장하려는 데 있지 않다. 대신 거점의 생생한 모습을 주의 깊게 관찰하고 그 특성과 의미, 가능성을 섬세하게 해석함으로써 주체 프레임의 부족한 부분을 찾아내고 보완하려는 시도라고 할 수 있다. 그 결과로 거점은 주체 프레임을 활용하는 우리의 태도와 방식에 있어서, 그리고 동네와 일상생활로 이루어진 생활세계에 대한 이해와 존중에 있어서 주체 프레임이 간과하거나 개선되어야 할 부분이 있음을 우리에게 보여주었다.

이러한 발견의 의의가 이 글에 갇혀있지 않고 현실에서도 힘을 갖기 위해서는 앞으로 진행되어야 할 일들이 몇 가지 있다. 우선 더 많은 사례를 발굴하고 분석해서 거점의 개념과 의미를 가다듬어야 한다. 지금 이 순간에도 성미산마을과 선부2동과 대동이 아닌 곳에서, 공동육아 어린이집과 작은도서관과 사회복지관이 아닌 존재가 자기도 모르는 채 거점의 역할을 하고 있을 것이다. 이들을 통해 이 글에서 제시한 내용을 확인하고 점검하며 살을 덧붙일 필요가 있다. 일례로 사회적 기업 방식으로 마을만들기를 실천하고 있는 서울 성북구 장수마을의 동네목수를 거점의 한 유형으로 볼 수 있다면, 동네목수의 활동과 역할을 들여다봄으로써 앞으로 거점과 주체프레임을 어떻게 정립하고 보완해 나가야 할지에 대한 새로운 쟁점과 과제, 유용한 고민거리들이 구체적으로 드러날 수 있다.

그리고 모든 공동육아 어린이집, 작은도서관, 사회복지관을 당연하게 거점으로 생각하는 것은 위험할 수 있다. 예컨대 주민들을 사무적으로 대하거나, 영리활동에만 급급한 곳이라면 진정한 의미의 거점으로 작동하기 어렵다. 따라서 옥석을 가려내는 정교한 안목을 키우고 공유하는 작업도 필요하다. 이는 현장에서 마을만들기를 실천하는 일선 공무원과 활동가들이 직접 만나게 되는 여러 거점 후보들을 예진豫診하거나, 정책결정자들이 마을만들기 사업을 구상할 때 거점을 효과적으로 발굴하고 지원하는 방안을 마련하는 데 도움이 될 것이다. 이러한 노력으로 '거점의 발견'이 '거점의 만개滿開'로 이어지기를, 그래서 마을만들기가 담지하고 있는 가치들이 실질적으로 발현되는데 기여할 수 있기를 기대해본다.

참고문헌

- 박성효, 『무지개 프로젝트』, 행복한 종, 2009.
- 별자리 작은도서관, 『2008 꽃 · 나무 · 곤충과 더불어 살아가는 선부2동 골목길 사람들』, 2008.
- 유창복, "나의 마을살이 10년 - 이제 마을하자!", 『마을을 이야기하다』, 사람과 마을 연구포럼, 2007.
- 유창복, 『우린 마을에서 논다』, 또하나의 문화, 2010.
- 제인 제이콥스 저, 유강은 역, 『미국 대도시의 죽음과 삶』, 그린비, 2010.
- 커뮤니티 디자인센터, 『커뮤니티 디자인을 하다』, 나무도시, 2009.

청주 마을만들기 중간자, 주민참여 도시만들기 지원센터

황희연 _ 충북대학교 도시공학과 교수

시작하는 말

청주시의 주민참여 도시행정 배경

우리나라는 계획입안의 초기 단계에서 제도적으로 주민이 참여할 수 있는 방안이 마련되어 있지 못하다. 도시계획의 경우에 승인 단계에서 공청회, 공람 등이 보장되어 있을 뿐이다. 계획을 입안하는 과정이나 확정 후 집행 과정에서 주민이 참여할 수 있는 장치는 미약하다.

하지만 청주시는 제도적 한계를 극복하여 정책입안 초기 단계부터 지속적으로 주민이 참여 할 수 있는 방안을 강구하여 왔다. 특히 2001년에 수립한 도시기본계획의 경우 입안 초기 단계부터 주민과 시민단체 등을 참여시켰다. 현장조사를 주민과 함께하였으며 계획 결과에 대한 주민평가회도 개최하였다.

그 후 경관형성기본계획을 비롯하여 각종 주민제안 사업을 추진함으로써 주민 스스로 생활환경 주변의 경관개선사업을 발굴하고, 그 사업을 주민과 함께 추진하고 있다. 조례를 제정하여 민·관·산·학 거버넌스인 '살고 싶은 청주 만들기 협의체'를 조직하는 등 도시정책의 입안, 수립, 집행, 모니터링에 이르는 모든 과정에서 주민참여를 실현할 수 있는 제도적 기반도 마련하였다. 청주시가 주민참여 도시행정을 성공적으로 추진하는 데에는 '주민참여 도시만들기 지원센터'가 한몫을 담당하였다.

주민과 행정의 중간자 역할 필요성 대두

관료화된 사회에서 주민참여 도시정책이 성공적으로 시행되기란 쉽지 않다. 주민조직과 리더십의 형성, 외부의 지원, 행정의 유연한 대응과 같은 여러 가지 요건들이 고루 갖추어져야 한다. 필요성은 느끼면서도 추진하는 방법과 절차를 잘 몰라서, 또는 개개인 차원에 머물러 있는 탓에 사장되는 경우가 많다.

특히 관 주도 시대에 만들어진 행정조직체계는 주민들이 일상 생활환경에서 겪는 다양한 문제를 신속히 대응하고 해결해 나가는데 구조적 한계를 지닌다. 행정이 주민 한 사람 한 사람을 접촉하는 것이 쉽지 않고 업무 소관도 분명하지 않은 탓에 주민은 주민대로 행정과의 접촉을 위해 많은 시간과 노력을 허비하게 된다.

이러한 문제들은 주민과 행정을 연결시켜 줄 수 있는 중간자적인 역할을 수행하는 전문기관을 통해서 해결이 가능하다. 이 전문기관은 주민교육을 통해 참여의식을 고취시키고 주민의 의견을 수렴해 실현 가능한 계획안을 마련한다. 또한 체계적인 사업추진이 가능하도록 도와주며, 경우에 따라 관련 전문가와의 연결고리 역할을 수행하는 한편 해당사항 별로 관련 주관부서와의 대화 창구를 마련해 조속한 행정처리가 이루어지도록 지원하기도 한다.

이 과정을 통해 주민은 행정에 대한 신뢰를 쌓고 행정은 주민의 의견을 수용해 실행력을 제고할 수 있게 된다. 그간 '주민참여 도시만들기 지원센터'는 주민과 행정의 중간자 역할을 수행함으로써 청주시의 주민참여 도시행정을 이끌어 왔다.

'주민참여 도시만들기 지원센터' 의 설립과정

일본 동경도 세타가야구에는, 거대도시 빌딩숲 뒤편의 주택가에 탄성이 절로 나오는 환상적인 녹도鳥山川綠道가 펼쳐져 있고, 한가로워 보이는 주택들 사이로 주민들이 손수 가꾸어낸 나무와 꽃들이 도로변을 따라 즐비하게 늘어서 있다. 누구도 이곳이 1960년대 초의 근대화 물결 속에 매몰되어 쓰레기장 같았던 하천이라고 생각할 수 없는 풍경이다. 이 녹도가 주민의 아이디어를 주민과 함께 완성한 곳이라는 사실에 더욱 놀랍다.

세타가야구는 다른 지역에서 보기 드문 '마을만들기센터(마치즈쿠리센터)'를 두고 있다. 구에서 파견한 공무원, 도시정비공사에서 파견한 직원 및 자원봉사자로 구성된 마을만들기센터는 주민과 행정과의 중간기구로서 행정의 외곽단체라고 할 수 있다. 구에서 위임받은 사안을 시행하는 경우도 있고, 주민과 구를 상대로 직접 일을 하는 경우도 있다. 공원, 도로 혹은 고령자서비스 관련 사안 등을 주로 구로부터 위탁받아 주민의 지원과 상담 업무를 시행하고 있다.

2000년 5월 필자는 일본 세타가야구 답사를 마치고 돌아와 청주시에 '주민참여 도시만들기 지원센터' 설립을 제안하였다. 하지만 당시 관련 법규 미비로 인하여 청주시 주도의 주민참여 지원 전문기관의 설립이 무산되고 말았다.

2001년 '주민참여 도시만들기 연구회'를 결성해 지역 전문가와 시민단체 관계자들과 함께 주민제안사업을 지원하는 일을 시작하였다. 주민워크숍 등을 통

'주민참여 도시만들기 지원센터' 설립 추진 주요경과

일 시	내 용
2001. 5.	• 주민자치지원센터(가칭) 설립 건의(청주시)
2001. 8.	• 주민참여 도시만들기 연구회 발족 및 주민지원활동 시작
2003. 9.	• 주민참여 지원센터 설립준비위원회 구성
2004. 4.	• 주민참여 도시만들기 지원센터 발기인총회 개최
2004. 6.	• 주민참여 도시만들기 지원센터 창립총회 개최
2008. 9.	• 주민참여 도시만들기 지원센터 법인설립 창립총회 개최
2009. 1.	• 주민참여 도시만들기 지원센터 법인화

해 주민들이 원하는 사업의 실현을 위한 방안을 주민과 함께 모색하는 등 지역단위 커뮤니티의 형성을 위해 노력하였다. 특히 청주도시기본계획(2001), 청주시 경관형성기본계획(2001)을 비롯하여 크고 작은 지역환경정비사업을 주민참여형으로 진행하는데 주도적 역할을 수행하면서, 조직화된 기구로의 재조직을 위한 기틀을 마련하였다.

'주민참여 도시만들기 연구회'는 2003년 9월 '주민참여 지원센터 설립준비위원회'를 구성하여 센터 설립을 위한 기본방안을 마련하였다. 이를 바탕으로 '주민참여 도시만들기 지원센터' 발기인총회(2004. 4. 7)와 창립총회(2004. 6. 8)를 거쳐 센터를 설립·운영하게 되었다. 센터는 2008년 9월 23일 법인설립 창립총회와 충청북도의 심의를 거쳐 2009년 1월 23일 비영리 사단법인으로 새로운 출발을 하게 된다.

현재 '주민참여 도시만들기 지원센터'는 정관에 의하여 총회, 이사회, 감사, 운영위원회, 실행위원회, 분과위원회, 특별위원회 및 사무처를 두고, 각 조직간 협력 및 지원을 통해 효율적인 운영을 도모하고 있다.

'주민참여 도시만들기 지원센터'의 활동내역
마을만들기 사업 지원

'주민참여 도시만들기 지원센터'는 마을만들기 사업 지원을 통해 지역주민이 중심이 되어 지역의 문제를 해결하고 자체적으로 관리·운영할 수 있는 여건을 마련할 수 있도록 힘썼다. 센터에서 지원한 대표적인 마을만들기 사업으로는 중앙로 차 없는 거리 조성 사업, 모충초등학교 담장허물기 및 공원화 사업, 아름다운 청주 만들기 사업 및 주민 컨테스트가 있다.

중앙로 차 없는 거리 재생사업

1990년대 초부터 시작된 청주 원도심의 쇠퇴는 2000년대에 들어서 더욱 가속화되었다. '주민참여 도시만들기 지원센터'는 도심 살리기의 첫 번째 사업으로

중앙로 차 없는 거리
재생사업 전 모습

중앙로 차 없는 거리
재생사업 후 모습

문화 · 예술 프리마켓 운영 모습

중앙로 차 없는 거리 사업을 주민과 함께 추진하였다. 초기 6개월간 단순한 거리정비를 넘어서 동네 발전을 위한 종합계획을 주민과 함께 수립한 후 이에 따라 주민 · 행정 · 전문가가 파트너십을 형성하여 사업을 시행하고 있다.

차 없는 거리 조성사업은 1단계(2004) 200m, 2단계(2008) 250m 구간을 단계적으로 추진하였으며, 현재(2011)는 3단계 사업으로 물길 조성 및 가로수 식재 등의 환경개선사업을 진행하고 있다. 동시에 '주민참여 도시만들기 지원센터'는 국토해양부 도시재생R&D 사업과 연계하여 자력수복형 도시재생을 위해 지역화폐, 문화 · 예술 프리마켓, 도시재생신탁업무센터 설립 · 운영 등 다양한 사회 · 경제 · 문화적 재생사업을 지원하고 있다.

1단계 사업의 진행 중에 주민간의 갈등이 잦았으나 지속적인 대화를 통해 풀어갔으며, 이 과정에서 주민 역량이 강화되는 효과를 가져 오기도 하였다.

모충초등학교 담장허물기 및 공원화 사업

청주시 모충동은 주거환경이 열악한 노후주택 밀집지역이다. 지역 내에 있는 모충초등학교의 통학로는 인도와 차도가 분리되지 않아 학생들은 등 · 하교시 교통사고의 위험에 노출되어 있었다. 이 문제를 해결하기 위해 학교 자모회 중심의 지역주민 모임은 청주시 도로과로부터 통학로 개선을 위한 사업비를 확보하였다. 하지만 계획수립을 위한 비용을 확보하지 못한 주민들은 '주민참여 도시만들기 지원센터'에 통학로 개선을 위한 설계도면을 의뢰하기에 이른다. 주민의뢰를 받은 센터는 전문가를 파견해 현장조사를 실시하고 주민과 함께 추진팀을 조직하여 사업계획 수립에 착수하였다. 계획을 수립하는 과정에서 학교 담장 허물기를 통해 보행공간과 주민 휴식공간을 확보하자는 주민 의견에 따라, 교육청과 협의를 통해 도로부지 무상 사용허가를 받는 성과를 이뤘다. 이후 체계적인 사업추진을 위해 '생명의 숲 운동본부'와 연계해 통학로 개선사업, 학교 담장허물기 및 생명의 숲 가꾸기 사업, 정문 교체 사업을 시행하였다.

　이는 주민에 의해서 제안된 사업을 주민 · 지자체 · 공공기관 · 전문가 · NGO 간 거버넌스를 통해 실현하는 모델이 되었다.

아름다운 청주 만들기 사업 및 주민 컨테스트 지원

아름다운 청주 만들기 사업(2004)의 일환으로 주민제안사업 전시회 및 주민 컨테스트를 시행하여 우수사업 3개에 차년도 청주시 마을만들기 시행사업의 우선권을 부여하였다. 주민이 제안한 98개 사업 중 1차 평가(평가위원: 센터, 연구진, 주민, 청주시 관계자)를 거쳐 선정된 사업에 대해 센터는 전문가를 파견하여 주민과 함께 자체 계획안을 작성(2~3개월간)하도록 하였다.

　센터는 최종적으로 16개 동에서 출품한 총 17개 사업계획안을 대상으로 전

주민 컨테스트 모습

주민 컨테스트 작품 전시회 모습

시회를 개최하였고, 출품한 지역의 주민대표를 중심으로 주민평가단을 구성하여 주민 스스로 주민제안사업을 평가하는, 주민 컨테스트를 시행하였다. 주민이 만든 계획을 주민 스스로 평가하여 그 결과를 도시행정에 반영하는 등 주민주도형 도시행정의 대표적 사례라 할 수 있다.

이외에 센터는 다양한 마을만들기 사업을 지원해 주민참여 마을만들기 사업이 청주시 전역으로 확대될 수 있도록 힘썼다.

센터는 마을만들기 사업을 지원함에 있어 사업 초기부터 주민과 함께 현장조사를 시행하여 지역의 문제점을 찾아냈다. 이후 주민 간담회와 같이 주민의 의견을 수렴하는 시간을 통해 문제 해결을 위한 주민의 다양한 아이디어를 발굴하였다. 이어 센터는 관련 전문가를 각 지역에 파견해 주민과 함께 계획수립팀을 결성하도록 하고 전문지식 및 기술을 지원하였다. 마을만들기 계획이 수립된 후에는 지자체와 주민 간 대화의 장을 마련해 계획이 실현될 수 있도록 교량 역할을 수행하였다. 마을만들기 사업이 단발성에서 끝나지 않고 지속적으로 이어지기 위해 주민조직을 결성하고 주민협약을 체결하는 것을 지원하는 등 자조적으로 마을만들기 사업을 추진할 수 있는 공동체 기반을 구축하는 데도 힘썼다.

이처럼 센터는 사업 초기부터 지역주민이 적극적으로 참여할 수 있도록 산파 역할을 하였다. 특히 전문가 파견제도는 지역주민을 마을만들기 사업의 대상에서 주체로 변화시키는데 큰 역할을 하였고, 계획수립팀에 참여한 지역주민은 해당지역의 문제점을 스스로 발굴하고 해결하는 체험을 통해 마을만들기 지역리더로 성숙함으로써, 마을만들기 사업이 자생적으로 추진될 수 있는 동력이 되었다.

주민교육 및 연구사업

주민교육

센터는 마을만들기 사업의 성공적인 추진을 위해 실무능력을 갖춘 지역리더 양성의 필요성을 인식하고 다양한 형태의 주민교육사업을 실시하였다.

이중 대표적인 사례로 민간기구 최초로 국토해양부가 주최하고 LH공사가 공동주관하는 2009년과 2010년 '살고 싶은 도시만들기' 충청권 도시대학 운

'주민참여 도시만들기 지원센터' 가 지원한 마을만들기 사업 주요내용

용암동 녹색마을만들기 사업	사업개요	• 시기: 2001. 7 ~ 2001. 12 • 대상지: 용암동 중흥공원 및 용암초등학교 주변 • 주관: 주민참여 도시만들기 연구회, 청주환경운동연합, 푸른청주21
	주요사업	• 지역 공동체성 회복을 위한 사업: 마을 만들기 네트워크 조직, 마을만들기 지침서 제작 등 • 물리적 환경개선을 위한 사업: 걷고 싶은 거리 만들기, 용암초등학교 담장허물기 등
	연구회의 지원사항	• 주민의식조사 • 마을만들기 실천지침서 작성 • 걷고 싶은 거리만들기 기본계획안 수립
사창동 중문지구 환경정비 사업	사업개요	• 시기: 2002. 08 ~ 2006. 12 • 대상지: 충북대학교 중문 지역 • 주관: 도시만들기 연구회, 지역발전협의회, 중문지구 상가번영회
	주요사업	• 물리적(hardware) 정비 구상: 통학로 정비, 어린이 놀이터 공용화 사업 등 • 비물리적(software) 계획 구상 : 주민협약 및 지역 조례 제정 활동, 지역축제 등
	연구회의 지원사항	• 세부 도면 및 기술적 부분 작업 • 주민협약 등의 제안 및 세부작업 • 주민 참여의 새로운 방식의 제안 및 유도 • 깨끗하고 쾌적한 대학로만들기 협의체 발족을 통한 체계적 · 전문적 진행
중앙로 차 없는 거리 재생사업	사업개요	• 시기: 2004. 6 ~ 현재 • 대상지: 청주시 중앙로 • 주관: 주민참여 도시만들기 지원센터, 중앙로 상가번영회, 청주시
	주요사업	• 도심 공동화 대응방안을 주민과 함께 구상하고 성안길 연장을 위한 중앙로 차 없는 거리 조성 및 활성화 사업
	지원사항	• 주민워크숍을 통한 주민의견 수렴 • 세부 도면 및 기술적 부분 작업 지원
모충초등학교 학교담장 허물기 및 공원화 사업 지원	사업개요	• 시기: 2003. 8 ~ 2003. 9 • 대상지: 청주시 모충동 • 주관: 주민참여 도시만들기 지원센터, 모충동 주민자치위원회
	주요사업	• 모충초교앞 통학로 개선사업(보도설치공사) • 학교 담장허물기 사업 • 생명의 숲가꾸기 사업 • 모충초교 정문 교체
	지원사항	• 주민과 관계기관 합동 워크숍 진행을 통한 대화 창구 마련 • 세부 도면 및 기술적 부분 작업 지원

아름다운 청주만들기 2차 사업 및 주민 컨테스트 지원	사업개요	• 시기: 2004. 10 ~ 2005. 9 • 대상지: 청주시 전역 • 주관: 청주시, 주민참여 도시만들기 지원센터
	주요사업	• 주민제안사업 발굴 및 계획수립 • 청주시 경관형성 기본계획 수립
	지원사항	• 사업계획 수립을 위한 전문가 파견 • 주민 컨테스트 기획 및 운영
직지문화의 거리 조성계획 수립 및 지정 지원	사업개요	• 시기: 2007. 8 ~ 2007. 10 • 대상지: 청주시 흥덕구 직지로 • 주관: 주민참여 도시만들기 지원센터
	주요사업	• 직지와 조화된 친환경적인 직지거리 조성 • 주민 스스로 가꾸고 추진하는 직지문화거리 조성
	지원사항	• 직지의 상징성 정립 • 직지문화의 거리 기본구상안 제시
수곡동 살고 싶은 마을만들기 사업계획 수립지원	사업개요	• 시기: 2007. 11 ~ 2008. 01 • 대상지: 청주시 수곡2동 • 주관: 주민참여 도시만들기 지원센터, 청주시 지속가능발전의회 수곡동 살고 싶은 마을만들기 추진팀
	주요사업	• 수곡동 마을만들기 현안 대두 • '주민이 함께하는 살고 싶은 마을마들기' 시리즈 연구 수행
	지원사항	• 설문조사 및 주민 워크숍을 통한 주민의식 조사 수행 • 수곡동 마을만들기 사업 추진을 위한 추진체계 및 기본구상안 제시
2010 살고 싶은 청주 만들기 시범사업 지원	사업개요	• 시기: 2009. 10 ~ 2009. 12 • 대상지: 청주시 전역 • 주관: 주민참여 도시만들기 지원센터, 살고 싶은 청주만들기 협의체
	주요사업	• 주민제안사업 발굴 및 계획수립 • 청주시 주민지원 시범사업 선정
	지원사항	• 사업계획 수립을 위한 전문가 파견 • 주민 컨테스트 기획 및 운영
NEW 사직2동 만들기 사업 지원	사업개요	• 시기: 2010. 3 ~ 2010. 7 • 대상지: 청주시 사직2동 • 주관: 주민참여 도시만들기 지원센터, 청주시 사직2동 주민자치위원회
	주요사업	• 공공디자인 활용 충혼로 및 국보로 보행환경 개선 사업 • 사직2동 만들기 주민교육 프로그램 운영
	지원사항	• 주민간담회를 통한 주민의견 수렴 • 세부 도면 및 기술적 부분 작업 지원

'주민참여 도시만들기 지원센터'가 시행한 주민교육 주요내용

시기	내용
2001 ~ 현재	• 성공적 마을만들기 사업을 위한 각종 토론회
2002 ~ 현재	• 청주시 동별 주민자치위원회 교육
2005	• 충청북도 주민자치위원 교육
2005 ~ 현재	• 시민단체 실무자 교육
2006	• 행정혁신 포럼
2007	• 시민자주대학 교육, 전국의원학교 교육
2009, 2010	• '살고 싶은 도시만들기' 충청권 도시대학

영이 있다. 교육은 8주간의 이론 강의와 스튜디오 실습을 통해 수강생이 직접 마을만들기 계획안을 만들어내는 프로세스로 진행하였다. 수강생을 지역주민 외에도 학생, 시민단체, 산업체, 시의원, 공무원 등 다양한 분야 종사자로 구성해 파트너십을 구축하고자 하였다. 특히 각 팀별 사업주제와 관련된 행정부서 공무원의 참여를 유도함으로써 수업 결과물의 실현 가능성을 높였다.

2009년 충청권 도시대학 운영: 45명의 마을만들기 지역리더를 양성하고, '4색으로 물드는 원흥이 생태마을'(국토해양부 장관상 수상) 외 5개 지역의 마을만들기 계획을 작성하는 성과를 냈다. 현재 이들 계획들은 청주시 마을만들기 사업이나 국토부 도시활력 증진사업을 통해 추진중에 있다. 지역공동체 형성에 이바지해, 참가팀 중 증평군 석고리팀과 청주시 산남 3지구팀 간 자매결연을 맺어 농산물 직거래 장터를 개설하는 등 지역커뮤니티 형성에도 기여하였다.

2010년 충청권 도시대학 운영: 36명의 마을만들기 지역리더를 양성하고, 중앙동 행복 1번지(LH공사 사장상 수상)외 5개 지역의 마을만들기 계획을 작성하는 성과를 냈다. 현재 이들 계획은 청주시 도시재생신탁업무센터와 연계해 청주시 도시재생사업의 일환으로 사업화를 추진중에 있다.

연구사업

센터는 주민참여 관련 연구사업을 통해 청주시의 주민참여 정책을 위한 이론적 기틀을 구축하고자 하였다. 2000년 '지속가능한 도시대상평가'에서 청주시가 대통령상을 수상한 것을 계기로 열린 '지속가능한 청주 만들기 시민 대토론회'에서 청주시에 '지속가능한 발전지표 개발'을 제안하여, 2001년 '푸른청주21'과 함께 '청주시 지속가능발전 특별위원회'를 구성해 발전지표 개발을 위한 연구를 진행하였다. 이 연구는 시작부터 각종 단체가 함께 수행하는, 시민참여형으로 진행되었다.

지표개발 과정은 먼저 관련자 모두가 참여하는 브레인스토밍을 통해 다양한 지표를 도출한 후 도

충청권 도시대학 운영 모습

출된 지표간의 쓰임새와 중복 등을 고려하여 지표목록을 작성하였다. 이어 지표목록을 분석하여 키워드 추출과 영역별 집단화 과정을 거쳐 대표명제를 선택하였다. 이를 통합하여 청주의 지속가능한 발전을 위한 7개 부문, 23개 분야를 선정한 후 이에 따른 28개 사업추진방향을 설정하여 '청주시 지속가능한 도시개발지표'를 개발하였다. 이 연구에서 센터는 각 단체 혹은 개별적으로 개진된 다양한 의견을 조율하는데 많은 역할을 하였다.

도시계획행정 지원

센터를 통한 마을만들기 정책 정착화는 마을만들기 사업 지원뿐만 아니라 청주시 도시계획행정에 대한 지원을 통해 청주시의 마을만들기 정책이 체계적으로 정착할 수 있도록 힘썼다. 센터에서 지원한 대표적인 도시행정 지원사업은 청주

'주민참여 도시만들기 지원센터' 가 지원한 도시행정사업 주요내용

청주시 경관 형성기본계획 (아름다운 청주 만들기) 수립 지원	사업개요	• 시기: 2004. 6. ~ 12. • 대상지: 청주시 전역 • 주관: 청주시, 주민참여 도시만들기 지원센터
	주요내용	• 청주시의 특성을 살린 도시정비의 기본 골격을 도출 • 주민 스스로가 도시환경을 창출하는 주민참여형 도시경관계획 • 경관계획과 관리를 체계적으로 하기 위한 경관 Data Base 구축
	주민참여 내용	• 동별 경관계획 사업제안서 작성
	지원사항	• 주민대표 간담회 및 지역별 주민설명회 개최 • 시범구역 선정을 위한 기초조사 • 동별 마을만들기 계획수립을 위한 전문가 파견
2021년, 2025년 청주도시기본 계획 수립 지원 (세포형 도시계획)	사업개요	• 시기: 2000. 9. ~ 2001. 12.(2021년 계획) 　　　　2006. 6. ~ 2008. 6.(2025년 계획) • 대상지: 청주시 · 청원군 전역(2021년) 청주시 전역(2025년) • 주관: 청주시, 주민참여 도시만들기 지원센터
	주요내용	• 마을단위에서부터 주민이 계획과정에 직접 참여하는 상향식 도시계획 • 마을만들기 등으로 시도되던 크고 작은 주민참여계획들을 총체적으로 실현
	주민참여 내용	• 소 생활권별 주민 제안사항 작성 • 연구팀과 현장조사 후 계획(안)의 문제점에 대한 대안 제시 • 도시계획수립 전 과정에 대한 모니터링
	지원사항	• 주민대표 간담회 및 동별 주민설명회 개최 • 시민단체 및 전문가 워크숍 운영 지원 • 주민의견 수렴 및 결과 분류
2009년, 2010년 청주시 취락지구 지구단위계획 수립	사업개요	• 시기: 2009. 08 ~ 2010. 08 　　　　2010. 09 ~ 2011. 07 • 대상지: 2009년도: 평동, 강촌, 수름재, 백운동 지구 　　　　　 2010년도: 검둥골, 주성, 신목골, 현암지구 • 주관: 청주시, 상우기술단, 주민참여 도시만들기 지원센터
	주요내용	• 토지이용, 도시기반시설, 건축물 등 도시계획 • 지역의 발전방향 및 미래상 정립
	주민참여 내용	• 주민회의를 통한 자발적 요구사항 작성 및 주민합의 사항 결정
	지원사항	• 주민 간, 주민과 행정 간, 주민과 연구진 간 대화의 자리 마련 • 도로 모양, 공원 위치, 공공용지 활용방안, 특화산업 발굴 및 추진방안 등에 대한 기술적 지원

시경관형성기본계획 수립 및 2021 · 2025년 청주시 도시기본계획(세포형 도시계획) 수립 지원과 2차례의 취락지구 지구단위계획 수립이다.

경관형성기본계획의 수립 지원

센터는 '청주시 경관형성기본계획(아름다운 청주 만들기)'의 수립 과정에 주민이 능동적으로 참여하고 행정기관과 전문가가 보조하는 형태로 진행될 수 있도록 지원하였다. 그 결과 주민이 제시한 지역 현안문제 168개를 발굴하여 직접 시행과제와 도시계획에 반영할 과제로 분류하여 청주시에 제시하였다. 동시에 경관계획의 개념을 규제 중심에서 생활공간 주변의 경관을 개선하는 계획으로 바꾸고, 동네단위별 공동체를 형성시키는데도 기여하였다.

도시기본계획의 수립 지원

청주도시기본계획 수립을 두 차례(2021년 계획, 2025년 계획) 지원하여 도시기본계획의 수립과정에서 주민의 참여를 시스템적으로 보장하는 '세포형 도시계획'[1]의 모델을 만드는데 한 역할을 수행하였다.

　2021년 청주도시기본계획은 개발제한구역의 전면해제에 따른 도시계획적 대처를 하는 계획으로서, 사유재산권 침해 문제로 인한 첨예한 사회적 갈등 소지를 갖고 있었다. 센터는 이러한 문제를 해결하기 위해 지역별로 순회하며 공개적으로 계획(안)의 상세도면(1:5000/ 1:1200)을 설명하고 주민요구사항에 대해 허심탄회한 대화의 장을 마련하였다. 또한 해당주민을 현장확인팀에 참여시켜 계획(안)의 문제점을 설명하고 주민들 스스로 대안을 제시하도록 하였다. 이러한 과정을 통해 800건 이상 민원사항을 현장 확인하여, 대부분의 사안에 대해 주민합의를 얻어 시행하였고, 계획결과에 대한 주민평가회를 주민과 함께 성황리에 시행하였다.

---

1 마을단위에서부터 주민이 계획과정에 직접 참여하는 상향식 도시계획

 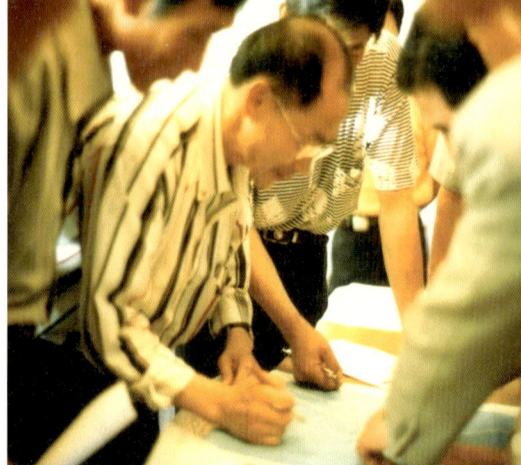

주민과 함께 현장 확인 모습　　　　　　　　의견을 나누는 연구책임자와 주민들

주민의견 주요내용

단위계획 구분	주요분야	분야별 주요내용
• 도시기본계획 사항: 15% • 도시관리계획 사항: 40% • 단위개발사업: 30% • 기타 생활환경개선: 15%	• 공원녹지/생태환경 분야(113) • 교육/문화 분야(151) • 교통 물류 분야(151) • 토지이용 분야(190) • 도시비전/미래상(130) • 기타(500)	• 공원의 해제를 통한 개발행위가 　가능토록 도심공원 신설 필요 • 장애인, 노인복지서비스 확충 • 장기미집행도로의 해제 • 지구 내 국지도로 신설 • 다양한 비전, 미래상 제시 • 도심재개발사업의 원활한 추진 • 마을만들기, 주민참여 활성화

　　2025년 청주도시기본계획의 경우는 초기부터 동별 주민대표 간담회를 실시
해 계획의 방향 및 추진방법에 대한 의견을 나누었고, 동별 주민 간담회 및 워크
숍을 통해 주민과의 대화를 지속적으로 진행하였다. 동시에 센터 내에 '도시계
획 커뮤니티센터'를 설치해 주민들이 자유롭게 의견을 제시하고 계획수립 과정
을 주민이 직접 모니터링할 수 있는 창구를 마련하였다. 그 결과 1200여건의 주
민의견이 제시되어 도시기본계획에 해당하는 사안에 대해서는 분야별로 나누
어 계획에 반영하였다.

이 계획은 가장 작은 단위의 생활권을 기초로 한 주민참여형 도시계획의 전형적 형태가 됨으로써, 센터는 세포형 도시기본계획의 모델을 만드는데 기여하였다.

'취락지구 지구단위계획' 수립[2]

2009년과 2010년에 '취락지구 지구단위계획' 수립 연구용역 기관으로 참여한 센터는 주민 간, 주민과 행정 간, 주민과 연구진 간의 다양한 형태의 대화 자리를 마련하는 등 원만한 합의형성을 위한 중간자적 역할을 수행하였다. 연구진 회의에 해당지역 주민을 참여시켜 주민의 의견을 반영하는 열린 의사결정 시스템도 도입하였다. 그 결과 2009년에 28건의 주민의견 중 23건(계획 반영: 19건, 추후 반영: 4

주민 간담회 모습

2 청주시에 지정된 총 94개소 취락지구를 기준으로 2009년부터 4개 지구씩 지구단위계획을 수립. 2009년 평동, 수름재, 강촌, 백운동지구 계획 수립에 이어 2010년 검등골, 주성, 신목골, 현암지구 등 현재까지 총 8개 지구 지구단위계획 수립 완료. 현재 청주시는 계획 완료된 사업지구 중 시범사업 대상지를 선정하여 실제 사업 실행을 준비 중에 있음.

건), 2010년에 14건의 주민의견 중 11건(계획 반영: 10건, 추후 반영: 1건)을 반영하는 등 주민참여형 '취락지구 지구단위 계획'을 수립할 수 있었다. 이처럼 주민의 의견을 듣고 협의하는 과정을 통해 주민, 연구진, 지자체 모두가 만족할 만한 결과를 도출할 수 있었다.

이는 최소단위 생활권이자 농촌마을 공동체 공간에 대한 법정계획을 주민참여 마을만들기 형태로 수립한 지구단위계획의 새로운 모델이 될 것으로 보인다.

국가 정책사업 공모 및 도시재생사업 지원

'주민참여 도시만들기 지원센터'는 '살고 싶은 도시 만들기 시범사업', '도시활력증진 지역개발사업', '도시재생사업'과 같은 국가 정책사업이 안정적으로 정착되고 주민에 의해 자생적으로 추진될 수 있도록 지원하였다.

센터는 청주시가 '살고 싶은 도시만들기 시범사업'에 응모하기 위한 제안서

'주민참여 도시만들기 지원센터'가 지원한 국가 정책사업 공모 및 도시재생사업 주요내용

살고 싶은 도시 만들기 시범사업	주요사업	• 2007년도 도시사업(원흥이 생태공원), 마을사업(평동 떡마을 만들기) • 2008년도 마을사업(용암동 완충녹지 공원화 사업) • 2009년도 도시사업(저탄소 녹색도시 청주)
	지원사항	• 주민 워크숍 등을 통한 주민의견 수렴 • 세부도면 작성을 위한 기술적 사항을 지원
도시활력증진 지역개발사업	주요사업	• 도심공간의 복원과 보존 • 대중교통시설의 확충 및 정비, 보행자도로 구축 • 새로운 기능 및 시설의 도입
	지원사항	• 주민 워크숍, 간담회 등을 통한 주민의견 수렴 • 사업추진 주민조직 결성 지원 • 사업계획 수립을 위한 기술적 사항 지원
청주시 도시재생사업	주요사업	• 신탁업무센터를 중심으로 쇠퇴 상가 활성화 사업 • 예술상회를 중심으로 한 쇠퇴 주거 활성화 사업
	지원사항	• 지역별 주민 간, 주민과 지자체 간 간담회 개최 • 중앙동, 사직2동 '지역특화 및 상권활성화 추진협의회' 조직 지원 • 사업계획 수립을 위한 주민의견 수렴 및 기술적 사항 지원

작성을 지원해 사업별로 1억5천만원~18억원을 지원받아 시범사업을 시행하는
데 일조하였다. 또한 보다 체계적으로 수행하기 위한 기구로 주민 · 시민사회단
체 · 전문가 · 기업 · 청주시 · 청주시의회가 함께 참여하는 '살고 싶은 청주 만
들기 협의체'의 설립과 지원조례(청주시조례 제 2630호 2009. 1) 제정을 지원하였다. 이
후 국가 공모사업이 개별단위 사업 지원방식의 한계에서 벗어나고자 시행한 포
괄보조금 지원방식의 일환으로 시행한 '도시활력증진 지역개발사업'에 청주시
원도심의 역사 · 문화를 보존 · 활용하는 제안서 작성과 사업추진을 위한 주민
조직이 결성될 수 있도록 지원해 80여억원을 지원받아 청주시 도심활성화사업
을 진행할 수 있도록 일조하였다.

　청주시 도시재생사업 추진을 지원하여 대규모 재개발 · 재건축 사업을 탈피
하여, 지역주민 · 지자체 · 지역전문가 간 네트워크 구축을 통해 인적자본과 잠
재자원을 활용한 창조적 공간을 조성함으로써, 지역의 활력을 되찾는 자력수복
형 도시재생사업의 롤 모델을 만들어가고 있다.

중앙동 지역화폐 '약속'

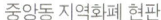

중앙동 지역화폐 현판

예술상회 활동 모습

'주민참여 도시만들기 지원센터'의 역할

주민과 행정 간의 중간자 역할

그동안 행정에서 주도하는 도시계획행정과 마을정비사업은 형식적인 주민참여로 인해 추진과정에서 행정과 주민 간 소통이 원활하지 못하였다. 이로 인해 행정에 대한 불신이 생기고 행정과 주민 간 갈등이 유발되어 사업이 지연되는 등 많은 사회적 비용을 지불해야 하였다. '주민참여 도시만들기 지원센터'는 행정과 주민 간의 중간에서 주민과의 소통을 위한 다양한 역할을 수행하였다. 주민설명회 · 간담회 · 워크숍 · 강연을 비롯하여 주민과 함께 현장조사를 실시했고, 필요에 따라 계획과정에서 정보를 주민에게 제공하기도 하였다.

주민의견 수렴 지원

센터는 행정에서 추진하는 도시기본계획이나 경관형성기본계획의 수립과 같은 도시계획행정을 시행하기에 앞서 주민대표자 설명회를 통해 주민참여의 필요성과 참여방법을 알리고, 주민의 적극적 참여 속에서 도시계획행정이 이루어져야 하는 당위성을 상기시켰다. 계획초기부터 주민과 함께 계획방향을 설정하고, 그 결과를 중심으로 계획의 골격을 짜들어 갔다. 예를 들어, 2025년 청주도시기본계획 수립(세포형 도시계획)을 수행하던 당시 26개 동을 방문하여 주민 간담회를 실시했으며, 주민이 작성한 1,000여건의 지역계획(안)을 접수해 도시계획 관련 사항 150여건을 도출하여 계획에 반영하는 등 다양한 형태로 주민의 의견 수렴을 지원했다.

주민과 함께 현장조사

계획의 수립과정에서 사용하는 통계자료나 위성사진은 현실을 반영하지 못하는 경우가 많다. 센터는 기초생활권 별로 해당 주민과 함께 현장을 방문하여 현장에서 주민과 허심탄회한 의견을 나누어 현실적 문제를 공유한 후 계획을 수립하였다. 이러한 센터의 접근방식은 2021년 청주도시기본계획 및 2011년 도시관리계획 수립시 개발제한구역 해제과정에서 발생한 토지이용의 공공성과 사유재산권 보호간의 첨예한 갈등을 해소하는데 효과적으로 작동하였다. 당시 센터 구성원이 주축이 된 연구진은 개발제한구역 해제지역을 동네별로 4차례 이상 방문해 이장, 토지주 등 이해 당사자, 시·군 관계자와 함께 현장조사를 실시하고 그 결과를 계획에 반영하였다.

주민에게 정보공개

주민과 함께 현장조사를 실시한 후 연구진이 수립한 계획(안)을 상세도면(1:5,000, 1:1,200)으로 작성하여 주민들에게 공개하였다. 이후 이의를 제기한 지역은 2차 현장조사를 실시하고 주민이 직접 자연취락지구 및 유원지 설정(안)을 작성하도록 하였다. 이 과정에서, 객관적인 지표를 통해 만들어진 지구 경계선(안) 등에 대한 합리성이 결여된 주민 주장에 대해서는 지속적인 대화를 통해 합의를 도출함으로써 토지이용의 공공성을 확보하였다.

주민에게 숨김없이 모든 정보를 공개한 가운데 도시계획을 수립하였음에도 불구하고, 계획결과가 합리적인 수준을 벗어나지 않았고 공공성도 확보하였다는 평가를 받았다. 계획수립이 완료된 후 주민·지자체·연구진이 합동으로 주민평가회를 개최하여 서로의 노고를 치하하고 격려하는 분위기 속에서 계획을 마무리하였다.

주민 자체사업 발굴 및 지원

소득 수준의 향상과 주민의식 성장은 삶의 질 향상에 대한 욕구를 증가시킨다. 센터는 이러한 시대적 요구에 따라 주민 스스로 자신의 지역에 맞는 사업을 발굴하여 추진할 수 있도록 지원하였다.

주민의견 접수창구 운영

지역에 대한 현황을 가장 잘 알고 지역의 문제를 피부로 체감하고 있는 주민들은 문제 해결을 위한 다양한 아이디어를 갖고 있다. 하지만 자신들의 의견을 체계화하고 이를 사업화할 수 있는 전문지식이 부족하여 주민들의 다양한 아이디어가 사장되는 경우가 많다. 센터는 주민상담을 위한 온·오프라인 창구를 마련하고 주민제안 사업에 대한 의견을 받고 있다.

2003년 8월 센터로 걸려온 한통의 전화는 교통사고의 위험에 노출되어 있는 모충초등학교 학생들을 위한 안전한 통학로를 만들고 지역주민을 위한 쾌적한 휴식공간을 조성하는 계기가 되었다. 당시 자신들의 노력으로 확보한 모충초등학교 통학로 개선 사업비를 효율적으로 사용할 방법을 몰랐던 주민들은 센터에 지원요청을 하게 된다. 센터는 전문가를 파견해 지역주민과 함께 현장조사와 간담회를 가진 후 현장에 맞는 사업을 발굴할 수 있었다. 이후 '모충초등학교 통학로 개선사업 추진팀'을 조직해 구체적인 사업계획을 수립하여 사업을 추진하였다. 결국 어느 날 주민의견 접수창구로 걸려온 한통의 전화가 지역거버넌스를 통한 주민참여 마을만들기의 새로운 모델을 만들게 되었다.

주민 컨테스트 및 시범사업 발굴·시행

행정이 주도해 작성한 주민제안사업은 주민의 의지가 담겨 있지 않은 경우가 허다하다. 센터는 주민 스스로 사업을 발굴하고 계획하여 시행하는 일련의 과정을 지원하였다. 우선 주민의 다양한 아이디어를 수렴한 후 간담회를 통해 계획방향을 설정하고, 파견전문가와 지역주민이 팀을 이루어 계획안을 마련하도록 하였다. 여러 지역의 주민협의체가 제출한 계획안을 전문가가 아닌 주민 스스로 평가하여 시범사업을 선정하는 방안도 청주시와 함께 마련하였다.

센터는 이러한 방법을 통해 '2004년 아름다운 청주 만들기 시범사업'과 '2010년 살고 싶은 청주 만들기 시범사업'을 주관하여 23개의 주민제안사업을 도출하였다. 이러한 과정을 통해 계획수립에 참여한 주민이 지역의 마을만들기 리더로 성장하는 성과도 얻었다.

주민협의체 조직 지원

센터는 사업지역에 주민조직이 없는 경우 주민협의체를 조직해 사업을 주도할 수 있도록 지원하였다. 이는 사업을 원활하게 추진하기 위해서도 필요하지만 물리적 사업과 함께 지역공동체 복원 및 활성화를 위해서 필수적으로 요구된다.

지역별 주민협의체 조직 지원

센터는 다양한 사업을 추진하면서 녹색마을만들기 협의회(용암동), 지역특화 및 상권활성화 추진협의회(중앙동·사직2동), 깨끗하고 쾌적한 대학로만들기 협의회(사창동), 통학로만들기 추진팀(모충동) 및 살고 싶은 청주 만들기 협의체(청주시)와 같은 주민협의체를 조직하는데 지원하였다.

이러한 주민협의체는 사업을 주도하는 한편 사업 완료 후 관리 · 운영의 주체가 되고, 새로운 문제 발생시 주민 스스로 지역의 문제를 해결하는 지역공동체의 구심점이 되었다. 센터의 이러한 노력과 실적은 정부가 '살고 싶은 도시만들기 시범사업'을 기획 · 시행하는데도 영향을 주었다.

도시 전체 거버넌스 조직 지원

센터의 제안으로 전문가 · 시민단체 · 청주시 · 청주시의회가 함께 참여하는 '살고 싶은 청주 만들기 협의체'를 구성(지원조례: 살고 싶은 도시 청주만들기 설치 및 운영에 관한 조례(청주시 조례 2630호, 2009. 01. 09))하였다. 협의체 설립으로 각 구청 또는 개별 부처 단위로 산발적으로 진행되던 주민사업이 단일 창구를 가지게 되었으며, 주민들은 단순화되고 간소화된 마을만들기 행정서비스를 제공받을 수 있게 되었다.

동시에 주민의 역량이 지역에 국한되지 않고 도시 전체 차원으로 확장됨으로써, 시 차원의 주민참여행정을 앞당겨 실현할 수 있는 기틀이 마련되었고 다양한 프로그램도 운영하였다. 2011년 12월 협의체는 '청주시 지속가능발전협의체'와 통합하여 '녹색청주협의회'로 새롭게 탄생함으로써, 도시행정과 마을만들기 사업에 대한 평가 기능까지 갖는 기구로 확대되었다.

주민교육 및 조사 · 연구 시행

주민교육

주민참여에 의한 마을만들기 사업이 지속성을 갖기 위해서는 주민 스스로 지역의 문제점을 찾고 그 해결점을 모색할 수 있는 지역리더를 양성하는 것이 필요하다. 센터는 마을만들기에 대한 주민학습, 마을모습 발견하기, 마을만들기 콩쿨, 부모와 어린이 도시답사 등과 같은 주민참여학습을 시행하고, 이와 함께 도시대학과 같은 마을만들기 전문가 양성을 위한 교육프로그램을 다양하게 운영하고 있다.

조사 및 연구

센터는 주민참여 프로그램을 진행하는 과정에서 요구되는 마을만들기 수법에 대한 연구를 비롯하여, 마을만들기를 지원할 수 있는 지원체계를 구축할 수 있도록 주민 · 지자체 · 전문가 · 행정 간 네트워크 구축 작업을 진행하고 있다. 이와 함께 지역적 특색을 살린 마을만들기 기법을 개발하고, 국내 · 외 마을만들기 선진사례와 도시디자인 사례 등도 조사하고 있다. 이를 바탕으로 한국형 주민참여 도시 · 마을만들기 모델을 정립하고 이를 전국적으로 보급하기 위한 조사 및 연구를 수행하고 있다.

맺음말

살고 싶은 도시는 전문가나 행정의 결정에 의해 만들어지는 것이 아니다. 주민 스스로 생활공간을 결정하고 조성할 수 있을 때 살고 싶은 도시가 만들어진다. '주민참여 도시만들기 지원센터' 는 주민과 함께 다양한 사업을 추진하고 지원하면서, 성공적인 마을만들기를 위해 센터가 해야 할 기본조건으로 다음사항을 도출하였다.

첫째, 의사결정을 위한 원칙과 기준을 만들어 주민과 공유하는 절차를 가져야 한다.

둘째, 행정기관과의 유기적 연대를 통해 주민제안사업에 대한 실행수단을 확보해야 한다.

셋째, 주민들에게 마을만들기 사업에 대한 이해를 높여 자신들이 살고 있는 마을에 보다 관심을 갖고 문제점을 찾아내어 스스로 마을 발전을 이끌어갈 수 있도록 교육과 연구·홍보 사업을 지속적으로 추진해야 한다.

'주민참여 도시만들기 지원센터'는 행정이 막대한 사업비를 투자하여도 달성할 수 없었던 아름답고 살기 좋은 마을을 주민 스스로 만들고, 법제화된 규정으로 통제하지 못했던 불법 입간판과 노점상을 주민규약을 통해 해결하는 등 주민에 기반한 자치행정을 실현하는데 힘을 보태었다.

정부는 '2009년 살고 싶은 도시만들기 시범사업'을 선정하면서 주민참여사업을 지원하는 거버넌스형 전문기관의 설치를 의무화하였지만, 전국적으로 볼 때 아직까지 보급이 부족한 실정이다. 향후 마을만들기에서 주민들의 능동적인 참여와 행정의 효율적 지원을 유도하는데 한 역할을 담당하는, '주민참여 도시만들기 지원센터'와 같은 기구가 각 지역에 만들어져 마을만들기의 저변 확대에 기여할 수 있기를 기대한다.

참고문헌

- 김동호 외, 『주민참여 도시만들기 청주시 중문지구 사례 - 청주시 사창동 충북대 중문지구를 중심으로』, 충북개발연구, 2002.
- 김창석 외, 『살고 싶은 도시만들기 국내외 사례연구』, 대한주택공사, 2006.
- 신영철 외, 『청주시 경관형성 기본계획 - 주민과 함께 아름다운 청주 만들기』, 청주시, 2002.
- 청주시, 『주민참여를 통한 지구단위계획수립 청주시 자연취락지구 지구단위계획 - 강촌, 백운동, 수름재, 평동 지구』, 2010.
- 청주시, 『주민참여를 통한 지구단위계획수립 청주시 자연취락지구 지구단위계획: 검동골, 주성, 신목골, 현암 지구』, 2011.
- 청주시지속가능발전실천협의회·청주시, 『청주시 지속가능발전실천협의회 2003년 사업총괄보고서』, 2003.
- 황희연 외, 『2021년 청주도시기본계획 - 청주의 비전과 정책』, 청주시, 2001.
- 황희연 외, 『2025년 청주도시기본계획 - 살맛나고 행복한 생태·문화도시』, 청주시, 2008.
- 황희연, "도시계획 입안과정에서 주민참여의 청주시 사례", 도시기본계획수립 사례발표회, 2001.
- 황희연, 『시민이 참여하는 마을 만들기 - 도시계획 수립의 현장으로부터』, 2004.
- 황희연, "주민참여 도시만들기 정착화", 대한건축학회, 2005.
- 황희연, 『도시재생사업 2단계 보고서 - 창원테스트베드 기법 적용 연구』, 도시재생사업단, 2012.
- 황희연, "주민참여를 통한 창조적 도시재생", 녹색청주협의회 창립총회 특별강연 자료, 2011.

장사가 잘되는 마을만들기

김도년 _ 성균관대학교 건축학과 교수

주민과 함께 하는 환경개선형 상업가로 도시설계
이제는 정비가 아니라 환경개선이다

소득과 주민 의식 수준이 높아짐에 따라 도시환경의 질 향상에 대한 요구가 점차 강해지고 있다. 그 중에서도 상업지의 환경이 개선된다는 것은, 지역경제의 활성화와 더불어, 문화적 활성화에도 기여함으로써 도시의 삶을 더욱 활기차고 풍요롭게 한다는 점에서 큰 의미가 있다.

그런데 기존의 환경개선은 전면 철거재개발이라는 정비방식이었다. 개발지향적 대규모 건설로 인해 각 도시의 오래된 상업가로뿐만 아니라 지금은 미미할지라도 이미 형성되어 있는 상업가로마저 사라지는 문제가 있다. 또 오래된 상점건물들은 신축할 경우 1층 매장 면적이 줄어 오히려 경제적 손실이 발생한다. 이 때문에 재개발을 기피하여 사업 자체가 진행되지 못하는 경우도 많다.

따라서 환경정비에 대한 대안으로 기존의 가치를 유지하면서 환경을 개선하여 가치를 확대 재생산할 수 있는 환경개선형 방식의 접근이 필요하다. 이대로라면 종로가 역사 교과서에만 600년된 상업가로로 남아 있고 파리 상젤리제나 뉴욕 5번가를 앞으로도 부러워만 하는 어리석음을 만드는 세대로 평가받을 수밖에 없다.

함께 같이 하는 것이 훨씬 이익이다

일반적으로 상업지는 영업 환경 증진을 위해 상점 단위로 개보수가 이루어지고 있다. 개별 상점별로 점포 내외부 환경개선 행위를 하다보면 이웃 점포들과 경쟁에 빠지기 쉽다. 결과적으로는 오히려 과도한 디자인over design, 과다한 간판으로 인해 전체 상점가를 혼란스럽거나 천편일률적인 이미지로 만들어버리는 경우가 허다하다.

신개발지와는 다른 이러한 기성상업지의 속성을 이해하면서, 정비가 아닌 환경개선을 추진하기 위한 방안 모색이 필요하다. 한 가지 대안으로, 주민단체가 중심이 되고 공공과 협력하여 신개발처럼 하나의 의사결정과 통일된 디자인이라는 장점은 취하되, 주민에게는 규제가 아닌 자율적인 환경개선이 가능한 방안을 들 수 있다. 다시 말해, 공공의 적극적인 참여와 주민과의 협력으로 지구 전체에 대한 큰 그림과 공공사업계획을 결정 · 추진하고, 주민은 자발적인 약속에 따라 자기 점포와 점포 앞을 관리 · 개선해 나가는 것이다.

이 방안은 공공과 주민 모두 원원할 수 있다는 점이 특징이다. 주민의 입장에서 보면, 혼자 자기 상점, 건물을 바꾸는 것 보다 지역을 개선하게 되면 지방정부와 전문가들의 다양한 지원과 도움을 받을 수 있다. 공공의 입장에서 보면, 좋은 상업지와 상업가로를 만드는 것은 문화적, 경제적으로 풍요롭게 만들기 위한 것이며 궁극적으로는 통합적인 디자인을 통해 품격 높은 도시환경을 구현하고 지역문화자원을 재창출할 수 있다.

주민참여를 위해서는 장사가 잘돼야 한다

기성 상업가로에 대한 환경개선을 위해서는 무엇보다 상점주의 적극적인 참여가 관건이다. 주민참여는 '자신의 환경은 자신이 가꾼다' 는 주인의식 속에서 지속가능한 사후관리를 이룰 수 있다는 점에서 큰 의의가 있다. 그들의 협조와 도움 없이는 단순한 가로사업에 국한되거나 지속적인 유지관리의 한계로 일회성 사업에 그칠 수밖에 없다. 사업 이후에도 품격 있는 상업지 환경을 유지하기 위해 주민이 자율적으로 관리하도록 유도하고, 지역공동체 문화를 창출하는 과정으로 주민(지역상인)이 중심이 되어 환경개선사업에 참여하도록 해야 한다.

주민참여를 위해서는 사업에 대한 상점주와 주민의 공감대 형성이 뒷받침되어야 한다. 이를 위해서는 '이렇게 하면 장사가 잘된다' 라는 인식, 즉 지역경제 활성화와 연계시키는 것이 중요하다. 즉 고객이 늘어나고 이로 인해 경제적 활성화가 일어나고, 시간이 지나도 유지관리에 힘을 기울여 경제적 활력이 지속되는 선순환 시스템을 만드는 것이다.

장사가 잘되려면 걷기 쉽고, 다시 가고 싶은 '장소' 가 되어야 한다

자동차 통행 위주의 상업지는 상대적으로 걷기 어려워 상업지로 접근하는 고객이 줄어들어 장사가 잘되기 어렵다. 자동차가 없거나 천천히 다니게 되면 보행자와 도시 활동이 함께 증가해 고객이 늘고 장사가 잘되는 활력 있는 상업지가 되는 것을, 우리는 서울의 명동, 인사동, 부산의 광복동 그리고 세계 주요 도시의 사례를 통하여 알 수 있다.

또한, 도시 내 상점가가 모여 있는 상업가로와 상업지는 단순히 물건을 구매하는 곳일 뿐만 아니라 많은 사람이 모여 즐기는 장소이다. 팔고, 사고, 보고, 쉬고, 만나고, 먹고, 마시고 다양한 도시 활동과 문화가 생성되는 장소가 되어야 재방문율이 높아지게 된다. 대형마트와 백화점이 단순히 쇼핑하기 좋은 곳이라면 이와 다른 장소의 매력을 잘 살리고 가꾸어나가야 사람들에게 사랑 받는 다시 오고 싶은 장소가 된다. 이러한 가로가 많은 도시를 만들기 위해 많은 도시들이 노력하고 있다.

주민과 함께 만들었던 상업가로, 노유거리

2000년 초 개발과 신축 위주의 지구단위계획의 실현성의 어려움을 인지하고 이에 대한 새로운 대안으로서 상업지의 도시 업그레이드upgrade를 통해 장사가 잘되는 환경을 조성한 사례로 건대 앞 노유거리 프로젝트가 있다. 지금은 스타시티 개발 등 외부적 요인으로 경제적, 환경적 피해를 받고 있으며, 초기 사업참여 주체들이 변경되면서 여러 어려움을 겪고 있고 당초 취지의 실현 측면에서는 아쉬움이 있다. 하지만 주민과 함께한 우리나라 상업가로 환경개선의 선도적 사례였다는 측면에서 의의가 있다.

노유거리 프로젝트의 추진과정

노유거리는 폭 8m, 길이 800m인 건대입구역 남측 패션상설할인거리로서, 기성시가지내 상업가로의 열악한 환경을 개선하기 위하여 주민이 직접 참여하고 주민의사를 반영하는 도시설계기법을 시범적으로 추진한 곳이다. 이를 통해 자율적이고 지속적으로 이루어지고 있던 기존 주민의 환경개선 잠재력을 활용할 수 있었고, 기존의 관주도형 도시설계 관행에서 탈피하여 계획수립부터 공사 및 사후 유지관리까지 주민이 직접 참여함으로써 성공적인 사업추진과 파급효과를 얻을 수 있었다.

노유거리 사업추진을 위해 우선, 사업과 관련된 참여의 폭을 넓히고 각자의 역할을 정립하여 임시조직을 구성하였다. 여기서 가로와 공공시설에 대한 기본계획과 주기적인 건물개보수와 연계되는 환경개선지침을 작성하였다. 또한 주민이 직접 시행 가능한 부분에 대해서도 지침을 마련하여 주민이 활용 가능하도록 하였고, 행정 및 재정적 지원체계를 수립하여 지속적으로 유지관리가 가능하도록 하였다.

특히 주민과의 소통을 위해, 사전자문회의를 시작으로 3회의 마을학교 개최와 15회의 노유거리 가꾸기 추진위원회 등 각종 설명회를 1년 6개월 동안 40여 회 정도 개최하였다. 추진위원회를 구성하여 주민협의체 활동이 이루어졌는데, 이를 통해 실시계획안에 대한 검토회의와 주민설명회를 개최하는 과정으로 사업이 이루어졌다.

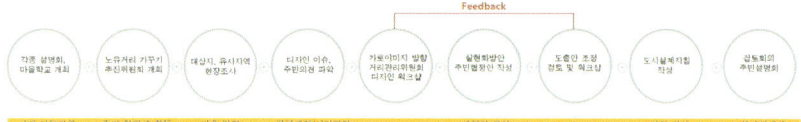

상업지 노유거리의 마을만들기 추진경위

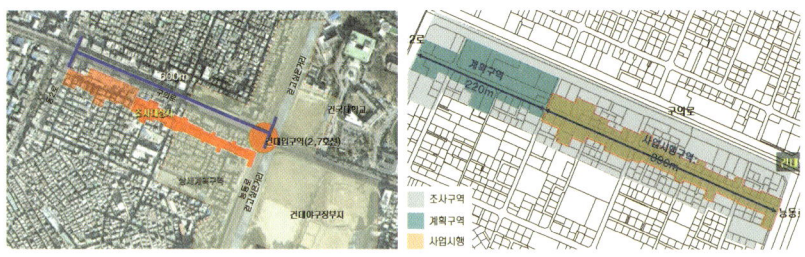

노유거리 위치도

서울 광진구 노유거리 환경개선 전(1999년 11월)

서울 광진구 노유거리 환경개선 후(2003년 11월)

서울 광진구 노유거리의 최근 모습(2011년 8월)

환경개선사업으로 환경의 질 업그레이드

노유거리의 환경개선사업 전후의 가로환경에 대한 평가는 상가협의회의 도움으로 상가 점주를 직접 방문하여 총 41명을 대상으로 설문조사를 실시하였다.

설문조사에서는 환경개선사업 전 복잡하나 특색이 있다고 상인들은 생각하였으나 환경개선사업 후 54%가 쾌적하고 아름다워졌다고 응답하였다. 이는 환경개선사업 후 가로환경이 좋아졌다고 생각하는 것으로 볼 수 있다.

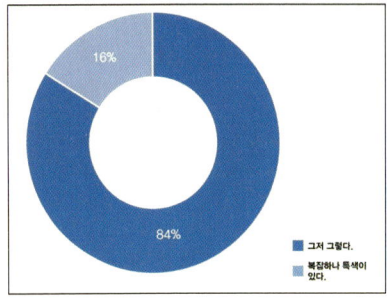

환경개선사업 전 가로환경 인식

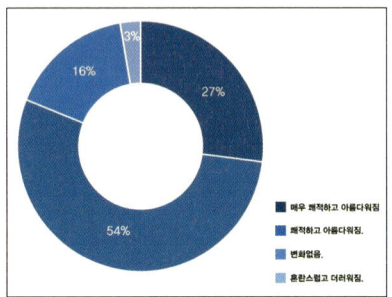

환경개선사업 후 가로환경 인식

지역경제 활성화

평균 매출액의 변화량

환경개선사업 전후의 영업 상태에 대해 실질적으로 체감하고 있는 매출액을 살펴보았다. 당시 경기여건을 감안하였을 때 환경개선사업 전후 점포의 평균 매출

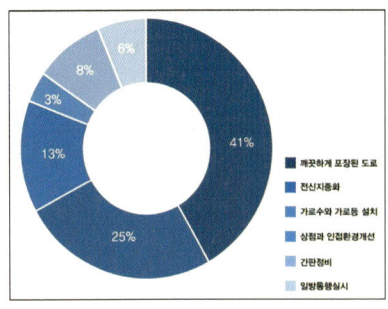

환경개선사업 내용 중 만족스러운 부분

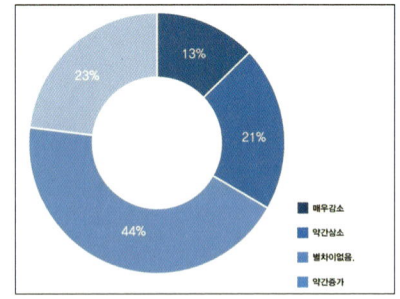

환경개선사업 전후의 점포 평균매출액의 변화량

액 변화가 일어났다고 하였으며 23%가 매출액이 나아졌다고 답하였다. 이를 통해 환경개선사업이 시민에게 경제적 이익을 주고 있는 것을 확인할 수 있다.

사업 후 방문객 증가

환경개선사업 전 이루어진 조사에서 평일 20명 이하가 33%, 토요일 20명 이하 21%이나 환경개선 후 조사 결과 평일 50명 이하, 토요일 200명 이하 45%로 방문객이 크게 늘어났다. 또한 환경개선사업 전 일요일 방문객은 21~40명이 26%이나 환경개선사업 후 200명 내외로 90% 정도 늘어났다. 반면 상인들이 느끼는 체감 경기와는 달리 노유거리의 유동인구는 환경개선사업 후 두 배 이상 늘어난 것으로 나타났다.

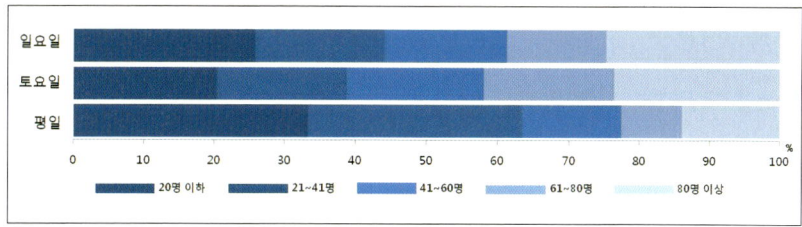

환경개선사업 전 방문객수

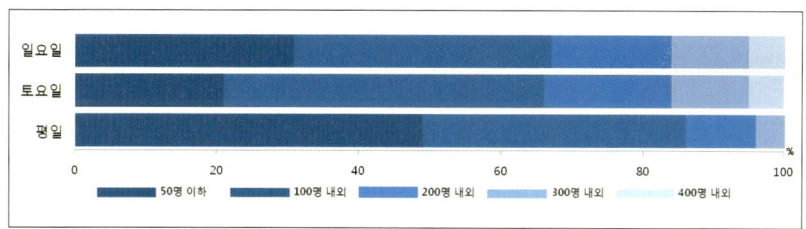

환경개선사업 후 방문객수

자발적인 환경개선 의지 제고

환경개선사업 후 나아진 상업환경을 체감한 시민들은, 자발적으로 환경개선을 할 의지가 있는지에 대해서는 80%가 계획이 있다고 응답하여 경기침체에도 불구하고 상가개보수에 적극적인 것을 알 수 있다.

또한 환경개선사업 이전에 실시한 조사에서 개보수 계획이 있다고 응답한 상가가 40%였음을 감안하면, 환경개선 후에 시민들의 상가 개보수에 대한 입장이 긍정적으로 변한 것을 볼 수 있다.

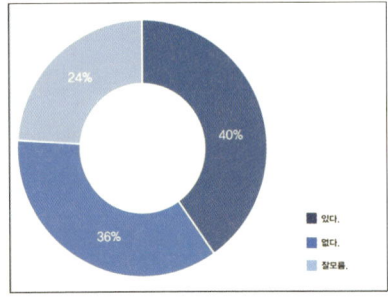

환경개선사업 전 조사한 상가의 개보수 계획

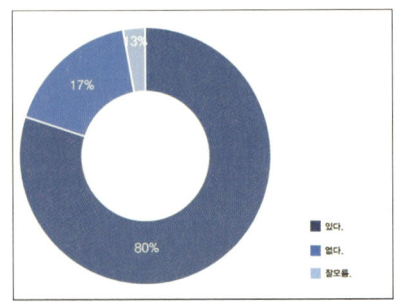

환경개선사업 후 조사한 상가의 개보수 계획

사업 후 지속적 유지관리에는 한계

시민이 자발적으로 참여하여 상업지 환경을 개선한 노유거리는 사업 이후 공공의 지속적인 지원이 이루어지지 못함과 동시에 일관성 있는 사업 추진을 위한 제도의 미비, 순환 보직을 이유로 한 담당자의 교체로 지속적인 유지관리의 한계점이 나타났다.

뿐만 아니라 주변 대규모 상가시설 개발로 인해 상권 변화와 고객이 감소되었다. 노유거리 주변으로 집객효과가 큰 스타시티의 개발로 가로 활력이 감소하여 상인들은 지속적인 사후관리에 대한 비용 부담과 의욕 감소로 인해 지속적인 관리가 이루어지지 않은 한계점이 있다.

하지만, 상인이 자발적으로 환경개선을 하려던 초기의 의지는 주민과 함께하는 상업지 환경개선사업의 모범사례가 된다. 지금은 주변 대규모 상권으로 인해 환경개선 의지는 감소되었으나 주민 스스로 환경개선을 위한 주민 약속을 하고, 전문가와 행정과 함께 환경개선사업을 진행한 과정이 의미가 있으며 향후 다른 상업지 환경개선사업에 모범적인 역할을 할 것이다.

주민과 함께 하는 상업가로 환경개선, 어떻게 할 것인가

첫째, 무엇을 개선할 것인가

환경개선 대상을 정하기 위해서는 우선 정확한 건축행위 여건 평가가 필요하다. 실제로 최대 용적률을 개발규모로 생각하는 주민들에게 기성 시가지의 접도조건은 이를 실현하기에는 쉽지 않다. 또 과거에 비해 강화된 건폐율과 주차기준은 1층 매장면적 확보가 쉽지 않아 장기적 임대수익 확보가 어려워 신축이 주민들에게 꼭 유리하지 않다. 이와 같은 문제로 인해 지구단위계획의 실현이 어려운 여건을 주민들에게 설명하고 환경개선형 도시설계의 대상과 과정을 주민들과 함께 만든다.

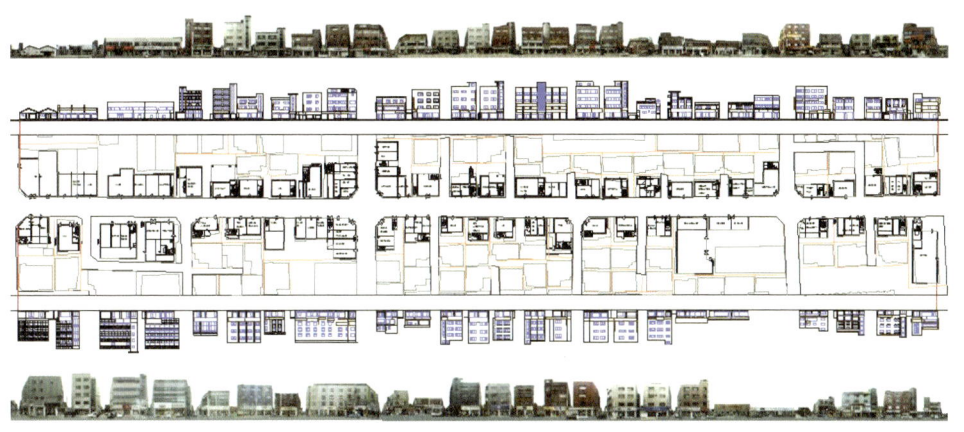

노유거리 건축여건 평가

가로 환경은 구분하기 어려움에도 불구하고 그간 전문영역별로 나누어 개별적으로 계획하던 건축, 조경, 토목, 도시설계 등을 통합하는 계획integrated design을 수립하는 것이 중요하다. 특히 상업지 환경의 활력 여부를 결정하는 공공의 가로환경은 차량 위주에서 보행자 위주로 개선하고 민간 대지 내의 공개공지 및 건물 1층 용도를 통합하여 계획하고, 신축보다는 리모델링(개보수)을 통해 개선되도록 이에 따른 세부계획을 수립한다.

공공부문과 민간부문의 통합 패키지화

공공분야의 계획 대상은 위의 핵심사항과 함께 주민들의 장기 민원사항을 파악하여 전선지중화, 보행우선도로 설치 등 공공부문을 중심으로 관련되는 도로포장과 가로시설물, 분전반과 다양한 맨홀 등의 계획과 공간적으로 연계되는 전면공지와 상가 출입구 등 민간부문도 함께 패키지화하여 정리한다. 또한 재정을 중요한 계획 대상으로 다루어 장·단기적 사업계획 등 이에 따른 재정계획을 수립하고 효율적인 실행을 위해 관련 일반 예산(도로 유지보수, 주차장 설치 등)을 우선 투입한다. 이를 통해 사업의 효율성을 극대화하며 주민들의 신뢰를 받을 수 있는 사업으로 실행한다.

민간부문은 건축물 개보수와 연계

상업지는 다른 지역에 비해 점포의 교체 및 이미지 개선을 위한 개보수가 빈번하게 일어나 상가의 개보수, 간판교체 등 민간에서 시행하는 주기적인 환경개선 투자와 연계시키는 프로그램을 마련하는 것이 필요하다. 신축보다는 개보수를

건축물 개보수와 연계할 수 있는 설계 대상

구　　분	설계 대상
건물의 외관 개선	• 창문, 쇼윈도우, 투시벽, 1층 바닥높이 조정, 간판, 셔터, 외벽 처리, 색채, 담장 등
공개공지의 조성	• 보도와 공개공지의 단차 조정, 장애시설물 제거, 조경 및 식재를 가로와 연계

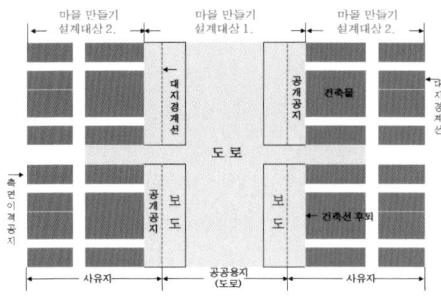

공공과 민간분야 디자인 대상

마을만들기 설계 대상

공공부문	• 차량 및 보행동선 체계 개선, 공영주차장 설치 등 • 포장재료 및 패턴 등의 가로 디자인 • 가로시설물의 재배치 및 조경 계획 • 전선 및 통신선 지중화 등
민간부문	• 건축물 외관 : 창문, 쇼윈도우, 투시벽, 셔터, 1층 진입단차, 외벽재료, 색채, 담장 • 간판 : 유형, 수량, 규격, 색채 • 이용방식 개선 : 보행장애물 제거, 상점 앞 주차 금지, 물품하역 시간대 조정, 서비스 차량 통행시간 조정

공공과 민간부문 디자인 대상

통해 상가의 연속성을 유지 및 강화하여 건축 여건과 가로의 특성에 맞게 이미지를 강화, 지원기능과의 조화를 위한 환경개선 구상을 시행한다. 또한, 주민이 참여할 수 있는 부분에 대한 지침을 작성하여 주민이 쉽게 이해할 수 있도록 하며, 이를 통해 현재 시행되고 있는 상점 및 필지별 개보수를 지역 차원의 환경 개선으로 유도한다.

둘째, 누가 할 것인가

환경정비사업의 성공을 위한 요소로 행정, 주민, 전문가의 역할 정립job definition 과 긴밀한 협조체계 구축이 필요하다. 사업 관련 분야 추진은 사업에 대한 공무원의 인식 및 역할의 중요성을 부각시킬 수 있는 행정 관계자와 주민 의견을 수렴하여 개선 대안을 작성할 전문가, 주민의 지역환경에 대한 의식 및 공동체 의식을 고조시킬 지역주민으로 구성된다. 이렇듯, 주체간의 상호협력과 합리적인 의사 결정을 위해 기존의 주민협의체를 통합 발전시켜 함께 이야기 할 수 있도

노유거리에서 적용된 주민참여 방법들

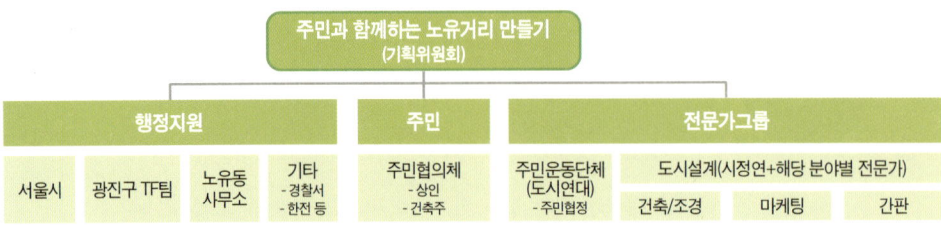

노유거리 만들기 기획위원회

록 '기획위원회' 와 같은 기구를 설립하는 것이 필요하다.

행정: 프로젝트의 총괄 및 지원

행정은 주민의 신뢰 및 계획 수립에 중요한 역할을 하게 된다. 사업 시행의 원활한 행정처리를 위해 태스크포스팀(TF팀)을 구성하여 광역시, 시군구, 동사무소, 기타 관련기관(경찰서, 한전)으로 구성된 전문적인 행정지원 체계 조직을 구성하여 업무의 효율성을 최대화 하는 것이 바람직하다(노유거리의 성공요인 중의 하나는 적극적인 담당 국장과 꼼꼼하게 일을 챙겼던 실무 담당 공무원의 역할이 중요했다).

전문가: 지역 주치의 역할

전문가는 주민과 지역환경을 위한 균형감 있는 주치의로서의 역할을 하게 된다. 도시, 건축, 조경, 환경디자인 등으로 구성된 다양하고 심도 깊은 전문성을 갖춘 전문가는 지역의 구체적인 현황 조사와 종합적 진단을 하고 지역 주민이 요구하는 사항에 대해 지속적인 면담을 진행한다. 이를 기반으로 계획대안을 수시로 제공하여 지역주민이 만족하고 환영받을 수 있는 환경개선안을 수립한다.

주민: 계획에서 관리까지 참여

주민은 전문가와 행정기관과의 대화를 위한 통로로서의 역할을 하게 된다. 상가 번영회, 상가협의체, 건축주 대표로 구성되어 지역의 환경적, 경제적 문제점을 제시하고 해결방안을 전문가와 함께 결정한다. 또한, 자율적인 사후관리에 참여하게 되며 행정, 전문가와 함께 지침을 만들고 주민과의 약속을 정하여 제시한 사항을 이행한다.

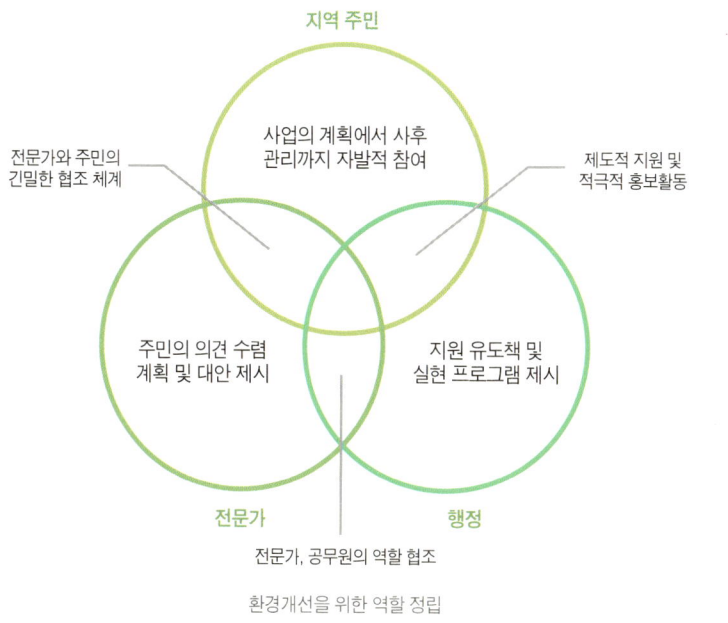

전문가와 주민의
긴밀한 협조 체계

지역 주민
사업의 계획에서 사후
관리까지 자발적 참여

제도적 지원 및
적극적 홍보활동

주민의 의견 수렴
계획 및 대안 제시

지원 유도책 및
실현 프로그램 제시

전문가 　　　　　 행정
전문가, 공무원의 역할 협조

환경개선을 위한 역할 정립

셋째, 어떻게 실현할 것인가

기획위원회는 주민과 함께, 환경개선대상·과제의 도출, 대안 제시, 계획안 결정, 시행이라는 과정을 통해 환경개선사업을 추진한다. 환경개선대상·과제 선정을 위해서는 비용과 시간을 고려하여 쉽게 할 수 있는 대상과 함께 해야 하는 대상을 구분해야 한다. 또한 사업실현성과 파급효과가 큰 곳과, 주민, 주민협의

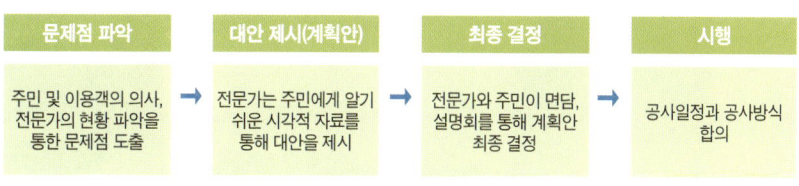

문제점 파악	대안 제시(계획안)	최종 결정	시행
주민 및 이용객의 의사, 전문가의 현황 파악을 통한 문제점 도출	전문가는 주민에게 알기 쉬운 시각적 자료를 통해 대안을 제시	전문가와 주민이 면담, 설명회를 통해 계획안 최종 결정	공사일정과 공사방식 합의

환경개선사업 방법

체 참여도가 높은 곳, 지자체의 사업시행여건과 의지가 높은 곳을 통합적으로 판단하여 대상지를 선정한다. 이렇게 선정된 환경개선대상과 과제를 해결하기 위한 대안 결정, 환경개선지침은 계획가와 함께 만들고 추진해가는 체계를 갖춘다.

환경개선과제 도출

대상지에 대한 문제점을 정확히 파악하는 것이 중요하다. 주민 및 이용객, 전문가의 현황 파악을 토대로 대상지 특성, 시행여건 등을 고려한 문제점을 종합 진단하고 문제점에 대한 설문조사, 인터뷰 결과를 토대로 기초적인 환경개선과제를 선정한다.

상점별 개보수와 연계하여 건물의 외관 개선과 공개공지의 조성, 이용방식 개선에 따른 공개공지 이용활성화와 자동차 진출입의 효율적 운용 방안, 공공부문의 환경개선은 공공사업과 연계할 수 있는 사업(걷고 싶은 거리 만들기, 전선지중화사업 등), 주민의 자율적인 환경개선과 관련하여 진입구 단차 조정 등으로 구분된다.

주민 및 이용객 의사파악을 통한 과제 도출	함께 만드는 환경과제 도출 방법	현황 파악 및 분석을 통한 과제 도출
- 시민단체, 주민 협의체와의 공조를 통해 설문조사 및 인터뷰를 수행하여 결과 분석을 통해 과제 도출		- 가로 경관을 이루고 있는 요소들에 대한 현황 및 문제점 등을 조사분석하여 이를 통한 과제 도출

환경개선과제 도출 방법

인터뷰, 설문을 통한 의식 조사

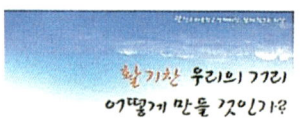

주민의식 전환을 위한 마을학교 개최

대안 제시: 누구나 알기 쉬운 자료를 이용

문제점에 대한 개선방안을 주민이 알기 쉽도록 제시하는 것이 필요하다. 전문가는 설문 및 인터뷰를 통해 제시된 지역 주민과 이용객의 요구사항을 알기 쉬운 시각적 자료(시뮬레이션, 그래픽 등)를 이용하여 주민들의 요구사항에 대한 대안을 제시한다. 도로교통체계(보행 중심, 일방통행 등) 개선의 경우 모든 주민의 의사가 포함되어야 하므로 기획위원회에서는 가로계획안 협의를 전체 주민 설명회를 통해 기본방향을 제시하고 구체적인 단계로 진행시킨다.

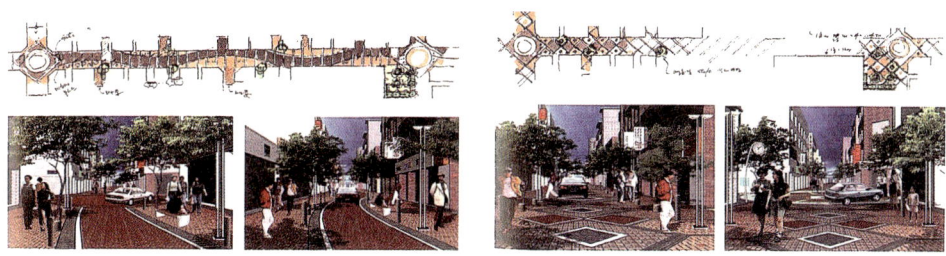

쉬운 그래픽을 이용한 대안 제시 예

최종 결정: 주민과 함께 결정

주민과 함께 사업을 시행해야할 과제를 도출한다. 기획위원회는 전체 주민 설명회를 통해 대안에 대한 의견을 종합하고 의견이 다를 경우 다시 대안 제시로 피드백을 하여 의견이 종합되면 최종 결정을 하게 된다. 주민과 함께 대안을 결정할 시에는 전문가들이 중요하게 생각한 사항인 보도 안전성 및 쾌적성, 인접 건물과 지역환경 및 경관과의 조화, 유효보도 폭의 적정성, 시공 및 재시공의 용이성에 대해 주민들에게 우선 설명하고 이를 주민들이 고려하여 대안을 평가하여 결정한다.

> **함께 만드는 환경과제(건대 앞 노유거리)**
>
> · **과제 1** 상점 앞 주차 억제
> - 노유거리의 차량소통과 보행환경을 저해하는 상점 앞 주차를 자율적으로 관리하는 방안 마련

- 과제 2 지역특성에 적합한 건축물 외관 정비
  - 창문, 외벽재료, 색채 등 지역특성에 적합한 건축물 외관 정비 필요
- 과제 3 간판 정비로 가로환경 향상
  - 건물부착 간판을 정비하여 건물 외관 향상에 기여하고 입간판을 억제하여 차량 및 보행소통에 기여
- 과제 4 가판대 설치 억제를 통한 보행환경 향상
  - 무질서한 상점 앞 가판대를 억제하여 거리 이미지 및 보행환경 향상
- 과제 5 거리청결을 통한 거리 이미지 제고
  - 쓰레기 수거 시스템 개선, 주민 자발적 청결, 위생 노력 필요
- 과제 6 전신주 및 전선 정비 대안 마련
  - 전신주 및 전선 지중화 방안 검토
- 과제 7 도로포장
  - 보행 위주의 도로포장으로 쇼핑환경 향상
  - 노유거리에 적합한 가로시설물 설치와 철저한 사후관리 필요

시행: 주민이 원하는 시기의 공사 진행

환경개선 과제와 계획의 최종안이 결정되면 분전반 설치 등과 같이 상호 갈등으로 인해 주민협의 기간이 부족할 경우를 대비하여 충분한 계획 시간을 확보하는 것이 중요하다. 또한 상하수도 및 가스관 등의 교체공사와 연계하여 기간을 단축시키고, 한 번의 굴착으로 지중화 사업과 지하시설물 정비, 도로포장 등을 수행하여 공사기간을 단축시키는 것이 바람직하다.

또한, 주민이 원하는 시기에 공사를 진행할 수 있도록 한다. 공사일정은 주민들이 제안한 일정을 수용하도록 하고 어려울 경우 충분한 협의를 거쳐 일정을 정하도록 한다. 공사시기는 상가의 매출을 고려하여 상가 비수기에 사업을 시행하는 것이 바람직하다.

경제적 갈등 요인의 조정

시행단계에서 일부 건축주들이 가로환경개선으로 인해 부동산 가치의 상승을 이유로 임대료 인상을 요구하기도 한다. 그러나 공사 중에는 임대 상인들이 정상적으로 영업을 하기 어렵고 매출이 줄어들어 손해를 보게 되는 경우가 있다.

노유거리를 사랑하시는 건축주 여러분 안녕하십니까?

노유거리의 환경개선과 지역경제 활성화를 위하여 작년 2월부터 현재까지 건축주와 임대상인 여러분들이 함께 적극적으로 참여하여 주신 결과, 서울시에서는 처음으로 환경개선사업이 만들어지게 되었습니다.

본 사업의 목적은 환경개선을 통하여 지역경제 활성화란 열매를 건축주와 임대상인 그리고 이곳을 찾는 모든 이들과 나누어 가지는 데 있습니다.

건축주 여러분!

노유거리가 조성되어 영업이 잘 되기까지는 앞으로 많은 시간과 노력이 요구됩니다. 특히 2002년 상반기의 공사기간 동안에는 정상적인 영업활동이 어려워 임대상인들의 매출이 격감하게 되어 건축주 여러분과 함께 지역환경개선에 앞장서 온 임대상인들이 한동안 손해를 보게 될 것입니다. 앞으로 이 지역은 분명히 좋아집니다. 최근 나타나고 있는 임대료 인상은 조급한 마음에 설익은 열매를 따먹는 것과 같습니다.

임대상인들은 공사기간 동안 장사는 전보다 못할 것이고 상가 광고물 개선비용 부담과 임대료 인상 부담까지 가중되어, 결국 이 지역을 떠날 수밖에 없게 된다면 그동안 우리가 해왔던 모든 일들이 수포로 돌아가는 우를 범할 수도 있는 일입니다.

존경하는 건축주 여러분!

우리 구에서도 노유거리가 더욱 발전하기 위하여 지속적인 노력과 지원을 약속하오니, 바라옵건대 임대료 인상은 당분간 억제하여 주시고 임대계약기간도 관례보다 연장하여 활기찬 노유거리를 만들어 낼 수 있도록 도와주시기 바랍니다. 부디 이 사업이 성공하여 노유거리가 걷기 좋고 장사가 잘되는 거리로 다시 태어날 수 있도록 건축주 여러분의 적극적인 참여가 있으리라 믿습니다. 감사합니다.

2001. 9.

광 진 구 청 장

따라서 임대료 인상은 상인들에게 부담이 되며 대상 지역을 떠날 수밖에 없는 상황이 초래되어 사업이 실패할 수도 있다. 그러므로 해당 구청에서 건축주에 대한 설득 노력이 필요하다. 예컨대, 건축주에게 임대료 인상 자제 요청 공문을 발송하고 관련 회의를 개최하는 등 건축주를 설득시키고 거리의 발전을 위해 지속적인 노력과 지원을 약속하는 등의 방안이 있을 수 있다.

넷째, 어떻게 유지할 것인가

지속적인 환경을 유지하기 위해서는 지역주민의 자발적인 유지관리가 필요하다. 특히, 민간분야에 있어서는 건축주 및 상점이 '쉽고, 저비용이며 효과가 큰' 사항부터 사업을 시행할 수 있도록 주민의 부담을 최소화 하는 것이 바람직하다. 또한, 주민협의체와 행정이 지속적인 협의체계를 구축하여 주민과의 약속을 만들고 꾸준히 유지가 되며 주민이 자율적으로 관리할 수 있도록 한다.

주민약속에 의한 자율적 시행 내용

단기적 시행 사항	공공에서 재원을 투자하여 시행할 가로환경개선사업과 주민들이 시행해야할 사항인 이용방식개선을 통해 환경개선사항 작성
중장기적 시행 사항	개별 건물 개보수시 시행되어야 할 사항을 작성하여 주민들이 단계적으로 환경개선에 참여할 수 있도록 유도

시행 여건에 따른 사업 구분

일상생활 속에서 시행 가능한 사항	• 차량 통제: 주차 제한, 물품하역시간 결정 등 • 거리 청결: 가판대 및 입간판 설치 자제, 거리 청소 등
개보수시 시행 사항	• 건물외관 개선: 외벽 형태, 재료, 색채, 입면의 처리 등 • 간판 정리: 광고물의 크기, 색상, 수량, 설치 위치 등

주민과의 약속: 쉽게 할 수 있는 환경개선사업

주민위원회는 주민 스스로 환경개선을 관리할 수 있도록 해야 한다. 주민협의체에서 수립한 주민과의 약속을 이행할 수 있도록 관리 유도를 홍보하며 새로 들어오는 상인과 건축주에게 주민과의 약속사항을 알려주어 동참하도록 유도하고 정기적인 모임을 통해 지속적으로 유지할 수 있도록 한다.

기획위원회는 주민이 자발적으로 환경개선 의지를 보였을 때 행정과 전문가는 주민을 도와 사업이 진행될 수 있도록 하며 주민 약속을 설정하여 일상생활 속에서나 건물 개보수시에서 지속적인 환경이 유지되도록 한다.

• 일상생활 속에서 시행 가능한 사항

① 차량 통제: 이용객이 많은 시간대에는 화물차 통행을 억제하여 쾌적한 보행환경을 조성한다. 주민협의체는 정해진 시간대에 물품하역이 시행될 수 있도록 상인들을 대상으로 적극 홍보해야 한다. 또한, 주차 및 도로는 보행자 위주의 도로화를 위해 차량을 일방통행하고 건물의 전면공지와 도로 사이 경계부를 가지런히 조성한다. 무분별한 주차는 제한하되 인근 주민들을 위해 주차 스티커를 발부하고 일정시간대 주차를 허용하도록 한다.

② 거리 청결: 가판대 및 입간판이 설치되고 쓰레기 적치, 에어컨 실외기 등이 설치된 전면공지를 거리 청결을 위해 주민과의 약속으로 자율적으로 정리하도록 한다. 주민협의체는 전면공지의 정리 정돈으로 인해 쾌적한 거리 환경이 될 수 있도록 상인들에게 적극적으로 홍보를 해야 한다.

전면공지에 대한 주민과의 약속 시행 전 후

• 개보수시 시행사항

① 건물외관 개선: 주민협의를 통해 건축물 입면 개선에 대한 지침을 수립하여 건물 개보수시 참고할 수 있도록 하며 주민과 건축주가 이행할 수 있도록 적극적인 홍보를 한다.

② 간판 정리: 원색조 간판을 피하고 입체간판을 사용하도록 주민협의를 통해 지침을 마련하고 자극적인 원색 바탕, 과도한 문자크기 등의 사용을 제한한다.

건축물 입면 변화 모습

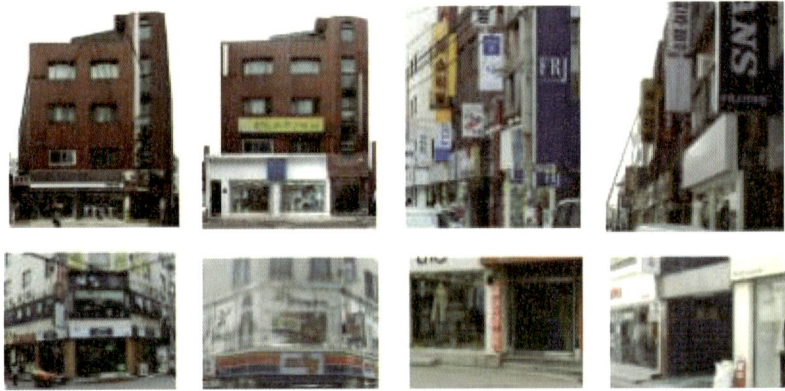

옥외간판 변화 모습

주민 약속 - 노유거리 주민 약속 사례

1) 주민 약속의 목적

주민 약속은 건축주, 상인, 지역주민이 노유거리의 주인으로서 '걷기 좋고 품격 있는 거리'를 가꾸어나가는데 서로가 지켜야 할 일들을 정하고, 이를 거리환경관리의 규범으로 활용하여 주민 스스로가 지속적으로 거리환경을 개선할 수 있도록 하는데 목적이 있다.

2) 주민 약속의 성격

주민 약속은 법에 근거한 규제적 성격의 지침이 아니며 주민이 자율적으로 지켜나감으로써 의미를 가지는 거리의 규범이다. 또한 주민 약속 중 건물과 관련된 내용도 신축, 증개축 등 건축행위 허가에 해당하지 않는 건물 개보수 등에 대하여 주민 스스로가 지켜야 할 사항을 정한 것으로 법에 근거한 규제적 지침이 아니며, 현행법과 지구단위계획지침에 우선하지 않는다.

3) 주민 약속의 내용

• 걷기 좋은 거리 가꾸기
　일상생활 속에서 노유거리의 모든 사람들이 차 없고 깨끗한 거리를 만들어 걷기 좋은 노유거리가 되도록 서로가 지켜야 할 사항들을 정하고 이를 따르도록 노력한다.

[내 집 앞 차 안 세우기]

1. 노유거리를 주정차 금지구역으로 정한다.
2. 상인들은 자기 점포 앞에 주차하지 않는다.
3. 물품하역을 12시 이전까지 완료하여 화물차 통행을 줄인다.
4. 노유거리 주변에 거주하는 주민에게는 스티커를 발부하여 밤에는 주차할 수 있도록 한다.

[내 집 앞 깨끗이 하기]

1. 상점 앞에 입간판, 가판대 등을 내놓는 것을 자제한다.
2. 쓰레기는 밤 10시 이후에 내놓고 동사무소가 새벽에 수거한다.
3. 상점 앞에 음식물 그릇 내놓는 것을 자제한다.
4. 겨울철에는 노유거리 가꾸기 추진위원회, 노유1동사무소, 광진구청이 모두 협력하여 거리와 점포 앞에 쌓인 눈을 치운다.
5. 장기적으로(매달 첫째주 월요일 10시) 거리를 청소하고 평소 자기 상점 앞은 자기가 청소한다.

- 중략 -

결론: 실현과 성공의 요체는 주민

도시설계의 고객Client은 주민과 시민이다. 고객의 입장에서 보면 상업지의 환경개선의 목적은 장사가 잘되는 것이며 이를 위해서는 고객인 보행자가 늘어야 한다. 보행자가 늘어난다는 것은 상업의 활성화와 연관이 되며 즉, 다시 가고 싶은 매력 있는 거리, 장소가 되어 단순히 물건을 구매하는 곳이 아니라 많은 사람들이 모여 즐기는 장소가 됨으로써 공공의 입장에서도 바람직한 일이라 하겠다.

매력 있는 거리, 장소는 개별 상점이 아닌 주변 상점과 함께 하는 것이 이익이고 주민과 공공이 함께 역할 디자인을 하는 것이 중요하다. 이 중에서 환경개선을 이끌어 가는 가장 핵심적인 주체는 당연히 주민이며 주민들은 상업지 환경에 관련된 공동의 문제 해결, 주민공동체 형성 등 주도적인 역할을 담당한다.

이처럼, 주민이 참여하는 환경개선은 주민이 주체가 되어야 하지만, 외부지원 없이 주민들의 힘으로만 성공하기는 쉽지 않다. 즉, 전문가의 전문적인 지식을 주민과 함께 공유하며 현실화 시켜나가는 전문적인 판단과 지원적 재정의 행정, 주민의 요구를 모두 반영하여 모두에게 환영받는 계획이 되었을 때 모두에게 이익이 된다. 주민은 상업지에 대한 중요성 보다는 상권에 영향을 미칠 계획실현을 지속적으로 유지해 나갔을 때 경제적 활성화를 이룰 수 있다. 즉, 잘 조성된 환경을 지속적으로 유지하기 위해서는 주민들의 주인의식이 필요하다. '내 상점 앞은 내가 가꾼다' 라는 의식으로 일상생활 속에서 스스로 관리하고 자율적으로 시행하였을 때 성공적인 실현이 되었다고 할 수 있다. 이렇듯, 주민이 직접 참여하여 실현하였을 때 성공은 주민에게 돌아가며 지역경제 활성화에도 연계될 수 있다.

성공적인 도시환경의 업그레이드upgrade는 혼자서가 아니라 함께 참여하여 실현하였을 때 더 큰 이익이 되고 주민이 직접 참여하였을 때 성공적인 환경을 만들 수 있다.

참고문헌

- 문화관광부, 주민과 함께 도시경관 만들기: 규제에서 참여로 그리고 문화로
- 김도년 · 배웅규, "지역경제 활성화를 위한 환경정비형 지구단위계획의 시행 평가 연구", 『대한건축학회 논문집』, 2004.
- 김도년, 『기성시가지 상업지 환경개선을 위한 도시설계 기법 연구』, 서울시정개발연구원, 1998.
- 서울시, 『노유거리 환경개선사업 사후평가』, 서울특별시, 2004.
- 서울시, 『서울의 도시계획 · 설계』, 서울시정개발연구원, 2007.
- 한국의 도시디자인, 기성상업지 환경개선사업: 건대입구 노유거리, 한국도시설계학회, 2011.

Happy Korea, 행복한 마을? 마을만들기 반성문

박소현 _ 서울대학교 건축학과 교수

들어가며

2007년 당시 행정자치부가 기획을 시작하여 이후 3년 간 진행했던 '살기 좋은 지역만들기 사업'의 공식 영문 명칭은 'Happy Korea Project' 였다. 살기 좋은, 행복한 마을을 만들어 지역사회의 활성화를 이루어보고자 하는 것이 사업의 목표였고, 해당 지역의 주민이 적극 참여하는 마을만들기의 방식으로 이를 실행해 간다는 것이 특히 강조되었던 사업이다. 물론, 공공사업인 만큼, 정부가 주도하고, 전문가가 추진하는 구도 하에서, 주민이 참여하는 형식으로 이루어진다고 보는 것이 적절하다. 그래도 주민참여 마을만들기의 개념이 적극적으로 강조된 만큼, 사업 진행의 각 단계에서 의미 있는 새 시도들이 꽤 있었다는 점을 인정할 수 있다. 그런데 이것이 우리 마을만들기 역사에는 어떤 시사점을 갖는 것일까?

과연 Happy Korea Project는 행복한 마을, 혹은 행복한 마을만들기를 어느 정도라도 실현한 것일까?

지금으로부터 10년 전인 2001년, 몇몇 전문가들이 모여 '마을만들기의 현황과 전망' 이라는 주제로 좌담회를 하며, 다음과 같은 흥미로운 논의를 했던 기사가 있다.

> …… 우리 주변에서 추진되고 있는 마을만들기는 대체로 4가지 정도의 흐름으로 나누어지는 것 같다. 첫째는 기존 주민조직을 중심으로 한 운동 성향의 활동이며, 두 번째는 일반주민들이 자발적으로 나서서 지역 환경을 개선하는 활동으로, 예를 들면 용두동에서 이루어진 것과 같은 꽃길가꾸기 …… 세 번째는 시민단체를 중심으로 추진되고 있는 활동인데, 이것은 각종 공모사업이나 지원사업과 연계된 경우 …… 그리고 마지막으로 전문가를 중심으로 추진되는 것인데, 대표적으로 현재 서울시정개발연구원의 전문가들을 중심으로 한 노유거리조성사업이나 북촌한옥마을보전사업 등이 있다.
>
> - 홍인옥

> …… 마을만들기와 관련하여 몇 가지 우려스러운 점이 있는데, 그것은 물리적 공간을 강조하는 것과 행정과의 관계를 강조하는 경향이다. …… 특히 행정의 성과주의가 섣부른 물리적 환경개선으로 이어지고, 결과적으로 주민들의 자발적인 주체성을 약화시키는 결과가 비일비재하다.
>
> - 김기현

> …… 지금 물리적 환경바꾸기가 '마을만들기' 에 접목되고 있는 상황인데 이런 형태의 일들이 (앞으로) 더 빠르게 확산될 가능성이 있다. …… 이런 상황에서는 주민조직이 어떤 지도력을 발휘할 것인지가 중요할 것이다. …… 즉, 전문가주의, 행정 이니셔티브를 어떻게 활용하고 전략적으로 이용할 것인가를 고민해야 한다는 것인데, 현재로서는 우리에게 아무런 대책이 없다는 게 현실이다.
>
> - 최정한[1]

2011년 현재, 우리는 마을만들기에 있어 정부, 전문가, 주민 각각의 역할 혹은 의무에 대해 2001년과 같은 고민을 여전히 하고 있다. 차이가 있다면, Happy Korea Project와 같이, 정부가 기획한 마을만들기형 지역활성화 사업을 지난 10년 간 상당히 시도해보았고, 선정된 사례 지역들에 적지 않은 금액의 정부예산을 과감히 투입해 보았다는 경험을 꼽을 수는 있겠다.[2] 지난 10년간 막대한 공공 자금은 물론 민간 참여자들의 노동에너지를 이렇게 엄청나게 쓰면서, 우리는 정부 기획의 마을만들기에 대해 무엇을 더 알게 된 것일까? 다른 어느 나라에서라도 그렇겠지만, 우리나라의 마을만들기도 여러 양상으로 진행되고 있다. 심지어 서울시는 최근 뉴타운 정책의 뒷정리 해결책으로까지 마을만들기 방식을 거론해보기까지 했다. 이러한 흐름에서, 본 글은 Happy Korea Project와 같은 정부 주도의 지역활성화 사업이 우리 마을만들기 논의에서 가질 수 있는 의미가 무엇인지 이해해 보고자 한다. 우리나라에서는 정부 주도의 마을만들기형 지역환경 개선사업이 명칭을 달리하면서 앞으로도 계속될 전망인데,[3] 지난 사례에서의 속성을 성찰해보는 것이 이후 유사 상황에서의 실수를 혹시라도 줄여줄 수 있지 않을까하는 바람이 본 글의 배경이다.[4]

---

1 〈좌담〉 "마을만들기의 현황과 전망", 『도시와 빈곤』 2001년 10월호(통권 52호), pp.5~25. 참석자: 김기현, 박철수, 이호, 최정한, 홍인옥. 인용문장의 양을 줄이기 위해 존대말체의 좌담 내용을 평어체로 바꾸어 기술하였다.
2 우리나라가 그동안 압축성장을 겪으며, 도시로의 인구집중이 지역의 쇠퇴를 초래하였고, 노후해진 지역의 활성화를 위해, 중앙정부는 지역 경제개발계획의 속성을 갖는 여러 종류의 농어촌 시범사업을 행해왔다. 1970년대의 새마을운동에서부터 최근의 전원마을 조성사업에 이르기까지 유사한 맥락의 지역지원 사업이 이름을 달리하며 진행되어 왔다. 특히 2000년대의 정부주도 시범사업의 리스트는 화려했다. 일례로 2008년 당시 8개의 정부기관(행정안전부, 농림수산식품부, 국토해양부, 교육과학기술부, 문화관광체육부, 환경부, 보건복지가족부, 국가보훈처)과 지자체가 각기 마을만들기 사업을 진행하여, 총 317건의 시범사례가 전국적으로 진행되었고, 그 예산을 모두 합치면 약 3,789억 원에 이르렀었다. 한국지방행정연구원, 『살기 좋은 지역만들기 사업의 발전적 개편방안』, 2008, pp.30~34.
3 최근에도 도시활력증진지역 개발사업, 아름다운 해안마을 만들기 사업(이상 국토해양부), 참 살기 좋은 마을기 꾸기 사업(행정안전부), 행복마을 만들기 사업(부산시), 마을르네상스 공모 사업(수원시) 등 다양한 마을만들기 사업들이 추진되고 있다.

Happy Korea Project
– 행정자치부 살기 좋은 지역만들기 시범사업

사업 개요

행자부 살기 좋은 지역만들기 시범사업의 기획 배경은 지난 시절 우리나라의 도시계획이 대도시로 편중된 개발 위주의 정책으로 점철되며 초래한 결과가 사회적인 폐해를 많이 낳았다는, 사회적인 공감대의 형성에서부터라고 볼 수 있다. 공감하는 폐해는 첫째, 도시 중심의 국토개발에 따른 비도시지역의 생활환경 및 경제여건 악화, 둘째 획일적이고 물리적인 개발위주의 정책으로 인한 지역 특성 상실, 셋째 관주도 방식의 사업기획 및 실행에 따른 지역역량 및 자발성 소실 등을 꼽고 있다.[5] 그리고 이를 해소하기 위한 하나의 대안으로서 마을만들기와 같은 개념의 도시계획 접근 방식에 눈을 돌리게 되었다. 살기 좋은 지역만들기 사업은 2006년 3월부터 정책구상을 시작하여, 8월에 추진계획을 확정하고, 이어 9개의 기본모델을 기획하여 10월에 지자체 응모를 공고하였는데, 이로부터 본 시범사업을 추진할 30개의 지역을 2007년 2월에 선정하였다.[6]

살기 좋은 지역만들기 시범사업이 초기에 지향하고자 했던 사항들 가운데 주목할 만한 특징 중의 하나는 소위 '살기 좋음' 이라는 계획 목표를 '주민참여' 라는 수단을 통해 마을 단위에서 현실화 해보고자 했던 노력에 있다. 한편, 여기서 주민참여의 특성은 공공, 즉 중앙정부와 해당 지자체가 강력히 주도하고 지원하는 체계 안에서 소위 '자발적인' 주민참여가 적극적으로 독려되는 독특한 구조적 속성을 갖는다. 특히 중앙정부의 역할과 영향력은 추진 방향 설정에서부터 최종적인 인센티브 지원에 이르기까지 매우 강력하게 구조화 되어있었다. 이처

---

4 본 글은 사업 개념의 도출에서부터 선정사례지역에서의 계획안 작성 및 실행에 이르기까지 참여했던 본인의 마을만들기 반성문이다.
5 행정자치부, 살기 좋은 지역만들기 추진 가이드라인, 2007.
6 행정자치부, 살기 좋은 지역만들기 추진 가이드라인, 2007.
7 본 글에서 사용한 대부분의 도표는 따로 명기하지 않는 한 행정자치부의 가이드라인에 설명되어 있는 내용을 서울대학교 박소현 교수 연구실에서 재정리한 것임.

럼 중앙정부가 강력하게 조정을 하는 사업 구도에서 주민들의 자발적인 참여가 장려되어, 행정-전문가-주민의 추진체계를 현실화 한다는 것이 핵심사항 중의 하나인데, 이것은 우리나라 마을만들기에 있어 주민참여의 독특한 특성이라고 도 볼 수 있다.[7]

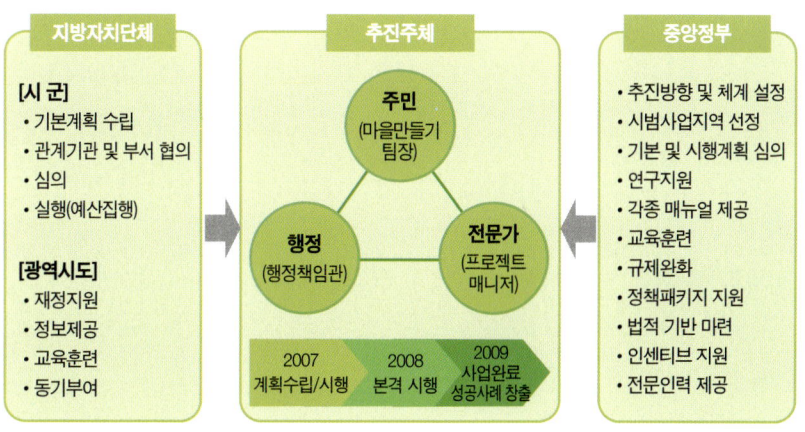

사업의 추진체계: 주민참여를 표방하고 있으나, 정부주도-전문가추진-주민참여의 구조적 속성이 내재한다.

주민-전문가-행정의 추진체계를 통해 실현하고자 했던 목표가 '살기 좋은 지역 만들기'의 세부실천과제로 구체화된 점도 이전 사업들에서는 경험하기 어려웠던 정성적 개념의 현실화 노력이라 볼 수 있다. '살기 좋음'이 무엇인지, '만들기'라는 것이 무엇인지를 알기 쉽고 실천하기 쉬운 일반 언어로 표현하고 있는 점은, 이전에는 다분히 계량적이고 경직된 언어로 점철되었던 도시건축 계획안의 내용이 크게 변했다는 징후로도 볼 수 있다. '이웃공동체, 꿈, 관계, 마을보물, 민주적 협의, 더불어 나누기, 사람세우기' 등등의 소프트한 언어로 표현되는 실천과제는 분명 이전 시대의 '주택200만호 보급'과 같은 물량적 목표를 염두에 두었던 계획과는 그 목표가 사뭇 다른 종류임을 대변한다고 볼 수 있다.

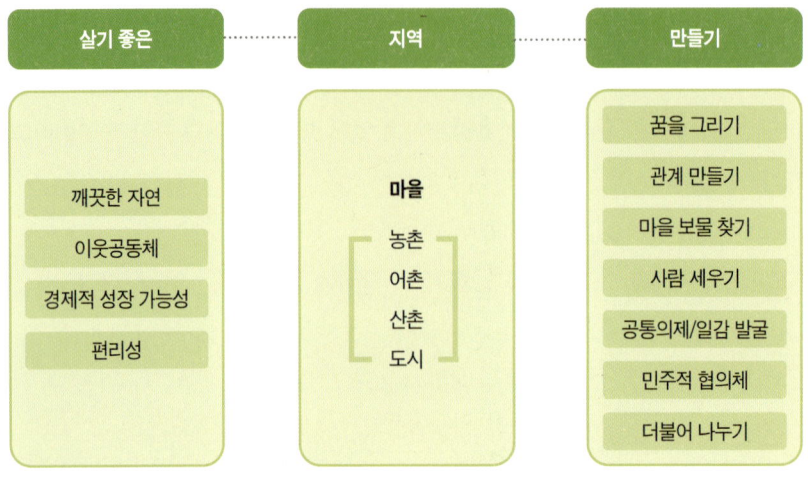

살기 좋은	지역	만들기
깨끗한 자연 이웃공동체 경제적 성장 가능성 편리성	마을 농촌 어촌 산촌 도시	꿈을 그리기 관계 만들기 마을 보물 찾기 사람 세우기 공통의제/일감 발굴 민주적 협의체 더불어 나누기

살기 좋은 지역만들기, 지역계획 개념의 구체화 및 일상언어화

가족친화마을형과 영월의 장릉마을

행자부 살기 좋은 지역만들기 사업은 9개의 기본 모델로 특화하여 진행한다는 초기의도를 가졌었는데, 9개의 개별 유형이 각각 특별한 의미를 갖는다고 보기는 어렵다.[8] 9개 기본 모델 중 아홉 번째인 가족친화형 마을은 사실 맨 마지막에 추가된 모델이었는데, 애초 행자부 사업의 일환으로 구상된 것이라기보다는 당시 여성가족부에서 추진하고 있던 가족친화 환경조성 프로젝트에서 진화한 것이었다. 2006년 당시, 연세대학교의 조한혜정 교수님을 중심으로 돌봄 공동체로서의 마을에 대해 고민하던 여러 분야의 연구자들이 활동을 하고 있었다.[9] 한편, 여성가족부에서는 가족친화적 환경 조성을 목표로 하여, 기업환경과 마을 및 근린주거환경에서 이것이 강조되는 방안을 모색하고 있었는데, 이 과정에서 가족친화 마을환경 조성에 필요한 제반 사항도 함께 논의하게 되었다.[10] 이러한 맥락에서 여성가족부는 가족친화마을의 실현을 모색하는 방안으로서 당시 행자부의 8개 기본모델에 가족형을 추가해 줄 것을 뒤늦게 요청하였고, 이것이 받아들여져 9개의 모델로 재조정되었다.[11] 가족친화마을을 염두에 둔 가족형의 개념은 조한혜정 교수가 주관하여 진행해오던 '또 하나의 문화' 세미나와 여성가

족부의 양승주 국장이 추진하던 가족친화환경조성 사업, 그리고 가족친화-보행친화 근린환경을 연구하던 박소현 교수 연구실의 작업이 추가, 연결되어 기초기반을 형성하였다고 볼 수 있다. 그 때 계획개념은 아래와 같이 정의했었다.

- 걸어서**도***
- 가족, 공동체 구성원 모두*가
- 일상생활*을 원활하고 쾌적하게 할 수 있는
  동네*

가족친화마을, operational definition 및 concept diagram(출처: 박소현, 『가족친화 마을환경 개념 및 평가지표에 관한 연구』, 여성가족부, 2006, 재인용)

가족친화형 모델은 비교적 오랜 기간을 통해 학제간의 소통 과정을 거치며, 그 현실적 의미가 무엇인지 공동으로 고민한 내용을 계획개념으로 하며 출발했다는 점에 의미가 있다. 인문사회학, 도시건축학, 그리고 공공(중앙정부)의 협력구도를 통해 계획개념 설정concept development을 하고, 계획안plan making을 만들어, 실행정책화institutionalization한다는 프로세스가 긍정적으로 구체화 되었던 사례라는 점에서도 큰 의미가 있다.

---

8 9개의 모델은 산업형, 교육형, 정보형, 생태형, 전통형, 문화형, 관광형, 건강형, 그리고 가족형으로 주제별 특화를 염두에 두었었고, 공모제안서에서는 이를 반영한 계획을 요구했지만, 선정 후 실행 단계에서는 주제별 차별성이 크게 부각되지 못하였다.

9 조한혜정 외, 『가족에서 학교로 학교에서 마을로: 돌봄과 배움의 공동체』, 또하나의 문화, 2006; 조한혜정, 『다시 마을이다: 위험 사회에서 살아남기』, 또하나의 문화, 2007.

10 박소현 외, 『가족친화 마을환경 계획개념에 관한 연구』, 여성가족부, 2006; 박소현 외, 『가족친화마을 평가지표의 개발 및 측정에 관한 연구』, 여성가족부, 2007. 이 연구들은 2007년 12월 14일 제정된 가족친화 사회환경의 조성촉진에 관한 법률 중 9조의 2 "가족친화 마을환경 조성사업"의 기본내용을 지원함

11 여기에는 당시 여성가족부의 양승주 국장의 노력이 컸다. 그는 새로운 것을 시도함에 진취적인 자세를 잃지 않는 보기 드문 정부 관료였다.

한편, 계획개념이 실행전략으로 전환하는 과정에서는 비교적 섬세하게 논의되고 다듬어진 목표들이 단순화하고 거칠어지는 속성이 어느 계획에서도 존재한다. 본 사업에서도 피할 수 없이 그런 과정을 거치게 되지만, 그래도 이전 시대와는 다르게 실행계획의 체계조성 자체에서 이러한 폐단을 최소화하려는 노력이 본 사업의 초기에는 상당부분 존재했었다.

살기 좋은 지역만들기 시행계획 지침

시행계획	공간의 질 제고 (마을 재디자인)	• 공간계획 • 공공공간 및 시설물 • 노후주택 개선(삶의 질과 중복)	• 전문업체에 용역 발주 • 행자부 심의 • 조기발주 및 실행
	삶의 질 향상	• 교육, 의료(30개 지역 공통) • 복지/문화/환경/주택(선택사항)	• 전문업체에 용역 발주 • 행자부 심의 • 재정여건에 따라 단계별 실행
	공동체 활성화	• '우리 의식' 만들기 • 각종 교육 및 학습(사례지 답사) • 마을축제 개최 • 마을규약 제정	• 행자부와 시/도가 연구자료/매뉴얼 제공 • 자율시행
	소득기반 창출	• 지역브랜드 및 특산품 개발 • 부존자원 및 생산기반 특화 • 관광 및 숙박시설 유치	• 행자부와 시/도가 연구자료/매뉴얼 제공 • 자율시행

위의 표에서도 볼 수 있듯이, 시행계획의 세부 항목을 기존에 해오던 물리적 환경개선(공간의 질 제고 부분)에만 국한한 것이 아니고, '삶의 질 향상', '공동체 활성화', '소득기반 창출' 등, 이전에는 시도하지 않았던, 비물리적인 항목을 별도로 두고 이의 세부과제를 독려하는 구도를 이루고 있는 점은 의미가 있다. 이에 맞추어 작성되는 실행계획의 방향은 필연적으로 물리적 환경(공간의 질)과 사회적 환경(삶의 질) 모두를 배려하는 지역 공동체 설계의 내용을 담게 되었다. 특히 이 두 항목에 대해서는 의도대로 시행되는지의 여부를 행자부가 사후심의도 거친다는 식의, 역시 강력한 중앙통제의 체계를 구비해 놓은 점도 특징이었다. 여기서도 중앙정부의 면밀한 주도에 의해 지역 주민들의 참여계획이 독려되고 있는

속성이 잘 나타나고 있다.[12]

　가족친화형 모델이 특별히 뒤늦게 추가된 상황에서 이를 성공적으로 실현하기 위해서는 본 모델의 취지에 맞는 시범지역을 제대로 선택하는 것이 필요했다. 주민의 참여의식이나, 지자체의 관심이 중앙정부의 강력한 기획 의도에 대응하며, 비교적 견고하게 버텨줄 수 있는 곳을 찾아야 했다. 이 과정에서 '걷고 싶은도시만들기시민연대'(도시연대)의 도움을 받아 가족친화형 모델의 특성 실현이 가능할 만한 곳을 모색하였는데, 여러 차례 논의 과정을 거쳐 결국 강원도 영월군의 장릉마을을 시범지역으로 선정하게 되었다.[13]

강원도 영월군 장릉마을 전경

---

12 이것에 대해서는 옳다 그르다의 논의보다, 이러한 속성의 구도에서 우리나라 마을만들기의 주민참여 특성을 파악하고, 이러한 구도에서 비교적 효율적으로 작동할 수 있는 주민참여의 본질, 그리고 실행 전략이 무엇일지의 논의가 더 필요하리라 본다. 참여의 본질, 지역행정문화 특성 속의 주민참여의 속성에 대한 심화 논의가 숙제로 남는다.

해당 지자체인 당시의 영월군청은 관광자원적 잠재력도 갖고 있는 장릉마을을 기존의 개발방식으로 대단위 정비사업을 하고 싶은, 보다 현실적인 관심을 가졌었으나, 행자부의 살기 좋은 지역만들기 사업에서 선정 확률을 고려하여, 전략적으로 가족친화형을 택한 면도 없지 않았다.[14]

영월 살기 좋은 장릉마을 기본계획

본 사업의 실행계획 체계에서 요구하는 네 가지 목표, 즉 '공간의 질 제고 - 삶의 질 향상 - 공동체 활성화 - 소득기반 창출'을 반영한 장릉마을의 기본계획은 어떻게 하면, 이러한 추상적인 개념이 지역현실에 맞고, 주민들의 일상생활에 실질적인 도움이 될 수 있는가에 초점을 맞추었다. 오랜 고민 끝에 결국, 현재 지역에서 작동하고 있는 복지 및 생활환경과 관련된 각종 프로그램들의 특성을 파악하고, 이것을 주거환경의 문제와 연결시켜 주민들이 원하는 방식으로 풀어간다는 것을 방침으로 정하였다. 즉, 복지 및 생활환경 관련 프로그램, 마을공동체 시설 및 장소, 주민공동체 현황, 그리고 관련 사업지원이라는 네 가지 핵심 요소들의 실현을 협력방식으로 모색하는 것이었다. 이 과정을 통해 실행주체와 실현요소가 지역의 특성에 맞도록 연계되어 구체화 할 수 있는 접점을 제시하게 되었고, 이를 기초로 하여 마을의 기본계획안을 준비하였다. 물리적 환경과 더불어 사회적 환경의 개선을 도모하고자 하는 마을계획의 방법론은 우리나라 공공사

---

13 여기에는 도시연대의 김은희 사무처장님의 역할이 컸다. 한편 영월군의 가장 큰 장점 중의 하나로 당시 박선규 군수님의 지역을 위한 순수한 열정과 겸허한 자세도 기억에 남는다. 그리고 장릉마을에서 좀 떨어진 곳에서 영농조합을 이끌고 있었던 김미숙 선생님의 역할도 컸다. 김미숙 선생님의 담담하면서도 포용적인 마을 비전과 실천 의지는 감동적이었다. 반면에, 장릉마을 이장님의 역할은 초기의 참여 의지 면에서는 컸으나 이후 실행과정에서 주민들과의 소통방식이나 투명한 의견수렴 과정에서의 리더십 발휘 면에서 아쉬운 면도 있었다.

14 이것은 본 사업 담당의 영월군 현장공무원이 선정을 위해 초기에 보여주었던 열정이 선정된 이후에는 비교적 새로운 시도의 가족친화형 참여계획을 실행해가는 과정에서 급속히 식어갔던 점에서도 간접적으로 엿볼 수 있었다.

업 현장에서 그동안 적극적으로 실행된 적이 많지 않았었다.[15] 이처럼 물리적 환경계획과 사회적 환경계획의 내용이 결합하여 지역의 기본계획 내용으로 제안된 점에 있어서 장릉마을계획은 의의가 있었다.

장릉마을 사례에서 처음 시도했던 방식은 당시 진행되고 있었던 다양한 복지 '프로그램'의 조사로부터 출발하여 이것이 수행되는 '시설과 장소'를 연결하여, 소위 사회적 환경과 물리적 환경이 결합될 수 있는 접점을 찾아내는 것에서부터 시작하였다. 이로부터 '주민 공동체'의 요구를 심화시키고 이를 지원하는

프로그램	시설 장소	주민공동체	사업지원
• 독거노인 세탁 • 도시락 배달 • 건강상태 매일 확인	• 능말돌봄센터 • 주민워크숍으로 계획	• 사전 훈련 및 학습 • 동네돌보미 지원 • 돌봄센터 운영	• 보건소 • 영월군청 • 지역사회복지 전문가

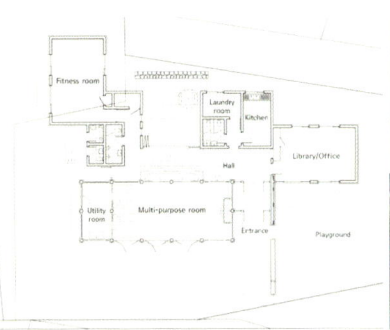

물리적 환경과 사회적 프로그램을 통합하는 마을계획의 4 요소. 이를 적용한 영월 능말 돌봄센터의 구현과정

---

15 삶의 질 향상이라는 목표에 대해 도시건축 연구자들이 갖고 있는 실천대안은 창의적이지 못한 면이 많은데, 이는 우리 현실사례에서의 구체적 접근방식을 취하지 못했던 점에서 기인한다고 볼 수도 있다. 복지 분야의 실천대안은 매우 다양한 양상으로 각종 서비스를 쉽게 이용할 수 있도록 주민 중심으로 제공되고 있었다.

주체들을 연계하는 과정을 반복적으로 수행하면서, 이를 공간적으로 담아낼 마을환경과 긴밀히 연결하여 마을만들기의 기본계획 내용과 체계로 치환해 가는 방식을 취하였다. 이 과정을 통해 도출된 마을만들기 기본계획의 내용과 체계는 매우 유효했다고 평가하는데, 조금 과장하는 것이 허용된다면, 이 방법론은 추후 우리나라 마을만들기에 있어서 물리적 환경과 사회적 환경의 통합적 계획 프로세스에서 지속적인 참고사항이 될 여지가 있다고 해석한다.

결국, 마을의 살기 좋음을 목표로 하는 마을만들기 계획의 핵심체계는 주민들이 원하는 '살기 좋음'의 다양한 요소들을 도출하여 이를 기본계획이라는 형식으로 정리하는 것에 있다고 본다. 그리고 이 때, '살기 좋음'을 표방하는 기본계획은 물리적 계획과 사회적 계획의 내용적 섬세함과 균형감에서부터 그 품격이 결정된다고 할 수 있다. 한편, 이 접근방식이 개념적으로는 이해가 될지라도, 각각의 현장에서 특화된 내용으로 구체화, 현실화 하는 방법에 있어서는 특히 정부주도 시범사업의 경우, 아직 미숙하다는 점을 인정할 수밖에 없었다.[16]

사업 실행과 그에 따르는 어려움

살기 좋은 지역만들기 사업의 기본취지와 초기 권장체계는 우리나라 지역계획에서 모범이 될만큼 의미 있는 신선한 개념들을 많이 담고 있다고 평가한다. 이를 반영한 장릉마을의 기본계획 역시 물리적 환경개선에 주로 치중했던 기존의

---

16 더 나아가 이러한 기본계획 뒤에 따르는 실시계획에서의 현장 이슈들은 더욱 복잡해짐을 경험할 수 있었다. 한편, 이러한 시도는 정부주도 마을만들기 시범사업보다, 성미산마을과 같이 주민들에 의해 주도되는 공동체계획에서 더 깊이 있는 내용을 볼 수 있다. 당연하겠지만, 공동육아, 먹거리, 방과후교실 등과 같은 주민들의 구체적 생활 필요 사항들이 어느 정도 실천을 이룬 바탕에서 마을의 공간계획에 관한 논의가 자연적으로 유발되는 시퀀스가 분명 존재한다고 본다. 지역의 마을계획을 주민이라는 자발적 주체가 모호한 상태에서 물리적인 공간계획 중심으로 접근하려 한다면, 그 부작용은 이미 예견된 것이라 볼 수 있다.

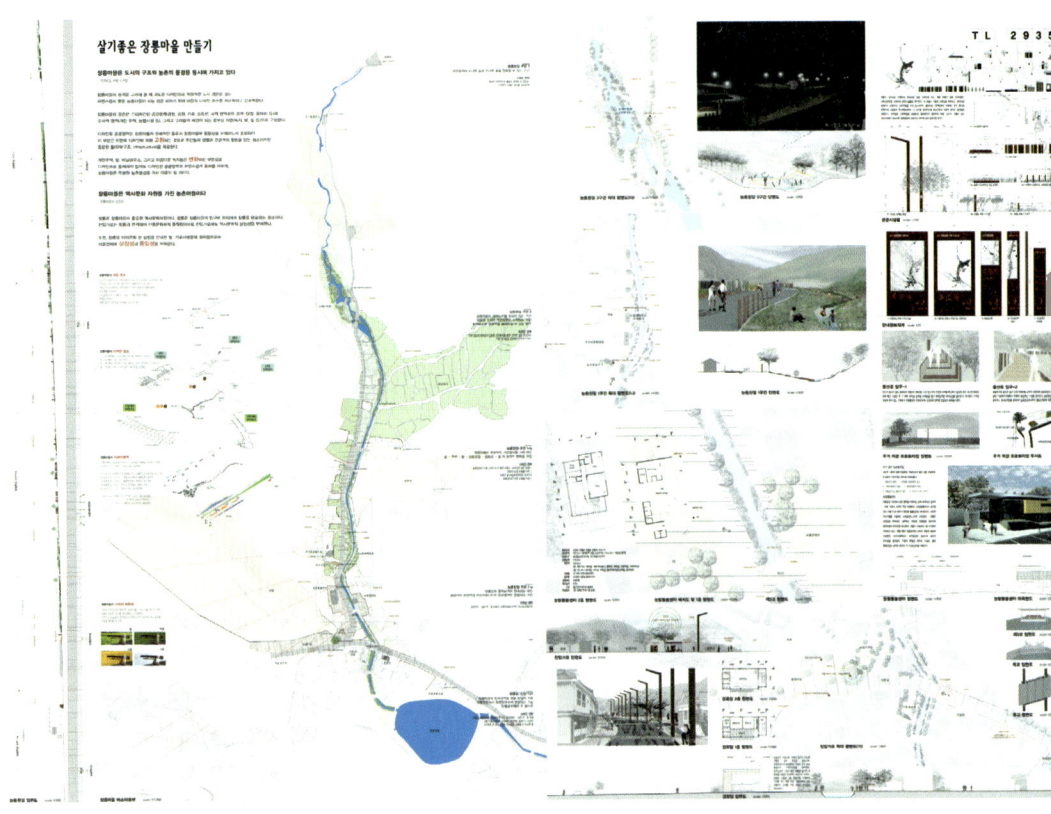

살기좋은 장룡마을 만들기

실시설계업체 선정방식을 설계공모방식으로 변경하여, 참여한 설계사무소 중 오우재 당선(오우재의 제안서 안)

접근방식과는 다르게, 현장의 주민요구와 행정의 지원체계 현실을 균형 있게 반영하며 비교적 섬세하게 준비되었었다는 점을 높이 평가할 수 있다. 그러나 다음 단계인 실시계획에서부터는 또 다른 양상의 위협요소들을 해소해 가야 했다. 그 첫 번째 숙제가 실시설계의 발주방식을 최저가 낙찰방식에서 전문성 있는 현상설계방식의 선발방식으로 바꾸는 것이었다.

최저가 제안업체를 선정하게 되는 기존의 발주방식을 보다 전문성 있는 단체로 선정할 수 있도록 개선할 필요가 있다는 것을 모두 인정하면서도 실제 이의 실행을 꺼려하는 이유는 결국 담당공무원이 감사를 받게 될지도 모른다는 걱정인데, 이것을 설득하여 바꾸는 것이 그리 단순하지 않았고, 개선된 발주방식으로 일을 추진하기 위해 필요한 제반 공문서의 내용을 마련하는 지난한 노동도 수반되었다. 오랜 논의와 우여곡절을 거쳐 결국 시범사업의 실시설계업체의 선발을 현상설계를 통한 방식으로 바꿀 수 있었던 것은 장릉마을 사례의 큰 성과 중 하나로 평가한다. 최저입찰가로 결정하는 것이 아니고, 설계 전문성이 비교적 제대로 반영될 수 있는 평가체계를 만들어, 의식 있는 젊은 건축가, 조경가들이 지역공동체 설계에 참여할 수 있는 구도를 만들었던 점, 공정성과 전문성으로 존경을 받는 심사자들이 서울에서 영월로 이동하여 평가를 해주셨던 점은 특별히 내세울 만 하다. 그 결과 촉망받는 신진 설계사무소가 당선

제안서 평가 당시의 모습

오우재 설계의 능말돌봄센터 완공 모습. 실행과정에서 여러 차례 설계안을 변경했어야 했다. 2009년 농촌건축대전에서 최우수상을 수상하기도 했다(사진: 오우재).

---

17 당시 발주방식 개선에 필요한 각종 서류와 자료를 세세히 준비했던 서울대 연구실의 안현찬, 최이명, 태윤재, 당일 현장 심사에 참여해주셨던 서울시립대 김기호 교수님을 비롯한 심사자분들, 최종 당선된 건축사사무소 '오우재'의 김주경 소장과 직원들, 이를 지원해 주었던 영월군의 당시 담당이었던 이태영 과장님의 공이 컸다고 본다.

장릉마을 시범사업에서 기본계획안과는 달리 담당공무원과 지역시공업자가 현장에서 그동안 해오던 방식으로 거칠게 시공한 예가 빈번해지는데, 이것을 꼼꼼히 사전점검하지 못하였다.

이 되었고, 이로 인해 지역 마을만들기의 실시설계 품격은 높아진 결과를 가져올 수 있었다.[17]

한편, 발주방식을 바꾸어 우수한 설계사무소가 실시설계를 담당하게 된 점까지는 의의가 있었으나, 이후 실시설계 내용을 확정해가는 과정과 특히 이를 시공하는 과정에서 벌어지는 일들은 정부주도 마을만들기 공모사업의 최종 퀄리티 결정에 있어 또 다른 숙제를 안겨주는 요인이었다. 서울에서도 그렇겠지만, 우리나라 지방도시에서 일상적 생활환경의 질이 떨어지는 모습은 결국 지역시공업체의 안목, 역량, 그리고 소위 지역관행이라는 것에 의해 양산되는 것임을 다시 한번 확인하는 계기가 되었었다.

시공과정에서 벌어지는 오래된 관행들이 일상적 생활환경의 낮은 퀄리티를 양산해낸다.

지역 공무원의 애향심과 역량

중앙정부의 새로운 공모사업 시도, 전문가의 노력, 해당 지자체장인 군수의 열정, 실시설계자의 역량 등등, 장릉마을 시범사업에는 비교적 긍정적인 작동 요인들을 갖추었다고 볼 수 있다. 그러나 지역의 시범사업에서 가장 중요한 요인 중의 하나는 결국 본 사업을 현장에서 직접 수행하는 담당공무원의 의지와 역량임을 인정하지 않을 수 없다. 지역에서 대략 계장급 지위에 해당하는 분이 이를 주로 담당하는데, 이 분들의 능력에 따라 사업의 품격이 결정된다고도 볼 수 있다. 장릉마을 시범사업에도 당시의 한 계장님이 이를 담당하였는데, 이 분은 지역의 토박이로 남다른 애향심과 끈끈한 지역네트워크를 가지고 있는 분이었다. 초기 사업을 유치하는 과정에서의 열정 또한 남다른 분이었고 기여한 바도 컸다. 그러나 사업에 선정되고 그 실행 과정이 장기화 본격화 되면서, 여러 가지 새로운 결정을 해야 할 때마다, 사업 응모 당시의 초심은 기존에 해오던 오래된 관성적 태도로 점차 치환되어 감을 볼 수 있었다. 사업 진행의 투명한 절차, 합리적 소통, 진정한 의미에서의 주민참여를 이전에 해오던 방식과는 다르게 구체적으로 현실적으로 실행한다는 것에 대해 부담스러워 하였다. 예로, 중앙정부에서 요구하는 참여형 계획수립의 요구사항은 그동안 군청과 좋은 관계를 유지해 왔고, 본인과도 오랜 친구인 이장님이 알아서 처리해주는 것으로 대체될 수 있다고 믿는다. 오랜 기간 동안 군청의 사업을 담당했던 지역의 시공업체가 해오던 방식이 있는데, 왜 굳이 타 지역의 업체까지 고려하며 부산을 떨어야 하는지 불편해 했다. 좀 더 나은 결과를 위해 새로운 방식을 적극적으로 시도해 보려는 전문가팀과 기존에 해오던 익숙한 방식을 고집하는 담당 공무원의 사이가 점차 벌어지게 되기까지는 그리 오랜 시간이 걸리지 않았다. 한편, 현상공모를 통해 선발된 실시설계팀의 디자인 전문성을 지속적으로 인정하기보다, 지역의 상징동물인 노루의 형상, 한옥의 형태, 그리고 기와지붕의 모습 등등 지역의 특성을 거의 모든 시설에서 구현하라는 요구를 공무원 특유의 방식으로 관철시키고 싶어했다.

지역주민의 특성

우리나라에서 주민참여형 마을계획을 처음 시도할 때는, 관심을 갖는 주민이 있어 주는 것만으로도 충족되는 것 같지만, 시간이 차차 지남에 따라 현재 참여하고 있는 주체가 어느 정도로 또 어떠한 방식으로 전체 주민들을 대변하고 있는지에 대해 의문과 윤곽이 드러나게 되면 당황스러워진다. 이상적으로는 주민 대다수가 민주적으로 참여하고, 합의를 통해 의사결정을 할 수 있는 구도를 기대해 보지만, 이를 갖추게 될 지역이 과연 얼마나 될까? 영월의 경우, 주민을 대표하는 이장님을 처음 보았을 때는 그의 열정에 감사할 따름이었는데, 시간이 지날수록 이 분이 행하는 일들이 투명하게 주민들의 의사를 반영하지 못하고 있다는 정황이 발견되고, 주민들 사이에는 불만이 쌓여가고 있음도 서서히 드러나게 되었다. 예로, 공공근로제도를 주민 복지프로그램과 연결시켜서 주민들의 참여도를 높이고, 이를 통해 노인과 어린이들에 대한 돌봄 서비스가 원활하게 제공되도록 계획하려 했으나, 공공근로 참여자들은 이장님과 가까운 분들로, 전체의 합의 없이 급히 채워지는 경우와 같은 일이 빈번하였다. 이장님이 생각하는 주민참여는 여전히 '위'에서 시키기만 하면 무엇이든지 빠르게 다 할 수 있다는 자부심이었고, 지역주민들의 의견을 폭 넓게 수렴하기보다는, 담당공무원이 요청하는 내용을 본인을 비롯한 몇몇 유지들이 '적극적으로 따라주는 것'이 곧 좋은 참여라 여기고 있음도 알게 되었다. 한편, 시간이 지나면서 다른 그룹의 주민 분들과도 소통이 더 이루어지면서, 계장-이장 라인이 아닌, 또 다른 주민 리더들의 의견에 대해서 알아갈 수 있게 되었고, 이 분들이 갖고 있는 마을에 대한 고민과 비전이 현실적으로 훨씬 더 세세하다는 것도 알 수 있게 되었다. 이 점은 특히 이번 시범사업과 주거환경개선 사업을 연계하여 주민들이 원하는 방식으로 대안을 모색해보려는 과정에서 더욱 불거졌었다. 행정과 밀접한 공생 관계를 갖고 있는 이장, 혹은 통장의 정체성과 역할이 우리나라 마을만들기의 주민참여 관점에서 좀 더 비평적으로 조명될 필요가 있다. 당연히 주민은 서로 충돌하고, 작은 이익 앞에서도 심하게 다툴 수 있는 자연 집단이라는 점, 다양한 그룹이 모여 있기에 하나로 통칭되기 어려운 복합 집단이라는 점은 자명하다. 그렇지만 이 복잡한 집단의 의견충돌이 존중되어야 한다는 점, 그리고 자생적인 주민조직이 있어서 복잡한 주민의 의견충돌이 어떻게든 조정될 수 있는 메커니즘을 지역 특성에 맞게 작동시킬 수 없다면, 소위 주민참여형 마을만들기 사업은 결국 성공하

주민들과의 협의 광경. 행정과 밀접한 공생 관계를 갖고 있는 주민 대표들의 정체성과 역할은 우리나라 마을만들기의 주민참여 관점에서 좀 더 비평적으로 조명될 필요가 있다.

지 못하리라 예견할 수 있다. 우리가 정부주도의 주민참여 마을만들기 사업에서 지난 10년간 계속 실패하고 있는 이유는, 어찌 보면 진정한 의미의 주민과 참여가 부재했다는 근본적인 문제에 있었던 것이라 진단해볼 수 있다.

전문가의 노력과 한계

영월의 장릉마을 시범사례에서 가장 냉정하게 성찰할 수 있는 부분은 바로 전문가와 관련된 사항이 아닐까 싶다. 중앙정부, 즉 행자부에서 이 사업의 기초개념과 실행방안을 기획할 때 참여했던 전문가 그룹의 역할은 긍정적인 면이 컸다.[18] 한편, 이것이 실행단계로 접어들면서 구체적인 기본계획과 실행계획을 마련하는 시점에서는 전문가의 역할도 선정된 지역별로 다양해졌다. 장릉마을의 경우, 전문가 역할에서 가장 긍정적으로 꼽을 수 있는 것은 우선 기본계획 수립에 참여했던 우리 대학 연구실 학생들의 성실성이었다고 스스로 평가한다. 우리나라

프로젝트에 참여했던 연구실 학생들은 새로운 지역계획의 실현을 위해 상기간의 현상작업과 주민참여를 바탕으로 한 물리적 환경계획 등 다양한 노력을 기울였다.

지역계획에 있어서 새로운 공동체 개념을 창의적으로 시도해보려는 노력, 주민들의 참여를 현실화하기 위한 장기간의 현장작업 진행, 주민들의 다양한 요구가 물리적인 환경계획의 틀에서도 발현될 수 있게 해보려는 탐구, 담당 공무원이 새로운 시도를 시행할 수 있도록 이에 필요한 자료 및 서류 작업들을 뒷받침해주는 인내심 등등 기존의 도시건축 수업에서 경험하지 않았던, 수 없이 많은 생경한 업무들을 열심히 뒷받침한 주역들이었다. 이를 통해 얻은 교육적 효과가 학생들에게는 분명히 있었고, 참여형 지역계획의 품질도 높아지는 결과가 있기에, 지역의 마을만들기형 공모사업은 대학의 교육기능과 연계해서 진행하는 것에 상당한 장점이 있다. 사례지역에 좀 더 가까이 상주하며 관찰할 수 있다는 이점을 고려한다면, 해당 지역에 소재한, 역량 있는 대학에서 전문가 역할을 담당하는 것이 바람직하다고 본다. 서울 소재 대학이 참여하면, 1주일에 한번 강원도 현장에 가는 것도 상당한 노력이 필요한데, 지역 대학이 참여하면 매일 현장에 가볼 수 있다는 이점이 당연히 존재한다.

한편, 참여한 학생들과는 별도로 전문가로서 본 사업에 참여하는 교수의 역할에 대해서는 좀 더 비평적 시각으로 성찰해 볼 필요가 있다. 근본적으로 대학의 교수가 소위 용역 프로젝트에 참여를 하는 데는 분명한 당위가 있어야 한다고 본다. 다분히 이기적으로 들릴 수 있겠으나 개인적으로는 몇 가지 사항을 고려하여 사업 참여의 여부를 결정한다. 첫째 이 사업이 우리나라 도시건축 분야에서 새로운 개념의 모델을 시도하여 이론화 작업에 시사점을 가질 가능성이 있는지의 여부, 둘째 학생들에게 새로운 교육적 효과가 있을지의 여부, 셋째 사업이 추구하는 바가 공공적 성격을 갖는지의 여부 등등이다. 이 같은 성격을 내포

---

18 2006~2007년에 국가균형발전위원회에서 추진한 살기 좋은 지역만들기 개념 및 정책 구상에는 도시건축, 인문사회, 행정 및 정책, 관광경영, 농촌경제 등 다양한 분야의 전문가들이 참여했다. 대표적인 발행물로는 '국가균형발전위원회, 『살기 좋은 지역만들기 - 한국 사회의 질적 발전을 위한 구상』, 제이플러스애드, 2006' 을 참조할 것.

하지 않는다면, 대부분의 사업은 대학 연구실에서 하는 것보다는 오히려 민간업체나 혹은 시민단체에서 하는 것이 훨씬 더 바람직하다고 본다. 마을만들기형 사업에 있어서 대학연구실이 할 일, 시민단체가 할 일, 민간업체가 할 일들이 각기 따로 있다고 생각한다.

교수가 전문가로서 마을만들기형 공모사업에 참여하며 야기되는 한계점과 문제점 또한 반드시 존재한다. 교수 대부분이 이상적으로, 이론적으로 문제에 접근하려는 경향이 있어서, 현실감이 떨어지는 상황을 야기할 수 있다는 것은 잘 알려진 사실이다. 그러나 현실감이 다소 떨어지기 때문에 이점도 있다. 영리를 목적으로 하지 않는 점, 이상적인 것을 추구하기에 새로운 것을 시도하는 노력이 크다는 것도 장점이 될 수 있다. 물론, 이의 반대급부도 같이 존재한다.

담당공무원을 제대로 설득하지 못하고, 소위 지역 관행이라는 것을 바꾸는데 있어 능숙하게 일을 처리하지 못하는 무능함 또한 교수에게 존재한다. 장릉마을의 경우, 확실히 느낄 수 있었던 것 중의 하나는 전문가가 노련하게 담당공무원을 설득하거나, 위협하거나, 혹은 회유할 수 있는 능력이 있어야 지역의 시범사업이 제대로 돌아간다는 점이었다. 이를 제대로 수행하지 못했다는 실패를 장릉마을 사례에서는 스스로 인정할 수밖에 없다.[19] 정부주도의 마을만들기 시범사업에 참여하는 전문가가 지역의 담당공무원과 소위 능숙하게 소통할 능력을 갖는다는 것이 무엇인지, 솔직히 혼란스러울 때도 있었다. 하지만 분명한 것은 지역 마을사업의 질은 결국 지역 담당공무원의 수준 및 역량과 정확히 일치하게

---

19 장릉마을 사업에서 가장 아쉽게 생각하는 부분 중 하나는 서울 소재 대학의 교수가 현장 실무 담당 공무원을 제대로 설득하며 새로운 일을 도모하는데 있어서 노련한 역량이 크게 부족했었다는 점인데, 스스로도 'P교수가 P계장에 완패했다'고 느낄 때가 많았다. 우리나라에서 공무원이라는 집단, 특히 지역의 현장공무원이라는 특수 집단의 본질과 작동구조를 이해하고 그 시스템을 능숙하게 움직일 수 있는 능력이 없는 한, 정부 주도의 사업에 있어서 전문가의 역할은 한정적이다. 진문가가 할 수 있는 일의 범위를 냉정하게 인지하는 것에서부터 마을만들기형 공모사업의 현실화도 함께 심화되리라 본다.

되어 있다는 점이다. 중앙에서 각 부처별로 차별화된 마을사업을 아무리 다양하게 기획한다 하여도, 이것이 지역의 담당공무원 손으로 일단 내려오면, 이변이 없는 한, 결국 그 담당공무원의 역량 레벨로 고착되리라 본다.[20]

중앙정부 시범사업 평가시스템의 허상

정부주도의 마을만들기 시범사업에서 전문가가 지역관행을 깨지 못해 스스로를 무능하다고 느끼게 하는 한계의 많은 부분은 중앙정부에서 실행하는 사업의 평가시스템에서 어느 정도 해소될 수 있는 소지가 있었다. 예로, 소위 원칙대로 성실하게 사업을 진행한 팀의 작업이 궁극적으로는 더 좋은 평가를 받게 되는 점검시스템을 구축하고 이를 일관성 있게 실행했다면, 그 동안 벌어졌던 소위 지역 관행의 부정적 측면은 꽤 해소될 수 있었다고 본다. 이번 시범사업의 경우도, 초기에 의도했던 좋은 구도, 즉 '공간의 질 제고 - 삶의 질 향상 - 주민공동체 활성화 - 소득기반 창출'이라는 획기적인 계획개념의 도입을 하고 이를 성실히 실행하도록 권장하였지만, 막상 최종 사업 평가시스템에서는 물리적 시설계획의 완성으로 집중을 시켜 놓은 상황은 중앙정부의 가장 큰 과실 중의 하나라 본다. '공간의 질 제고 - 삶의 질 향상 - 주민공동체 활성화 - 소득기반 창출' 항목 모두에 성실히 집중하며, 장려한 대로 최대한 주민들의 참여를 통해 기본계획과 실시계획을 어렵게 달성해 놓은 뒤, 정작 예산 배분을 위한 평가 부분에 가서는 가시적인 시설 건립에 큰 점수를 부여하는, 종전의 평가방식을 안이하게 도입한 점은 우리나라 정책의 한계를 바로 보여주는 점이라 지적할 수 있다. 좋은 의도로 시작한 중앙정부 시범사업이 실현단계에서 꼭 염두에 두어야할 매우 중요한 사항 중의 하나는 바로 각종 평가관련의 내용과 체계의 개선에서부터 이루어진

---

20 정기용 선생님의 무주군 프로젝트가 훌륭한 이유는 지역공무원의 역량을 넘어서는 결과를 가져올 만큼 전문가의 역할을 뛰어나게 하셨던 점에도 존재한다고 본다.

다. 결국, 정부주도로 이루어지는 각종 사업에서 현장 공무원들을 바람직한 방향으로 움직이게 하려면, 이 평가시스템에 대한 창의적인 혁신이 전제되어야 하리라 본다. 정권의 교체와 담당공무원의 교체 등 사업의 지속성을 유지하기 어렵게 하는, 우리나라 공공행정의 고질적인 문제점도 늘 존재하는 가운데, 앞으로의 해결방안이 무엇이 될지 막막하지만, 최소한 기획단계에서부터 평가시스템의 작동까지를 제도적으로 준비해 놓는 것이 미흡하나마 현재로서 제안해 볼 수 있는 가장 실현성 있는 대안 중 하나라 본다.

살기 좋은 지역만들기
-영월 사례에 대한 최종해석

행자부의 살기 좋은 지역만들기 사업의 초기 계획목표와 구성체계에 대해서는 아직도 신선하게 평가한다. 그리고 이의 아홉 번째 유형이었던 가족형 모델은 몇 가지 사항에 대해 긍정적 해석을 할 수 있다. 첫째 학제간의 논의를 통해 마을만들기의 새로운 계획개념을 정립한 것, 둘째 지역의 특수성을 반영하고, 주민참여를 기반으로 한 지역의 기본계획 수립 절차를 나름대로 모색한 것, 셋째 물리적 환경과 사회적 환경을 융합적으로 고려한 기본계획의 내용을 구체적으로 제시한 것, 넷째 최저입찰의 발주방식을 현상공모방식으로 바꾸어 실행할 수 있는 기반을 조성하고 실천한 것, 다섯째 기존의 최저가입찰 발주방식을 현상설계공모 형식으로 바꾸어, 의식 있는 젊은 건축가팀이 참여할 수 있게 하고, 결국 질 높은 디자인의 실시설계를 가능하게 한 것, 여섯째 참여했던 대학연구실이 사후평가 및 모니터링을 지속하겠다는 의지를 갖고 있는 것 등등을 꼽아 본다.

한편, 위의 긍정적 항목과 더불어 아쉬운 점을 또한 많이 남기고 있다. 몇 가지로 정리해 보면, 첫째 사업 기획 초기의 바람직한 목표 설정과는 상반되게, 후반기에는 기존의 구태의연한 방식을 답습하여 다시 시설계획 위주의 평가를 적용한 중앙정부의 실책, 둘째 새로운 계획 내용을 실현해 보는 것에 대해 불편해 하는 지역 담당공무원의 관성, 셋째 지역 건축의 품격을 저해하는 요인인, 이른바 지역의 건축 관행을 과감히 개선하기보다, 포기하고 물러난 전문가의 역량부족, 넷째 해당 지자체에서 인정해온 주민대표와 다양한 주민조직 간의 소통부족 및 괴리현상, 다섯째 사업시행 후 제대로 된 평가분석이 없는 상태로 유사 후속사업이 진행되고 있는데, 이에 결정적인 참고사항을 전해주지 못하고 있는 점등등이 떠오른다. 이에 대해서는 지속적으로 보완작업이 이루어지기를 기대하고 있다.

우리나라의 마을만들기는 향후 여러 방식으로 전개가 되겠지만, 그 가운데 중앙정부 주도의 지역개발 시범사업 형식으로 지속될 가능성도 여전히 존재한다. 이러한 관점에서 장릉마을 시범사업은 우리나라의 도시설계, 도시계획 분야에 중요한 시사점을 주고 있다. 마을만들기형 지역 공모사업은 중앙정부가 강력하게 영향력을 행사하는 구도 안에서 전문가가 추진하고, 주민이 참여하는 형식으로 작동을 하고 있는데, 이것에 대해 주민주도의 진정성 정도가 어느만큼의 자율성을 갖는가의 관점에서 지속적인 성찰이 이루어져야 한다. 하지만, 동시에 소위 정부가 뒷받침하는 공공의 도시계획 제도로서 우리나라 마을만들기가 정착되기 위해서 이러한 정부주도 구도에서 주민참여가 활성화, 일상화 될 수 있는 기제는 무엇일까에 대해서도 지속적으로 모색해야 한다. 그리고 여기서 전문가의 역할이 무엇일까를 끊임없이 묻고 답해야 한다. 담당공무원의 역량 향상은 물론, 참여 전문가의 역량 증진도 계속 추구되어야 하리라본다.

지방자치제도나 참여의 정치문화가 1990년대 이후 더욱 자리를 잡아가고 있는 상황에서도, 우리나라의 참여형 마을만들기의 한 양상은 정부주도의 틀 안에서 시범사업 위주로 행해지고 있는 상황이라 인정하게 된다. 이 구도 안에서의 참여 및 참여형 계획의 특성을 어떻게 활성화, 다양화 시킬 것인가를 고민한다.

'살기 좋음' 이라는 공동체 설계의 계획개념을 구체화 하는 과정에서 기존의 물리적 환경계획만의 접근은 이제 한계가 있음을 인정한 상태이다. 구성원들의 일상생활에 세심한 배려를 하는, 사회적 공동체 계획의 시도가 현실화되고 있다는 점에서 이후 우리 마을만들기의 방향을 가늠하게 된다. '살기 좋음' 이라는 계획개념을 어떻게 하면 일상의 동네설계, 공동체설계 전략으로 구체화 시킬 것인가가 결국 숙제로 남는다.

참고문헌

- 느티나무 어린이재단, 『우리마을 이야기』, 2005, 2006.
- 또 하나의 문화, 『돌봄과 소통이 있는 가족문화와 지역사회를 위한 심포지엄』, 2005.
- 박소현, 『가족친화 마을환경 개념 및 평가지표에 관한 연구』, 여성가족부, 2006.
- 영월군, 『살기 좋은 장릉마을 만들기 마스터플랜』, 공간의 질 향상 분야, 2008.
- 영월군, 『살기 좋은 장릉마을 만들기 마스터플랜』, 삶의 질 향상 분야, 2008.
- 영월군, 『살기 좋은 장릉마을 만들기 사업 최종보고서』, 2009.
- 조한혜정, 『다시, 마을이다』, 또 하나의 문화, 2009.
- 조한혜정 외, 『가족에서 학교로 학교에서 마을로』, 2006.
- Barton · Marcus, H. et al, *Shaping Neighbourhoods*, Spon press, 2003, 2009.
- Wates, N. ed, *The Community Planning Handbook*, Earthscan, 2002.

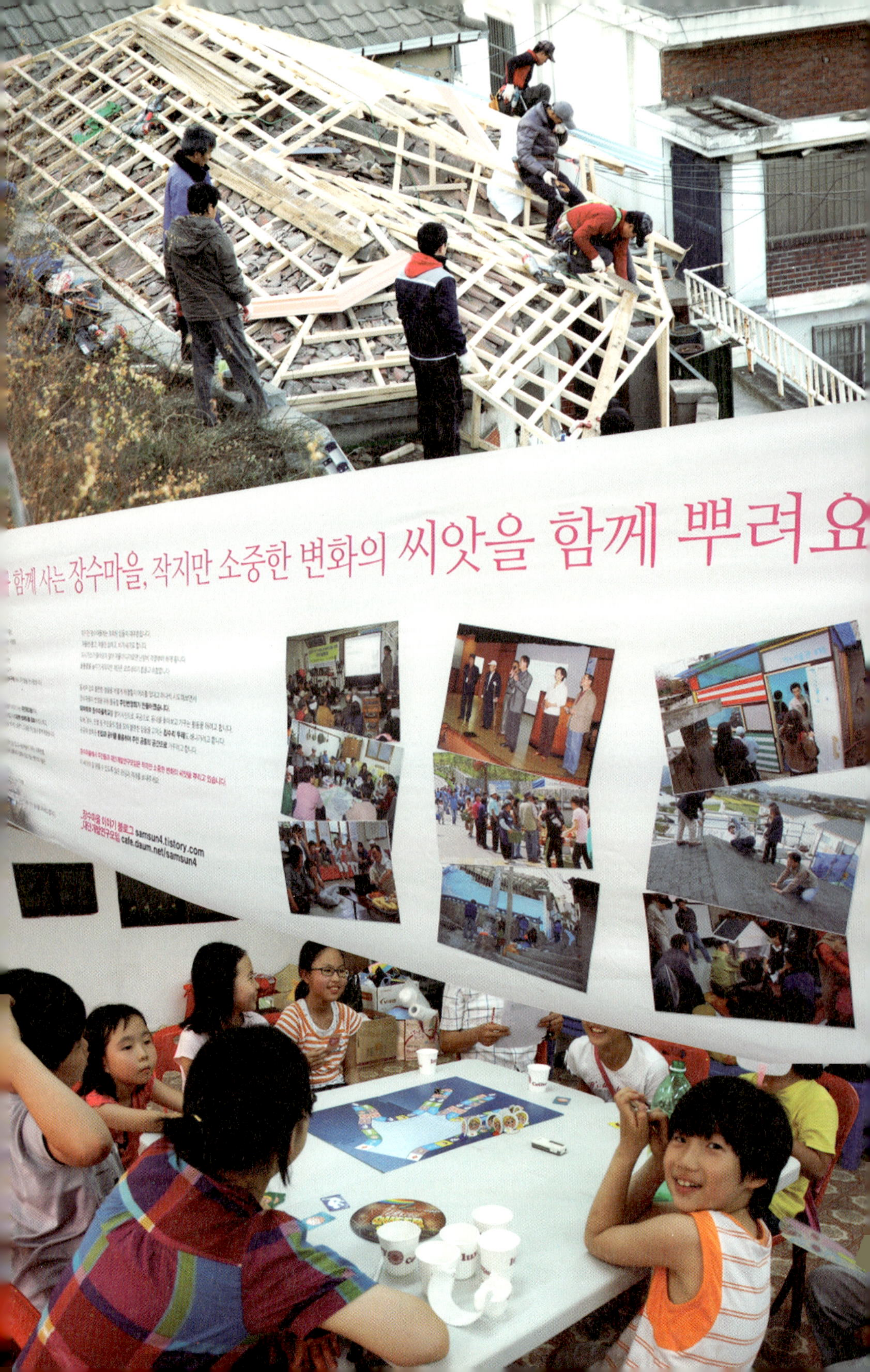

함께 사는 장수마을, 작지만 소중한 변화의 씨앗을 함께 뿌려요
samsun4.tistory.com
cafe.daum.net/samsun4

성북구 장수마을의
마을학교와 동네목수

이윤석 _ 국토연구원 연구원

들어가며

2000년을 전후로 우리나라에 등장한 마을만들기라는 용어는 지자체장의 선거 공약이나 정부 사업명칭으로 사용되면서 유행처럼 전국적으로 확산되었다. 당시 일부 사람들은 우리의 마을만들기가 일본 마치즈쿠리에 영향을 받아 시작된 새로운 움직임이라던가, 주민발의제도 도입으로 주민참여 개념이 도시정책에 도입되면서 나타난 새로운 움직임으로 바라본 것도 사실이다. 하지만, 이러한 이슈들로 마을만들기라는 용어가 부각된 것은 사실이지만, 그 개념까지 우리에게 새로운 것은 아니었다. 향약이나 두레와 같이 우리에게 조금은 멀게 느껴지는 과거의 전통을 언급하지 않아도, 1970~80년대에 공동체를 기반으로 한 많은 사례들에서 이미 '주민들이 스스로 마을을 지속적으로 가꾸는' 마을만들기의 본질적인 부분이 잘 담겨 있었기 때문이다. 반면, 근 10년간 정부사업으로 추진된 다양한 사업들을 돌아보면, 이들이 그간 배제된 주민들의 의견을 받아들이고 주민들과 함께 만들어가는 흐름을 조성하는데 기여했다는 점은 분명하지만, 과거 공동체 기반의 활동들에서 나타난 마을만들기의 본질적인 부분을 제대로 포함하고 있다고 하기에는 무리가 있어 보인다. 대다수의 정부 사업들은 단년도 사업으로 추진되고 물리적 공간 조성이라는 결과에 초점을 두고 있어, 마을만들기의 시민성과 지역성을 담아낼 수 있었는지는 몰라도, '지속성과 자립성'이라는 측면에는 분명히 한계를 보였기 때문이다.

이와 같은 맥락에서 우리의 마을만들기가 중요하게 다루어져야 하는 이유는 주민들이 참여한다는 단순한 절차나 사실, 또는 마을만들기의 결과로 조성되는 물리적 공간이 아니라, 거시적인 관점에서 우리가 살아가는 공간인 마을과 도시를 주민 스스로 지속적으로 가꾸어갈 수 있는 체계로서의 가능성에 있다고 할 수 있다. 즉, 마을만들기를 통해 도시라는 공간에 우리를 끼워 맞춰 살아가는 것이 아니라, 우리가 살아가는 공간에 대한 주체로서 의식과 권리를 인식하고 우리 스스로가 이러한 공간을 바꾸어나가도록 할 수 있는 실천적 지식을 제공할 수 있다는 점이 중요한 것이다. 이러한 관점에서 필자는 본고를 통해 마을만들기의 지속성과 자립성이 무엇인지에 대해 주민주도와 주민참여의 개념을 비교하여 살펴보고, 구체적으로 어떻게 지속성과 자립성을 구현할 수 있는지에 대해 성북구 삼선4구역의 사례를 통해 확인해보고자 한다.

주민이 참여한다: 주민주도와 주민참가

흔히, 마을만들기를 이야기할 때 '주민참여'라는 용어를 함께 사용한다. 하지만, 주민참여라는 개념은 주민들이 의견을 제시하는 수준에서부터 주체적으로 활동하는 차원을 모두 포함하는 포괄적인 개념이기 때문에, 본고에서 말하는 '주민주도'를 이해하기 위해서는 주민참여라는 개념을 세부적으로 살펴볼 필요가 있다.

일본의 마치즈쿠리 연구자인 사토 요시노부는 마을만들기의 특성을 주민과 행정의 관계 정도에 따라 크게 참가, 참획, 주도의 세 가지 단계로 구분하고 있다. 이 세 가지 개념은 모두 광의의 의미로서 '주민참여'에 포함된다고 할 수 있으며, 필자는 이 중 특히 주민주도와 주민참가라는 두 가지 개념이 우리가 경험한 마을만들기를 보다 깊이 이해할 수 있는 좋은 기준이 될 수 있다고 생각한다.

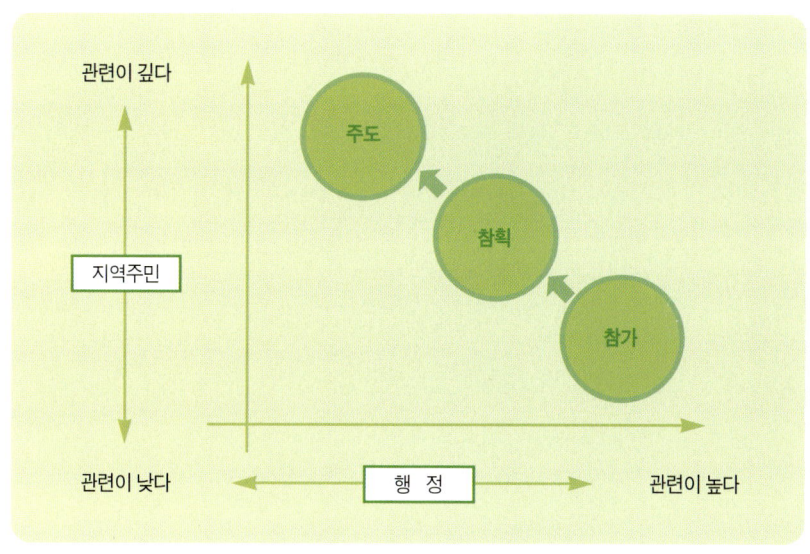

마을만들기에 있어서 참여의 단계
(출처: 사토 요시노부, "제1장. 시민이 참가하는 마치즈쿠리 - 참가, 참획, 주도",
『시민이 참가하는 마치즈쿠리(전략편)』, 한울아카데미, 2005, p.50.)

주민참가와 주민주도 모두 주민이 의사결정과정에 함께하고 있다는 사실이 동일하기 때문에 그 차이점을 파악하기 위해서는 주민이 어떻게 참여하고, 어떠한 역할을 하고 있는지 라는 부분에 초점을 둘 필요가 있다. 이와 같은 관점에서 '권력이양'으로 널리 알려진 존 프리드만은 '공적영역에서의 계획: 지식에서 실천으로'에서 참여주체의 특성과 계획 과정의 차이에 근거하여 네 가지 계획 이론의 전통을 구분하고 있는데, 이 중 사회개량social reform과 사회학습social learning의 전통이 주민참가와 주민주도 마을만들기의 차이를 구조적으로 이해하는데 시사점을 제공한다.[1]

즉, 주민들이 의사결정의 구도 안에서 자신의 의견을 제시하는 사회개량의

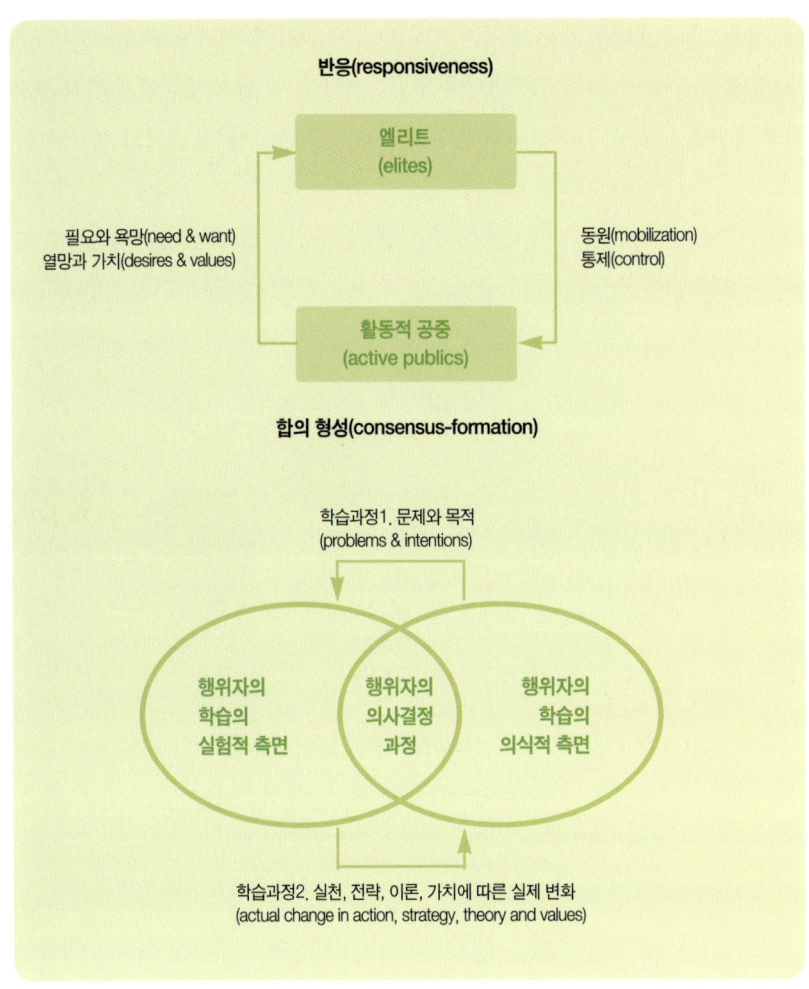

사회개량과 사회학습 전통의 핵심 메커니즘

(좌, 우는 각각 사회적 지도(societal guidance), 사회적 학습과 실천(social practice and learning)의 개념모델을 나타낸다. 출처: John Friedmann, *Planning in the public Domain: From knowledge to action*, Princeton University Press, 1987, p.116, 182.)

---

1 사회개량과 사회학습의 전통 속의 메커니즘과 특징이 마을만들기에 있어서 주민참가와 주민주도라는 개념을 구체적으로 파악할 수 있는 틀이 될 수 있다는 점은 역으로 주민주도적 마을만들기의 속성이 마을만들기 뿐 아니라 우리가 앞으로 나아가야 할 도시 및 생활의 전반에 있어서 중요한 실마리를 제공할 수 있는 근거이기도 하다.

전통은 주민참가와 맥락이 닿아 있으며, 주민들이 스스로 의사결정과 실천을 하고, 이를 위해 스스로의 역량을 강화시키는 사회학습 전통에서는 주민주도의 개념이 잘 드러난다고 할 수 있다.

사회개량의 전통에서는 이해당사자들이 참가하여 의견이 반영되는 합의형성 consensus-formation 과정과 엘리트를 중심으로 의사결정이 이루어지는 사회지도 societal guidance적 프로세스가 중시된다. 즉, 의사결정의 주체는 엘리트 전문가이며, 이해당사자는 참가자의 차원에서 욕구와 요구사항을 표현하는 역할을 한다. 단, 여기서 이해당사자에 해당되는 '활동적 공중active publics'은 집합성만을 강조한 대중masses의 개념과는 차이가 있다. 공중이란 공통된 동일한 문제를 발견하고 그 문제를 다루기 위해 동일한 행동을 계획하는 개인들의 느슨한 집합을 의미하는데, '활동적 공중'은 첫째 유사한 문제에 직면해 있고, 둘째 그 문제가 존재한다는 것을 인정하고, 셋째 그 문제에 관해 어떠한 일을 위해 조직화한다는 세 가지 특징을 가지고 있기 때문이다. 듀이는 이러한 공중이 동일한 문제에 직면해 있으나 그 문제를 발견하지 못할 때 잠재적 공중latent publics, 직면한 문제가 무엇인지 인지하면 자각적 공중aware publics, 문제에 대해 토론하고 무슨 일인가를 실행하기 위해 조직화되면 활동적 공중으로 구분하고 있다.[2] 필자는 이 중 '활동적 공중'으로서의 주민의 모습이 우리가 경험한 행정이 기획하고 주민이 참여하는 담장허물기, 공원조성사업[3] 등 주민이 정책·사업·디자인과정에 참여하는 '행위' 자체에 초점을 둔 일명 커뮤니티 디자인에서 나타난다고 생각한다. 바로 이러한 맥락에서 주민참가형 마을만들기를 이해할 수 있다.

반면, 사회학습의 전통에서는 '시민사회의 주체들이 문제를 인식하고 학습을

---

2 박기순·박정순·최윤희, 『현대PR의 이론과 실제』, 커뮤니케이션북스, 2004, pp.165~188.
3 물론, 공원만들기나 담장허물기에서 주민들이 함께 참여하여 삶의 공간을 만들어간다는 점은 매우 고무적이고, 일부 사례에서는 이러한 사업이 마을만들기의 촉발제로 작용하여 지속적인 사업으로 이어지기도 하지만, 대부분의 사례가 정부의 사업비 지원으로 이루어지기 때문에 일회적으로 추진되는 경향이 크다.

통해 실천으로 연결되는 구조'가 중시된다. 여기에서 행위자actor의 속성은 의사 결정 구도 안에서 목소리를 내는 활동적 공중의 개념보다 '학습 · 결정 · 실천'이라는 자발적 주체라는 개념에 해당된다고 할 수 있다. 이 과정에서 학습이 무지한 주민을 가르치는 행위가 아니라, 주민 스스로가 경험을 통해 스스로 배워나가는 과정이라는 점은 특히 중요한데, 이는 자립성과 지속성을 확보하기 위해 필요한 선순환적 구도를 형성하는 핵심적 기반이 될 수 있기 때문이다. 즉, 앞서 설명한 주민참가형 마을만들기의 경우 사업이 종료되면 상황이 완결되어 계속성이 단절되는 경우가 빈번히 발생하지만, 사회학습의 전통에서의 마을만들기는 주민들 스스로의 손으로 지속적으로 다양한 활동으로 확장될 수 있다는 점이다. 우리가 경험한 마을만들기 중 '이것이 주민주도형 마을만들기이다'라고 꼬집어 말하기는 어렵지만, 대구 삼덕동, 성미산마을, 부산 물만골 등에서 이러한 모습을 확인할 수 있다.[4]

하지만, 필자가 여기에서 주민참가형과 주민주도형 마을만들기의 차이를 언급한 것은 결코 모든 마을만들기가 주민주도형으로 되어야 한다는 것은 아니다. 마을만들기에 있어서 주민참여의 형태라는 것이 중요한 것은 사실이지만, 그보다 앞서 그것이 시작된 계기, 다루는 이슈 등에 따라 주민들의 열의에 온도차가 분명히 존재하며, 각 지역의 상황에 적합한 방식으로 진행되어야 하기 때문이다. 필자가 이야기하고 싶은 것은 마을만들기의 본질적인 부분인 '지속성과 자립성'이 마을만들기에서 구현되기 위해서는 학습 - 결정 - 실천과 같은 선순환적 기반이 매우 중요하다는 점이며, 따라서 어떻게 이와 같은 주민주도의 선순환적

---

4 삼덕동 마을만들기는 담장허물기로 시작하여 주민들 중심으로 진행되는 인형마임축제, 사회적 기업 (희망자전거제작소) 운영 등 약 10년간 지속적으로 마을만들기가 진행되고 있는 사례이다. 성미산마을은 공동육아협동조합의 경험과 성미산지키기 활동을 바탕으로 어린이집, 마을대안학교, 반찬가게, 재활용가게, 바느질작업장 등 육아뿐 아니라 다양한 생활 차원에서 진행 중인 대표적인 마을만들기 예이다. 물만골은 무허가 주택촌에 대한 재개발 압력에 대항하기 위해 주민들이 토지를 매입한 활동으로 유명한데, 최근에는 생태마을로의 전환과 자활이라는 두 가지 키워드 아래 각종 자활사업, 자원재활용 등 마을 공동사업으로 확대되어 추진되고 있다.

기반이 조성될 수 있었는지에 집중할 필요가 있다.

마을만들기의 배경: 외부적 압력에 대응 vs 제로베이스

어떻게 주도적·지속적인 주민주도형 마을만들기의 선순환적 기반을 구축할 수 있는지를 살펴보기 위해서는 우선 해당 사례의 마을만들기가 어떻게 시작되었는지 살펴볼 필요가 있다. 우리에게 잘 알려진 일본 마치즈쿠리 사례들은, 특히 주민들의 공론을 형성시킬 만한 '동적인 계기', 즉 외부적인 압력요소가 존재한 경우가 상대적으로 많다. 중심시가지의 쇠퇴를 경험하면서 상인들이 자발적으로 타개책을 찾기 위해 상점가를 가꾸기 시작하였다거나, 지역이 재개발될 위기에 처해 지역을 떠나야하는 주민들이 뭉쳐서 마을을 가꾸어나가기 시작하였다는 계기는 비단 일본 뿐 아니라 우리에게도 낯설지 않은 이야기이다. 물만골의 경우 재개발 압력과 같이 마을이 직면한 문제를 해결하기 위해 자생적으로 시작된 움직임을 바탕으로 다양한 차원의 마을만들기가 전개되었고, 인천 부평시장의 경우 상업가로 침체에 대응하기 위한 활동들로부터 일련의 움직임이 시작되었다. 이와 같이 강력한 외부의 압력에 대응하면서 시작된 마을만들기의 경우, 그 과정 속에서 자연스럽게 형성된 '공동체 의식'이라는 토양이 존재했기 때문에 이러한 계기가 없었던 경우에 비해 주민들이 스스로 주체의식을 가지고 주민주도형 마을만들기로 확장해나가기가 상대적으로 수월했을 것이라고 판단된다.

　마을만들기에 있어서 주민들이 함께 논의할 수 있는 공통의 관심사(혹은 매개체)와 주민간의 공감대가 형성되면 흔히 절반은 왔다고 이야기한다. 하지만, 현실 속에서 이와 같은 과정이 자연스럽게 진행된 경우는 특수한 상황에 해당되며, 대부분의 경우 이러한 요인이 없는 것이 일반적일 것이다. 또한, 마을만들기라는 한정적인 영역 뿐 아니라, 보다 넓은 차원에서 우리의 삶의 방식을 변화시키는 방법에 대한 시사점을 찾기 위해 마을만들기를 보기 위해서도 이와 같이 외부적 압력이 없는 상태에서 주민주도의 기반을 만들어나가는 것을 살펴보는 것은 중요하다.

　이 글에서는 필자가 경험한 성북구 삼선4구역의 마을만들기를 통해 재개발이나 도시정책에서 소외된 지역의 자포자기한 주민들이 어떻게 마을만들기를 통해 공동체 의식을 형성시켜나가고, 주민주도형 마을만들기에 가까운 형태로 발전되면서 선순환적 기반을 다질 수 있었는지를 살펴보고자 한다.

성북구 삼선4구역 마을만들기

이와 같은 관점에서 성북구 삼선4구역 마을만들기는 재개발이나 도시정책에서 소외된 지역의 자포자기한 주민들이 제로베이스에서 시작한 사례로, 완전한 형태는 아니지만 지속성과 자립성을 가진 주민주도형 마을만들기에 가까운 형태로 발전된 사례에 해당된다.

　장수마을이라고 불리는 서울 성북구 삼선4구역은 심하게 낙후된 물리적 · 경제적 여건으로 인해 개선이 시급하지만 기존의 재개발로는 해결이 불가능해 그간 사각지대 속에서 계속 방치되었던 지역이다. 약 97%의 가옥이 노후불량주택 수준이며, 지역민의 열악한 소득수준과 각종 도시계획법상 제한(성곽, 문화재 보호구역)으로 국공유지에 주민들이 무허가로 지은 집들이 대부분이어서, 복잡하게

---

5 삼선4구역에 대한 상세한 정보는 홈페이지(http://samsun4.tistory.com/); 남철관, "주민이 참여하는 도시재생사업: 삼선4구역 주민참여형 대안개발사업 사례", 『국토』 2009년 6월호, 국토연구원, 2009 등을 참조
6 서울신문 기사(http://www.seoul.co.kr/news/seoulPrint.php?id=20110819014005) 참조
7 일반적인 주거지 정비사업은 사업 종류와 무관하게 대체로 공공이 기본계획을 수립하고, 주민 중 일부가 외부의 지원을 토대로 조합을 결성하여 사업을 추진하는 방식으로 진행되어 왔다. 조합을 통해 주도적으로 참여하는 일부 주민 외에는 실제적인 참여가 불가능한 이러한 사업에서 흔히 '추가부담 없이 집 한 채를 장만할 수 있다' 등의 선전에 현혹된 주민들은 사업시행 인가나 관리처분 단계에 이르러서야 개발사업의 실체를 파악하지만, 이미 다수의 영세가옥주는 막대한 추가부담금을 감당할 수 없어 소유권을 현금으로 청산하고 외부로 이주하며, 전세민들은 갈 곳을 못 찾고 살아오던 장소에서 쫓거나 방황하는 것이 그간의 모습이었다. - 남철관, 앞의 글, p.51.

성북구 삼선4구역의 마을 모습

얽히고 설킨 양상을 결코 쉽게 해결할 수 있는 곳이 아니었다.[5] 전세비 1,500~2,000만원 수준인 대부분의 가호들은 비가 내리면 집안 곳곳에 물이 스며들고 곰팡이가 슬고, 국공유지에 무허가로 지은 집들이라 도시가스가 제공되지 않아 연탄이나 기름에 의존하여 겨울을 나는 상황이었다. 설상가상으로 2004년 재개발 지역으로 지정되어 2000만원도 채 안 되는 건물에 외지인들이 2,000~3,000만원의 웃돈을 얹어 투자해두고 재개발을 기다리는 상황이 나타나면서, 건물주들은 가호를 수리하기 보다는 재개발을 통해 몇 천 만원의 목돈을 얻을 수 있을 것이라는 희망을 가지고 그저 버티는 상황까지 나타났다.[6] 정말로 대책이 없었다.

필자는 2008년 대안개발팀의 일원으로 삼선4구역 마을만들기에 참여하였다. 당시 대안개발팀은 기존 재개발의 한계[7]를 대안적 방법을 통해 극복하여 주민들에게 부담을 최소화시키면서 이들의 환경을 개선시키는 방법을 찾는 것을 목표로 하고 있었다.[8] 이를 위해 2008년부터 2년간 주민들과 교류하면서 워크숍을 비롯하여 다양한 전문가를 통한 법·제도적 자문, 설계검토, 설문조사 등 다양한 활동을 실시했다. 필자가 놀랐던 점은 주민들과 이야기하는 과정에서 주민들이 스스로 마을을 개선해나가려는 생각보다 누군가가 무엇인가 해주기만을 바라는 자세를 가지고 있다는 점이었다. 물론, 대안개발팀이 일종의 외부자였고, 주민들이 그간 재개발이라는 이슈에 시달렸기 때문이기도 하겠지만, 주민들은 대안개발팀에게 이 상황을 해결할 수 있는 해답만을 요구했다.

2년간의 과정을 통해 우리가 확인할 수 있었던 것은 마을의 문제를 한 번에 해결할 수 있는 '요술방망이식' 해법은 존재하지 않는다는 것이었고, 아이러니하게도 바로 이것이 주민주도형 마을만들기로 전개할 수 있었던 배경이 된 요인이 될 수 있었다. 즉, 주민들이 더 이상 기존의 재개발에 기댈 희망이 없었기 때문에, 마을만들기라는 방향이 그들에게는 절실하게 닿을 수 있었던 것이다. 이러한 삼선4구역의 사례는 그간 도시정책에서 소외된 채 주거환경개선에 대한 희망도 없이 그저 버티고만 있는 정책의 사각지대에서 나타날 수 있는 한계이자 새로운 가능성일 수 있다는 점에서 중요하다. 흥미로운 점은 삼선4구역의 경우 재개발을 거부하는 주민들의 공유된 의식이 재개발에 찬성하던 통장을 배제할 정도로 강하게 나타났다는 점이다. 주민간의 공유된 의식의 정도는 마치 외부의 압력에 대응하여 이루어지는 집단적 활동이나, 경제적 이익을 확보하기 위해 재개발 등에서 나타나는 모습과 거의 유사할 정도로 견고했다.

이와 같은 과정을 통해 대안개발팀은 정부 차원에서 진행될 수 있는 방안을 찾는 것을 장기적인 과제로 미루어두고, 그 방안을 통해 개발을 할 수 있든 없든

---

8 구릉지 지형, 좁은 면적, 낡은 무허가 주택, 기반시설 부재의 상황 속에서 오랜 시간 살아온 고령, 저소득 주민층이 주를 이루는 삼선4구역의 현실 속에서 추진된 대안개발계획은 주택 철거 및 신축을 통해 쇠락한 주거환경의 개선을 도모하되, 이 지역이 가진 다면적인 성격을 복합적으로 고려한 재정비 프로젝트이다. - 남철관, 앞의 글, p.47.

9 장기적인 해결방안이 뭐가 되든 우리 주민들은 당분간은 지금의 조건에서 살아갈 수밖에 없지요. 당장에 불편한 것들을 고치고, 보기 흉한 곳을 정비해서 사람이 살만한 동네로 가꾸는 일은 우리 스스로의 몫입니다. 그래서 주민번영회가 필요한 것이지요. - 장수마을 소식지, 2010년 4월호.

간에 주민 스스로가 당장의 마을 상황을 개선하는 방향을 정하였다. 삼선4구역에서는 주민총회, 워크숍, 소식지 등 다양한 수단을 통해 이러한 여건과 인식을 주민들과 공유하면서 주민실천단에서 마을만들기를 위한 마을의 과제를 정하고 이를 추진하는 주민번영회[9]의 출범까지 성공적으로 이루어냈다. 하지만, 워크숍, 주민설명회나 주민번영회를 통해 마을에 어떠한 일들이 필요한지 인식하고 결정하는 것과 실제로 마을을 변화시키기 위해 실천하는 것은 완전히 별개의 이야기이다. 바로 이러한 점에서 주민을 움직이게 만들고, 그들이 주체가 되게 할 수 있는 수단과 구조가 필요했다.

삼선4구역에서는 마을학교와 마을기업이 바로 그 역할을 했다. 주민들은 마을학교에서 각종 교실을 통해 마을과 노후된 주택환경을 어떻게 개선시켜 나갈 수 있는지에 대해 배울 수 있었고, '어떻게 고쳐나갈 것인지'에 대해 주민들이 스스로 참여하는 마을기업을 통해 그들의 손으로 마을을 고칠 수 있었다. 이와 같이 학습과 실천이 연계된 구조 속에서 주민들은 자신의 집들을 스스로 고쳐나

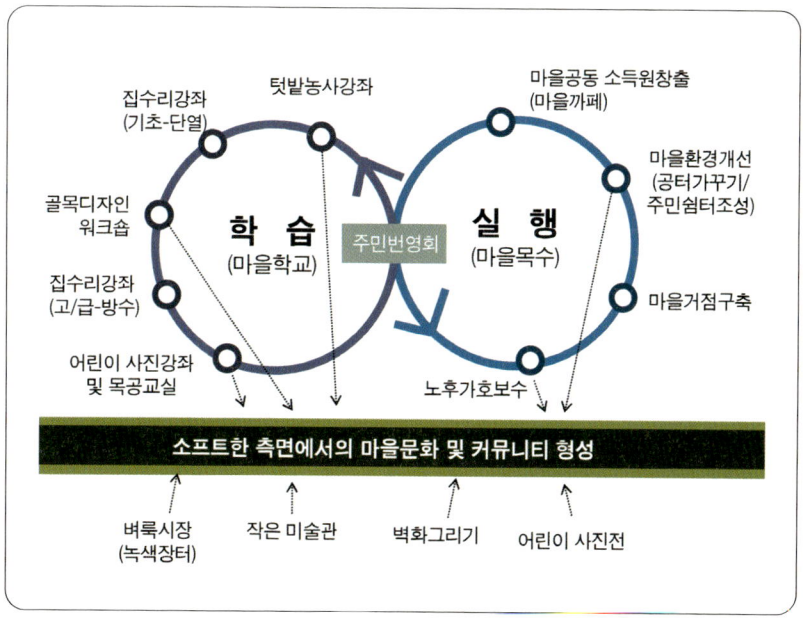

삼선4구역 마을만들기의 구조

감과 동시에 마을 전체의 물리적 환경을 개선할 수 있는 역량을 구축하게 되었고, 더 나아가 주민소득까지 향상시킬 수 있는 선순환적 구조의 기반을 만들어 나가는 계기가 되었다. 필자가 생각하는 삼선4구역의 핵심은 바로 이 선순환적 구조에 있다. 필자는 바로 이 구조가 앞서 언급했던 사회학습의 전통에서 나타나는 학습 · 실천 · 의사결정의 구조라고 생각한다.

하지만, 이러한 마을환경개선만이 전부가 아니었다는 점도 간과할 수 없다. 물리적 환경개선 뿐 아니라 침체된 마을에 활력소를 불어넣어 사람냄새가 나는 마을과 커뮤니티를 만들기 위해 다양한 활동들이 동시에 진행되었다. 이러한 활동들은 앞서 학습 · 실천 · 의사결정의 연계 고리 속에서 진행된 활동들과는 또 다른 차원에서 마을에 대한 주민들의 애정과 참여를 이끌어내는 하부구조를 형성하였다.

즉, '학습 · 실천 · 의사결정'으로 이어진 마을의 물리적 환경개선과 관련된 상부구조와 커뮤니티라는 의식적인 부분과 관련된 하부구조가, 점차 주민들 스스로 삼선4구역 마을만들기를 해나갈 수 있게 한 원동력이었다.

상부구조: 마을학교와 동네목수를 통한 지식과 실천의 연계

주민생활이 충실해지기 위해서는 다면적인 역량 강화가 필수적이고, 그런 점에서 외부 매개자의 역할과 관여가 중요하다는 것은 지금까지 경험한 대부분의 마을만들기 사례에서 확인할 수 있다. 삼선4구역에서도 주민들의 역량을 강화하

---

10 삼선4구역의 마을만들기에서 대안개발팀의 노력과 역할이 매우 중요했지만, 이미 많은 마을만들기 관련 글에서 외부조직의 역할과 중요성에 대해서는 수없이 반복된 바, 본 글에서는 이에 대한 내용은 생략하였다.

11 2011년 활동 방향으로 중요하게 고민하고 있는 내용은 구체적인 주택개량방안을 연구하고 이를 성북구청과 협의하면서 추진해나갈 수 있도록 주민들의 역량을 키우는 것입니다. 이런 면에서 올해 제일 중요하게 구상하고 있는 것이 마을학교 계획입니다. 지난 가을 마을학교 주제가 '집수리'와 '골목디자인', '화분 가꾸기' 였는데, 사실은 여기에 대안개발계획의 핵심 내용이 담겨 있습니다. 보다 저렴하고 편리하게, 튼튼하게 집을 고치는 방법, 걷기 편하고 아름다운 골목을 만드는 방법, 주민들의 일자리와 소득을 창출하는 방법을 찾고 역량을 키워야 하는 주제들이죠. - 장수마을 소식지, 2011년 1월호.

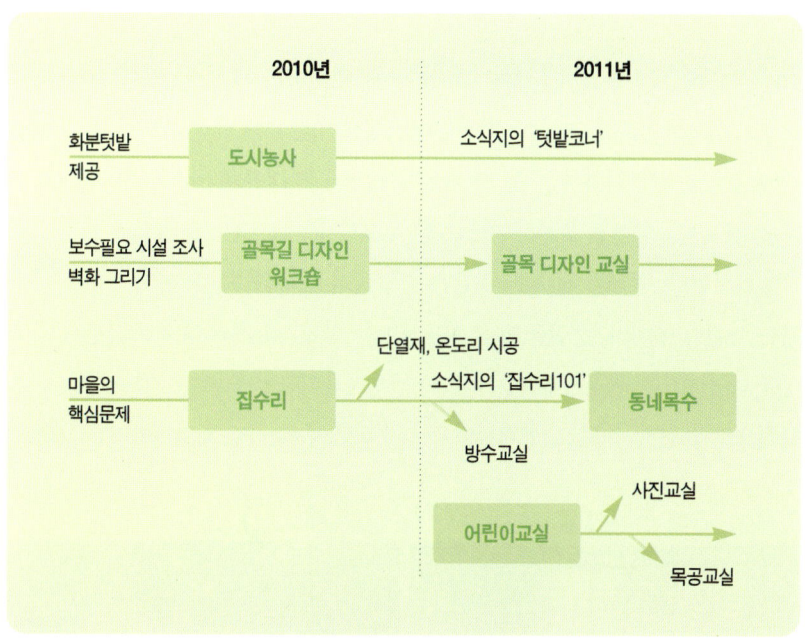

2010년   2011년

화분텃밭 제공 → 도시농사 → 소식지의 '텃밭코너'

보수필요 시설 조사 벽화 그리기 → 골목길 디자인 워크숍 → 골목 디자인 교실

마을의 핵심문제 → 집수리 → 단열재, 온도리 시공 소식지의 '집수리101' → 동네목수 / 방수교실

어린이교실 → 사진교실 / 목공교실

삼선4구역 마을학교의 전개양상

고 참여를 유도하기 위한 다양한 활동을 기획하고 전개한 대안개발팀의 역할과 노력들이 매우 컸다.[10] 이들이 활용한 핵심수단은 크게 마을학교, 마을기업(동네목수)이었으며, 소식지의 역할도 무시할 수 없었다. 흥미로운 점은 이러한 수단들이 모두 개별적으로 활용된 것이 아니라 주민들을 자연스럽게 끌어들이고 그들이 주인공이 될 수 있게 하는 상호보완적인 체계 속에서 활용되었다는 점이다.

마을실천단과 주민번영회가 의사결정을 할 수 있는 수단이었다면, 마을학교는 주민들이 마을개선에 대한 '지식knowledge'을 쌓아가는 공유의 장이었고, 동네목수는 바로 그러한 지식들이 주민들의 손으로 '실천practice' 될 수 있는 수단이었다. 그리고 소식지는 이러한 다양한 활동들을 알림과 동시에 유익한 정보를 '공유sharing'할 수 있는 효과적인 채널이었다.

마을학교: Knowledge

삼선4구역 소식지에서 '마을학교가 곧 성북구 대안개발의 핵심'[11]이라고 강조할 만큼 이는 주민들이 스스로 움직이게 만드는 데 중요한 역할을 했다. 마을학교는 마을의 가장 중요한 문제를 해결하는데 필수적인 개별가호의 집수리, 마을 전체의 환경개선(골목길 가꾸기), 경제적 여건개선(화분농사)에 대한 강의와 이와 관련된 활동으로 진행되었다. 이들 세 가지 강의내용은 대안개발팀이 주민번영회 · 마을실천단과 의견을 교류하면서 가장 중요한 문제로 파악된 것들을 바탕으로 구체화되었다. 주목할 점은 이와 같은 수업들이 단순히 주민들에게 지식을 전수하는 차원이 아니라, 주민들의 숨겨진 재능을 찾고, 더 큰 사업으로 발전시킬 구상을 다듬어가는 과정이었다는 점이다. 즉, 골목디자인과 벽화사업은 마을 경관사업으로 발전할 수 있고, 상자텃밭과 집수리는 후에 주민 일자리와 소득창출로

삼선4구역 마을만들기의 마을학교 모습

연계될 수 있을 것으로 판단했다.

2010년 첫 번째 강의인 '도시농부들의 화분농사 비결'은 주민소득 증대를 위한 첫 번째 시도였다. 2010년 5월 서울 그린트러스트와 신한은행의 후원 하에 상자텃밭 약 380개가 제공되었다. 마을학교에서는 이를 계기로 삼아 주민들이 이미 상당한 양의 화분농사를 하고 있다는 점에 착안하여 마을학교에서는 식물을 키울 때 탁월한 효과를 발휘하는 '쌀뜻물 EM발효액'을 만드는 법과 재활용품을 활용한 화분 만들기에 대한 강의를 진행했다. 이는 궁극적으로 도시농업화의 가능성을 염두에 둔 강의였으며, 이후 계절별로 상자텃밭에 대한 다양한 관리정보를 소식지를 통해 전달하여 주민들 스스로 서로 정보를 교환하면서 상자텃밭 관리가 당장의 먹거리나 소득증대 뿐 아니라, 주민간의 커뮤니케이션 수단으로서의 역할을 하게 되었다.

두 번째 강의인 '장수마을 골목디자인 워크숍'은 8월에 기 진행된 골목길 보수현황 조사·요청, 벽화그리기(한성대) 등을 계기로 마을의 주요 골목길에 대한 장래 방향설정을 목적으로 진행되었다. 골목길 두 개에 새로운 이름이 만들어졌고, 그 공간의 장점, 문제점, 새롭게 시도해 볼 수 있는 작업들에 대한 아이디어들이 교류되었고, 특히 주차와 쓰레기 문제를 둘러싼 이야기들이 부각되었다. 이와 같은 활동은 마을경관을 새롭게 만들어나가기 위한 시도였고, 이후 빈 집 터에 덩굴장미 식재(2011년 4월), 동네 쓰레기장의 주민쉼터 디자인 작업(2011년 9월), 골목가꾸기 디자인교실(2011년 8월) 등의 활동으로 확대되었다.

세 번째 강의는 '겨울철 나기에 도움되는 뚝딱 집수리'로 집안의 단열성능을 높이기 위해 문풍지, 온도리 시공법이 강의되었다. 특히 장수마을에는 구조적으로 단열성능이 낮아 난방비 부담이 커서 거의 난방을 포기한 주민들도 있기 때문에, 이에 대한 전문적 지식을 가진 건축사가 강사로 참여하여 왜 단열성능이 떨어지는지에 대한 근본적인 원인 등의 자세한 설명부터 문풍지 시공에 대한 노하우가 소개되고 실습이 이루어졌다. 주거환경 개선과 관련한 정보들은 소식지의 '집수리 101'이라는 코너를 통해 지속적으로 주민들에게 전달되었다.

이처럼 2010년에 행해진 세 가지 강의가 주거환경 개선에 초점을 맞춘 기초적인 정보 전달과 실습을 목적으로 진행되었다면, 2011년의 강의는 마을 주민들의 소통을 강화하고 커뮤니티를 구축하기 위한 어린이 사진교실·목공교실 등의 활동이 추가되고, 집수리 코너는 단순히 문풍지 부착 수준이 아닌 방수교실 등 보다 전문적인 지식공유 차원으로 발전하게 된다. 여기서 주목할 부분은 집수리 관련 마을학교의 활동이 당장의 집수리를 위해 주민들 스스로가 알아야 할 정보를 제공함과 동시에 '동네목수'라는 마을기업에 주민들이 참여할 수 있는 기반을 제공했다는 점이다.

동네목수: Practice

삼선4구역의 마을만들기가 '주민주도형'의 핵심을 담고 있다고 판단할 수 있는 요인은 바로 마을기업[12]인 '동네목수'에 있다. 이는 다른 마을만들기에서 나타난 자전거수리소와 같은 마을기업이나 마을목공소와는 다른 개념적 차별성을 가지는데, 주민들의 수요에 대응하거나 학습거리로 활용되는 차원이 아닌, 주민들 스스로가 지식을 배우고 이를 통해 주민들이 직면한 문제를 스스로의 손으로 풀어나갈 수 있는 '실행력'을 제공하였기 때문이다. 주민들은 스스로 직원으로 참여하여 소득을 얻을 수 있었고, 개별 집수리 뿐 아니라, 골목길 정비나 난간 설치, 마을 내 주민쉼터 조성 등 주민들이 희망한 일을 '그들 스스로'의 손으로 가꾸어나갈 수 있게 되었다.

삼선4구역 마을만들기의 초기단계에서 주민들이 여러 가지 마을의 문제점을 말하면서 시나 정부가 고쳐주어야 한다고 요청만 했던 상황과는 이제 완전히 다

---

12 흔히 커뮤니티 비즈니스로 표현되며, 일본 경제산업성 쿠슈경제산업국이 2002년 3월 공표한 '쿠슈 지역의 커뮤니티 비즈니스 결과보고서'의 정의를 참조하면, 지역의 사람들이 지역에 잠자고 있는 자원(노동력, 원재료, 기술 등)을 활용하여 행하는 소규모 비즈니스로 이익의 추구와 더불어 지역의 과제 해결을 목표로 하는 것이라고 정의할 수 있다.

른 양상으로 전개되기 시작한 것이다. 삼선4구역에서 동네목수는 주민들이 원하는 공간을 실제로 구현할 수 있는 주민들의 '손과 발'이었다.

사실, 이 동네목수의 개념은 우리나라의 전통적인 '마을두레'의 형태로 시작되었다. 한 달에 만 원 정도를 회비로 내면 마치 두레와 같이 동네목수를 통해 차례대로 집수리가 진행되는 것이다. 밖에서 일할 때보다 일당은 3~4만원 적지만, 2011년 여름에 마을주민 6~7명이 참여하여 시작되었을 때에 비하면 2012년에 들어오면서 상당히 많은 주민들이 참여를 희망하고, 활동을 통해 서로서로 집을 고쳐주고 돌봐주면서 큰 보람을 느끼고 있다고 한다.

하지만, 동네목수라는 기업의 운영이 가능했던 것은 단순히 마을학교를 통한 지식을 바탕으로 이루어지거나, 성북구청에서 1호 마을기업으로 지정하였기 때문은 아니었다. 실제 목수가 삼선4구역에 자리를 잡고 동네목수를 운영할 수 있었다는 점, 그리고 초기단계에서 성북구에서 마을만들기 지원을 위해 공간과 장비를 제공했다는 점, 주민들이 두레에 참여하거나 일꾼으로 참여하였다는 점 등 많은 지원과 노력들이 있었기 때문에 가능한 일이었다. 또한 집수리 비용 중 자재비, 재료비가 많이 든다는 점을 감안하여 주변 공사장이나 인테리어 공사장에서 폐목재와 자재를 활용하여 비용을 절감시키려는 노력도 있었다.

삼선4구역 동네목수와 주민들의 손으로 변화된 공간

현재 동네목수는 단순히 마을의 낙후된 시설을 고치는 것에서 더 나아가 마을에 존재하는 빈 집을 고쳐서 새로운 입주자에게 제공함으로써 재원을 마련하거나, 빈집을 마을까페 겸 주민사랑방으로 만들어 서울성곽을 이용하는 사람들에게 음료를 판매하여 마을 소득을 확보하는 일을 진행하고 있다. 아직까지 동네목수를 통한 큰 수익은 없다. 2011년까지는 성북구의 재정적 지원을 받아 운영되지만, 2012년부터는 지속적인 운영을 위해 나름의 수익구조를 창출해야하기 때문에 이러한 활동은 앞으로 주목할 만한 부분이라고 생각한다.[13] 현재까지 동네목수는 마을에 한정적으로 운용되었지만, 인근지역에 대한 활동으로 확장될 경우 확보된 수익을 마을 환경개선에 재투자하는 구도를 만들어갈 수 있을 것으로 기대된다.

소식지: Sharing

마을만들기에 있어서 소식지라는 매체는 일차적으로 마을에서 어떠한 활동들이 일어나고 있고, 앞으로 어떠한 일정이 있는지 주민들과 공유하기 위함이지만, 삼선4구역의 소식지는 그보다는 소식지 자체를 통해 주민들의 시야를 넓혀주고, 마을 주변에서 일어나는 행사에 대한 정보를 제공함으로써 주민들이 함께 이야기하거나 공유할 수 있는 거리를 제공하는 역할도 담고 있었다.

구체적으로, 삼선4구역 소식지는 다음과 같은 역할을 수행했다. 첫째, 소식지가 마을학교의 강의내용을 참여하지 않은 주민들에게도 전달될 수 있도록 상세히 수록하고, 마을학교의 강의내용과 관련된 내용을 지속적으로 연재하여 주민들의 관심을 유지시킬 수 있었다는 점이다. 흔히 워크숍이나 마을학교와 같은 수단은 직접 참여하는 주민들의 관심을 지속시키는 데에는 효과적이지만, 개인

---

13 현재 집수리 두레 개념의 운영방식은 회원 모집에 한계가 있어 사실상 실패했으며, 주민들을 주주라는 끈으로 묶어 멤버십을 만들고, 외부 지지자에게 역할을 주고 관계망을 만들고, 사업자금 확보를 위한 목적으로 최근 주식출자방식으로 운영하는 방식을 고려 중이다.

적 사정으로 참여하지 못했던 사람들은 여기서 어떤 활동을 했는지에 대한 구체적인 정보를 접하기가 쉽지 않다. 이러한 정보 접근의 한계는 워크숍에 제외된 주민들을 더욱 배제시키는 경향을 야기시키는데, 삼선4구역은 소식지가 이 한계를 극복할 수 있는 수단이 되었다. 즉, 소식지를 통해 마을학교에서 일어났던 일들을 현장 느낌을 살려서 잘 전달하고, 주요 강의 내용인 쌀뜨물 EM 발효액 제조방법, 문풍지와 단열방법 등에 대한 모든 강의내용을 공유함으로써 주민들의 지속적인 관심을 유지하는데 도움을 줄 수 있었다는 것이다. 특히, 집수리와 관련해서는 '집수리 101' 이라는 별도의 코너를 마련하여 매번 새로운 집수리 방법에 대한 정보를 제공하였고, 상자텃밭의 경우 '텃밭달력' 이라는 코너에서 시기별로 작물을 교체하거나 수확하는 방법 등을 주민들에게 지속적으로 제공하였다.

둘째는 삼선4구역 주민들이 알아두면 좋을 정부정책을 소개하는 코너를 통해 주민들의 시야를 넓혀주었다는 점이다. '요모조모 따져보기' 라고 불리는 이

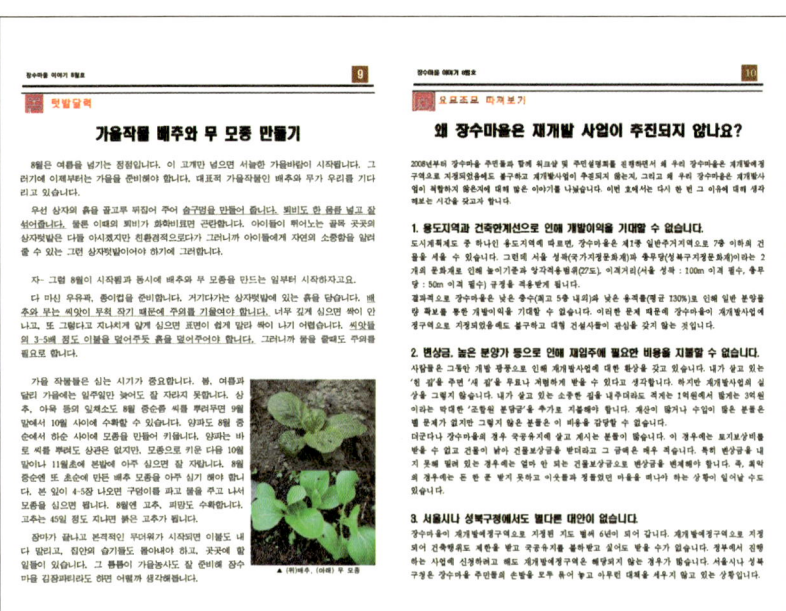

장수마을 소식지의 텃밭달력 코너(좌)와 요모조모 따져보기(우)

코너는 크게 두 가지 목적으로 진행되었는데, 첫째는 저소득층으로서 정부정책의 지원대상이 되지만 정보를 몰라 기회 자체가 박탈되는 부분을 최소화하기 위함이었으며, 둘째는 최근 추진 중인 다양한 정부지원사업 중 삼선4구역에 적용이 될 가능성이 있는 사업의 가능성을 타진하는 것이었다. 서울시 민간임대주택 임대료 보조제도, 녹슨 수도배관 개량 공사비 지원안내 등 주민들이 알고만 있으면 충분히 지원받을 수 있는 다양한 제도들이 소식지를 통해 주민들에게 전달되었다. 한편, 삼선4구역의 미래에 대한 논의에 주민들이 의식을 가지고 다양한 가능성을 모색해볼 수 있도록 서울휴먼타운, 해피하우스, 저소득층 에너지효율 개선사업 등을 소개하였으며, '왜 장수마을은 재개발 사업이 추진되지 않는가' 라는 설명 등도 이루어졌다.

셋째, 마을 주변에 무료 영화회, 전시회, 교육 등 비용 부담 없이 즐길 수 있는 행사를 소개함으로써 주민들간에 이야기거리와 만날 기회를 증가시킬 수 있었으며, 마을에 살고 있는 어린이나 어른들의 마을학교 체험담, 마을에 대한 이야기 등을 통해 서로를 알아갈 수 있는 계기를 제공했다.

특히 이 소식지는 딱딱한 이야기가 아니라 부드러운 어조로 쉽게 쓰여졌고, 틀린 그림찾기, 스도쿠 문제를 싣고 정답자에게 상품을 주는 흥미를 유발시키는 요소를 함께 기재하여 주민들이 항상 기다리는 진정한 의미의 마을 소식지의 역할을 해냈다.

하부구조: 소프트한 마을기반을 동시에 쌓아나가다

장수마을이 직면한 문제는 사실상 무너져만 갔던 노후한 주거와 열악한 마을환경만은 아니었다. 더욱 심각했던 것은 골목에서 어린아이들의 활기찬 웃음소리를 들을 수 없는 적막한 마을이 되었다는 점이었다. 즉, 문화가 사라졌다는 점이었다. 마을의 물리적 환경이 바뀐다고 살기 좋은 마을이 되는 것이 아니라는 점을 삼선4구역은 잘 알고 있었다. 앞서 이야기한 집수리 및 마을환경 개선을 위한 학습과 실천 이외에 삼선4구역에서는 자신의 마을에 애착을 높이고 주민간의 교류를 촉진시킬 수 있는 마을 공동체 문화 형성의 기반이 되는 활동들이 병행되었다.

한없이 우울하고 쇠퇴한 이미지에서 벗어나서 사람냄새가 나는 마을이 되기 위해서는 그에 걸맞는 활력 있는 문화가 필요했다. 이를 위한 활동의 대상은 주로 어린이들이었다. 이러한 접근방식은 아이들은 어른들과 달리 쉽게 친해지고 공감대를 형성해가는 속도가 빠르며, 아이들간의 친분을 계기로 어른들간의 자연스러운 교류가 가능하다는 점에서 주목할 만한 부분이라고 생각한다. 마을학교에서는 2011년 5~7월간 5회에 걸쳐 어린이 사진교실이 운영되었고, 아이들의 활동들은 소식지를 통해 마을 사람들에게 공유되었다. 그리고 아이들이 찍은 사진들을 마을 사람들과 공유하는 전시회를 통해 주민들이 사진 앞에 서서 마을에 대한 이야기를 나누면서 마을에 살고 있는 아이들에 대해 알아가고 마을의 기억을 공유할 수 있는 계기도 마련되었다. 2011년 10월 이후 마을학교에는 아이들을 위주로 한 목공교실이 진행되었는데, 아이들이 흥미를 가지고 참여할 만

마을학교의 어린이 사진교실

마을학교의 목공교실

어린이 사진전

벼룩시장(녹색장터)

한 문패, 우편함, 공간박스 만들기와 같은 활동이 진행되었다.

한편, 마을 전체 차원에서는 벼룩시장(녹색장터)을 통해 주민들이 서로 알아갈 수 있는 기회가 제공되었다. 2010년 5월부터 현재까지 총 5회간 진행된 벼룩시장은 사실상 동네축제의 모습이었다. 벼룩시장은 필요 없는 물건을 싸게 팔아 이웃에게 도움이 된다는 개념에서 시작되었지만, 시간이 지나면서 물건을 팔거나 고장난 우산을 고쳐주는 등의 기능적인 활동 뿐 아니라, 부침개와 도토리묵을 함께 먹고, 어린이들이 장터에 나온 옷을 입고 패션쇼를 하고 공연을 하는 등의 다채로운 활동들로 확장되었다. 이와 같은 일련의 활동들은 삼선4구역의 새로운 문화를 만드는 주춧돌이 되고 있다.

결언

마을만들기가 궁극적으로 주민들이 스스로 마을을 가꾸어나가면서 보다 '좋은' 마을로 만드는 일련의 과정이라면, 과연 '좋은 마을'은 무엇인가? 좋은 마을을 짓기 위해 우리는 노후화된 지역을 헐어서 아파트 단지를 짓고, 대규모 공원을 만들고, 조경을 하고 물을 흐르게 하는 외연적인 모습에만 치중해왔다. '인간적 풍요로움과 다양성', 그리고 '커뮤니티'는 멋진 환경을 만들면 자연스럽게 이루어지는 것이 아님은 분명하다.

2008년부터 약 3년간 진행된 삼선4구역 마을만들기는 비옥한 땅이 아닌 척박한 황무지에 꽃을 피우는 과정이었다. 아무런 움직임이 없던 주민들이 그들이 직면한 상황을 인식해나가면서 나아갈 방향을 정해나가는 과정은 희망의 씨앗을 뿌리는 행위였고, 주민 스스로가 마을을 개선시켜나갈 수 있는 능력을 학습하고 실천하는 과정은 물주기와 다를 바 없었다. 이제 마을학교와 동네목수, 그리고 그 외의 다양한 활동들을 통해 삼선4구역은 주민들이 스스로 주도할 수 있는 마을만들기의 꽃을 서서히 피워가는 시작 단계에 진입했다고 생각한다.

혹자는 우리나라에 마을만들기가 가능한 것은 가난한 경제적 빈곤층이나 일부 공통의 문제가 발생한 일부 지역에 한정된다고 이야기한다. 하지만, 삼선4구역의 마을만들기가 주는 시사점은 도시정책에 소외된 경제적 빈곤 지역에 대한 것만이 아님은 분명하다. 특히, '학습 · 결정 · 실천'의 연계구조는 주민들의 손으로 지속적으로 삶의 공간을 주민들이 가꾸어 나갈 필요가 있는 모든 공간적 영역에서 깊이 생각해 볼 만한다고 생각한다. 예를 들면, 이 책에 언급된 아파트 단지나 상업가로에서도 충분히 고려할 필요가 있는 부분이며, 특히 인구 감소 및 고령화 시대를 맞아 우리가 앞으로 나아가야 할 올바른 방향에 대한 실마리를 줄 수 있을 것이라 생각한다. 이제 우리가 살아가는 삶의 공간에 대해서 겉보기에 멋진 공간을 만드는 것보다 보다 근본적인 관점으로 돌아가 진정한 의미의 마을, 커뮤니티를 구현하기 위해 정말로 필요한 것이 무엇인지 곰곰이 다시 생각해볼 필요가 있다.

마을만들기에 끝이 어디 있겠냐만은, 삼선4구역의 마을만들기는 완전히 성숙한 단계에 정착했다고 할 수는 없을 것이다. 이제 막 꽃을 피우기 시작한 단계에서 삼선4구역에는 더 많은 도전과 더 많은 시도가 있을 것이다. 너무 많이 물이나 거름을 주는 것도 꽃이 스스로 커나갈 수 있는 능력을 죽일 수 있을 것이고, 혹은 피어난 꽃이 잘못된 방향으로 성장하여 제대로 성장하지 못할 수도 있을 것이다. 동네목수가 어떠한 구도를 통해 자생적으로 유지될 수 있을지, 마을학교의 컨텐츠는 어떻게 갖추어나갈 것인지, 마을까페에서 무엇을 판매하고 어떻게 관리할 것인지 등 수많은 부분에 대한 결정이 요구될 것이고, 그리고 그러한 결정에 있어서 주민들의 주도적인 역할이 점차 확대되어야만 할 것이다. 이 글을 빌어 삼선4구역 마을만들기의 초기 단계에서부터 지금까지 열정적으로 참여하고 있는 대안개발팀의 박학룡, 남철관, 김윤희, 민선씨, 그리고 자신의 전문적인 영역에서 힘을 보태주신 김미정, 김지혜, 조정구 님 이하 많은 분들, 마지막으로 삼선4구역 마을만들기에 행정의 역할을 충실히 지원하고 있는 김영배 성북구청장님 및 공무원분들에게 감사함을 전하고, 삼선4구역이 사람향기가 나는 아름다운 마을이 될 수 있기를 진정으로 소망한다.

참고문헌

- 남철관, "주민이 참여하는 도시재생사업: 삼선4구역 주민참여형 대안개발사업 사례", 『국토』 2009년 6월호(통권 332호), 국토연구원, 2009, pp.47~60.
- 박기순 · 박정순 · 최윤희, 『현대PR의 이론과 실제』, 커뮤니케이션북스, 2004, pp.165~188.
- 사토 요시노부, "제1장. 시민이 참가하는 마치즈쿠리 - 참가, 참획, 주도", 『시민이 참가하는 마치즈쿠리: 전략편』, 한울아카데미, 2005, p.50.
- 삼선4구역 마을만들기 홈페이지(http://samsun4.tistory.com)
- 삼선4구역 장수마을 소식지(http://samsun4.tistory.com)
- 서울신문, http://www.seoul.co.kr/news/seoulPrint.php?id=20110819014005
- John Friedmann, *Planning in the public Domain: From Knowledgd to action*, Princeton University Press, 1987, p.116, 182.

아파트도 마을이다

김기호 _ 서울시립대학교 도시공학과 교수, 도시연대 대표

향약은 원래 조선시대 지방의 자치규범이었다. 그 기본 정신은 향촌의 구성원끼리 서로 덕을 권하고(덕업상권德業相勸) 예로써 사귀며(예속상교禮俗相交) 어려울 때 서로 도우면서(환난상휼患難相恤) 잘못을 경계하는(과실상규過失相規) 것이다.

도시주거(지)에서 아파트(단지)의 현황과 의미

우리나라의 주거 유형에서 아파트의 비중은 거의 60%에 이르고 있다.[1] 거주가구 비율에서도 2000년 45.6%이던 공동주택(아파트, 연립 등) 거주가구 비율이 2010년에는 57.7%가 되었다.[2] 특히 수도권의 서울(82.8%), 인천(85.3%), 경기(82.9%) 등은 공동주택의 비율이 80%를 넘어 85%에 육박하고 있다.

이런 통계가 보여주듯이, 현재 대도시 대부분의 주민들이 아파트(단지)에 살고 있다. 아파트라는 주거 형식은 우리시대를 대표하는 도시주택이라고 할 수 있으

며, 아파트단지는 우리시대를 대표하는 도시의 마을·동네의 형태라고 할 수 있다. 이러한 대도시 속 마을인 아파트단지는 서울의 경우 3,351개이며 주거동수는 총 16,130개로 한 단지당 평균 4.8개의 주거동이 있는 셈이다. 아파트의 총 세대수가 1,322,205세대이므로 각 단지당 평균 394.6세대가 있는 꼴이다. 즉, 서울에서 한 아파트단지는 평균 약 400세대가 사는 도시 내 마을인 셈이다.[3]

마을만들기를 무엇으로 정의해야 할 것인지는 여러 각도에서 고민을 요구하는 것이나, 흔히 말하는 물리적 환경의 개선이나, 사회적 교류의 기제, 그리고 그에 따른 공동체의식이나 공동생활의[4] 증진이라는 측면에서 볼 때 아파트(단지)는 현실적으로 그 양에서나 질에서 볼 때 우리나라에서 마을만들기라는 주제가 피해갈 수 없는 대상이라고 할 수 있다. 오히려 아파트단지는 앞으로 마을만들기의 중요한 자원이며 자산이 될 수 있는 잠재력을 가지고 있다고 할 수 있다.

아파트단지의 삶과 이웃관계

대체로 아파트단지들이 담장이나 도로 등 주변과 경계를 이루는 물리적 장치들이 있기 때문에 아파트단지에 사는 많은 사람들은 아파트단지 자체를 이웃의 범위로 보는 시각이 우세하다(62.2%). 더 작게는 단지 내 거주하는 동을 이웃범위로

---

* 본 원고의 시작페이지 왼편 사진은 안현찬 제공
1 2010 인구주택총조사(통계청) 잠정 집계결과(http://census.go.kr/hcensus/index.jsp) 주택은 14,877천호로 2005년(13,223천호) 보다 12.5% 증가하였다. 주택 유형별로는 아파트의 비중(58.3%)이 가장 높고, 연립주택 등을 포함한 공동주택이 전체의 71.0%를 차지하고 있다.
2 주택수에서 아파트 등의 비율이 높으나, 거주가구 비율에서 약간 낮은 것은 아파트는 주택 1개당 1구가 사는 것에 비해 단독주택 등에서는 여러 가구가 살 수도 있기 때문이다.
3 서울시 공동주택 총괄현황, 2009. 12. 31. 서울시 주택본부 통계자료.
4 요즘 대체로 커뮤니티, 커뮤니티 활동, 커뮤니티 활성화라는 용어를 쓰나 본 글에서는 공동체, 공동생활, 공동체생활 활성화 등으로 사용하고자 한다.
5 신화경 등, "아파트주민의 공동체의식과 커뮤니티 시설에 대한 요구 및 만족도에 관한 사례조사연구", 『가정관리학회지』제29권1호, 2001, p.90. 이하 본 절의 통계는 동일 자료에서 인용.

어린이 놀이터의 어린이와 어른들

보는 시각도 있다(18.9%).[5] 결국 많은 경우 담장이 쳐진 하나의 아파트단지를 하나의 마을처럼 생각하며 살고 있다는 말이다. 이렇게 분명하게 담을 치고 많은 경우 공동으로 단지를 관리하는 아파트단지에서, 주민들의 공동체 의식(자기 단지의 공동의 일에 대한 관심)은 대체로 보통이라고 표현되고 있다(상 21.6%, 중 56.8%, 하 21.6%).

공동주택이라고도 불리는 아파트단지에서 공동체 의식이 낮은 이유에 대하여 장소 부족(27%), 프로그램 부족(35.1%), 시간 부족(21.6%) 등을 들고 있으며, 주민들의 주 교류장소는 놀이터(45.9%)와 공원(21.6%)이었으며, 이들과 함께 북카페, 헬스장 등을 공동생활 활성화 기여시설로 보고 있다.[6] 주 교류장소인 놀이터, 공원 등이 시사하는 것은 한편으로 놀이터의 주 이용자인 어린이들이 어른

---

6 공동체 활성화 기여시설; 놀이터 32.4%, 휴게소 18.9%, 북카페 18.9%, 헬스장 16.2%.

들 교류의 촉매제가 되고 있는 것을 나타내며, 공원의 경우 주로 어른들, 노인들의 이용과 관계된 교류를 생각해 볼 수 있다. 현재 진행되고 있는 어린이 수의 감소, 나아가 학원으로 내몰리는 어린이들의 현실은 주민간 교류에 부정적 영향을 미칠 수 있는 것을 의미하며, 노인 수의 증가와 성인들의 건강에 대한 관심은 공원 이용이나 운동시설의 이용 등 다른 측면에서 단지 내 주민의 교류 증진에 긍정적 영향을 미칠 수 있는 가능성을 열어 놓고 있다.

아파트단지에는 입주자대표회의가 있고 많은 경우 단지 관리를 관리전문업체(관리주체)에 위탁하고 있다. 그러나 입주자대표회의 대의원 선출 등과 기타 단지의 현안사항에 대한 주민의 참여는 매우 저조하다. 공동주택 입주민의 62%가 주민조직에 참여한 경험이 없는 실정이다.[7]

제도와 행정 속의 아파트단지 공동생활

앞에서 살펴본 대로 아파트단지 주민의 공동체 의식이 낮은 이유의 하나로 지적된 프로그램의 부족에 대처하기 위해서는 단지 내 주민들의 자발적인 모임이나 활동에 대한 공간적, 재정적 지원 등이 필요할 수도 있다. 이를 위하여 공동체 활동 활성화를 위한 자생단체 및 활동 등에 대한 지원이 단지 내 '잡수입'[8]에서 가능하며, 자치구에서 시행하는 단지 내 공동체생활 활성화를 위한 공모사업의 지원을 통하여 지원을 얻어낼 수 있다.[9] 또한 단지 내 봉사활동전담운영자도 '잡수

---

7 SDI정책리포트, 『공동주택단지의 커뮤니티 활성화 방안』, 2011, p.6.

8 단지 내 알뜰시장에 장소를 제공하고 받는 수입, 각종 광고수입 등을 말한다.

9 서초구의 경우 '서울특별시 서초구 공동주택 지원조례'가 2005년에 만들어 졌다. 25개구에서 모두 지원조례를 가지고 있다.

10 서울특별시 공동주택관리규약 준칙 33조의 1-5, "아파트 공동체 활성화를 위해 동대표들이 회의에 참석할 경우 실질적으로 보상할 수 있는 근거를 마련했다. 또 아파트 주민들이 친목활동을 벌였을 때 잡수입에서 이를 지원하도록 하고 있다. 서울시 관계자는 "새로 개정된 관리규약에 따라 아파트 관리의 투명성이 강화되고 주민 간의 소통이 전보다 활발해질 것으로 기대한다"고 말했다." 조선일보, 아파트 잡수입 내역 인터넷에도 공개, 2011년 5월 6일자.

입'에서 지원할 수 있다.[10] 대체로 부녀회나 경로당, 나아가 헬스클럽 등의 운영과 관계된다.

이를 위한 법적인 장치가 '공동주택 지원조례'이며 서울의 경우 모든 구에 도입되어 있다. 지원의 대상은 아파트단지 내 부대·복리시설의 보수에 대한 것으로서 사용검사일 이후 5년 이상이 지난 시설들이다. 이 조례가 의미하는 바는 상당히 크다고 할 수 있다. 우선 그동안 아파트단지를 개인의 사유물로 생각하여 단지 내의 모든 시설의 설치와 유지·관리를 개인(단지 주민)의 책임하에 두었던 것을, 최소한 그 유지·보수에서는 공공이 지원을 하여 단지 내도 일반적 도시관리의 일부라는 생각을 하게 되었다는 점이 중요하다. 다음으로 그동안 도시시설(도로, 녹지, 기타 복리시설)의 설치에서 단지 내라는 이유로 민간(단지 주민)에게만 맡겼던 시설을 유지관리차원의 지원을 통하여 공공이 주민 생활의 편의를 위한 책임을 일부 지게 되었다는 점이다. 이같은 공공의 투자나 개입은 앞으로 아파트단지의 관리가 단순히 입주민만의 책임이 아니라 일부 공공의 책임인 것을 의미하며, 다른 한편 이는 아파트단지 내 공간이 입주민만의 공간이 아니라 주변 지역과의 관계 속에 놓여 있는 공간임을 나타내는 것이라고 할 수 있다.

입주자대표회의를 구성하는 동대표의 선출에서 세입자(사용자)는 동별 대표 선출권은 있으나, 동별 대표자가 될 자격은 없다.[11] 평균적으로 서울시 아파트 거주가구의 1/3이상(36.6%)이 세입자라고 할 때, 세입자의 단지 관리에 대한 참여의 수준이 높아질 필요가 있는 것으로 생각되나 입주자대표회의가 단지의 이미지나 재산권 등과 관련되는 결정을 해야 할 경우는 주인 세대와 세입자 세대 사이에 생각이 다를 수도 있기에 간단히 결정할 수 있는 일이 아닐 수 있다.

아파트단지의 규모가 300세대 이상이 되면, 주민공동시설 설치가 의무적이

---

11 서울특별시 공동주택관리규약 준칙 10조(입주자 등의 권리)

며, 주택법시행령에 의한 단지관리가 의무적이다(장기수선충당금 적립, 장기수선계획 수립, 입주자대표회의 구성 의무). 즉, 소규모 단지는 관리에 대하여 자유롭거나 또는 방임되어 있다.

아파트단지 내 공동체 생활에 중요한 역할을 할 것으로 기대되는 커뮤니티 시설 설치의 법적 기준은 다음과 같다.[12] 부대시설과 복리시설로 나누고 있으며,[13] 단지의 규모가 커질수록 다양한 시설들을 설치할 것을 요구하고 있다.

a. 부대시설(주택법 2조 8항) 주차장, 담장 및 단지 내 도로, 관리사무소(50세대 이상), 휴게소 (300세대 이상)
b. 복리시설(주택법 2조 9항) 놀이터(50세대 이상), 근린생활시설 · 경로당(100세대 이상), 보육 시설(300세대 이상), 문고(300세대 이상), 주민공동시설(300세대 이상), 주민운동시설(500세대 이상), 유치원(2,000세대 이상)

대문이나 담장, 그리고 경비실 등을 으레 공동주택에 딸린 시설이나 설비의 한 부분으로 보고 부대시설로 취급하고 있는 것은 이 법규가 주거단지를 주변과 구분된 하나의 독립된 실체로 생각하고 있다는 것을 알게 한다. 이는 어떤 면에서 단독주택의 대지, 담장, 대문 등의 개념이 확장된 것으로 볼 수 있으나 공동생활이라고 하는 아파트단지의 특별한 사정을 간과한 측면도 보인다. 아마도 초기에 주로 교외에 신규 아파트단지가 만들어지며 이들이 주변의 농경지나 자연으로부터 또는 다른 신규주거(단)지로부터 구획되고 보호된 공간 · 범역을 만들려고 하던 의도와 연결된다고 생각한다. 또한 복리시설 중 상가에 대한 규정도 초기에는 의무조항이었으며, 이는 기존의 시가지나 상가가 있는 지역에서 멀리 떨

---

12 주택건설기준 등에 관한 규정, 2010
13 "부대시설"이란 주택에 딸린 다음 각 목의 시설 또는 설비를 말한다. "복리시설"이란 주택단지의 입주자 등의 생활복리를 위한 다음 각 목의 공동시설을 말한다.

어져 만들어지던 변두리 신개발지의 주거단지에서 주민들의 최소한의 생활복리를 담보하려는 의도를 담고 있었다고 생각한다. 그러나 오늘날 대부분의 교외·변두리 신개발지들이 모두 개발된 상황에서는 이러한 담장 등을 통한 보호나, 의무적 상가 건립을 통한 일상생활복리의 담보는 그 상황이 많이 바뀌어 버렸다. 특히 승용차 사용이 일반화된 상황에서 단지 내 상가의 의미는 많이 퇴색하였다. 이에 따라 상가에 대한 규정은 이미 오래전에 의무사항에서 선택사항으로 바뀌었다. 상가는 처음에는 분양가에 프리미엄이 붙는 등 분양이 잘 되어 사업자의 사랑을 받았으나, 후에는 잘 팔리지 않아서 애물덩어리가 되었던 시설이다.

아직도 계속 만들어지는 아파트단지 대문

아파트 마을만들기의 목표와 과제

마을만들기의 목표는 다양하게 설정될 수 있을 것이다. 가장 먼저 언급되는 것이 '마을' 이라고 하는 공동체적 삶을 회복하는 것이라고 보는 시각이다. 도시화와 아파트화로 인하여 개별적이 되어버린 도시인의 메마른 삶을 서로 알고, 돕고, 친해져서 궁극적으로 풍요로운 공동체적인 삶을 추구해야 한다고 보는 것이다. 공동생활을 영위하기 위하여 만들어진 장치인 공동주택에서 오히려 공동체적 삶이 사라져 버리고 개별적이고 고립된 삶의 양식이 우세하게 된 것은 매우 역설적인 이야기이다. 이런 시각에서 볼 때 마을만들기는 사람들이 만나고 소통하는 과정process이 중요하지 어떤 구체적인 좋은 물리적 결과물product을 만드는 것이 아니다. 즉, 마을을 사람들의 관계중심으로 보는 시각으로, 다음에 이야기하는 마을을 물리적 환경으로 보는 시각과 차이를 보인다. 다른 하나의 시각은 주민들이 참여하여 살만한 물리적 환경을 만들어 가는 것으로 보는 시각이다. 이 경우 과정뿐만 아니라 결과물로서 살만한 물리적 환경을 만드는 것도 중요하게 보는 것이다.

일찍이 마치즈쿠리라고 불리는 마을만들기가 활발히 진행되어온 일본의 입장은 다음과 같으며, 우리에게도 시사하는 바가 크다. 일본에서 마치즈쿠리는 크게 두 가지의 관점에서 볼 수 있는 바,[14] 첫째는 시민주의적 관점으로서 시민의 입장에서 시민이 (공)공적인 이익을 만들어 나가는 것으로 보는 것이다.[15] 둘째는 지역주의적 시각으로서 지역의 개성과 지역의 자원을 이용하여 지역의 발전을 이루어 나가는 것이다.

그에 따라 일본의 경우 마치즈쿠리가 목표로 하는 것을 다음과 같이 구체적으로 정리하고 있다. 첫째는 (철거 후) 거대한 개발을 하던 것으로부터 주변의 생활환경의 정비로 전환하는 것이고, 둘째는 관료 주도의 집권형 도시계획으로부터 시민 참여의 분권형 도시계획으로의 전환이다.[16] 이것이 구체적으로 의미하는

---

14 마쓰노 히로시 · 모리 이와오 저, 장준호 · 김선직 역, 『커뮤니티를 위한 마을만들기 개론』, 형설출판사, 2010, p.10.
15 이는 마을만들기가 자기(들)의 이익을 추구했던 것에서 지역의 '공공의 이익' 을 형성해가기 위한 차원 높은 시민운동으로 그 모습이 변해가는 것을 의미한다. 장준호 · 김선직 역, 앞의 책, p.56.
16 와타나베 순이치 저, 이건호 역, 『시민들이 참여하는 마을만들기』, 한국의 독자에게 서문, 목원대학교 출판부, 2004.

바는 거대 철거형 개발을 통한 도시·주거지의 재개발로부터 소소한 정비를 통한 갱신으로의 전환과, 관 주도의 도시계획에서 주민 참여의 도시계획으로의 전환의 두 가지 점이다.

우리나라의 경우 마을만들기에서 물리적 환경의 개선에 대하여 하나의 시각은 이것이 마을사람의 참여와 공감을 만들어 낼 수 있는 좋은 촉매제가 될 것이라는 기대와, 다른 한편 물리적 환경 개선에 너무 집착하는 것의 위험에 대하여 지적하는 시각이다.

"(아파트에서) 마을만들기 운동이 참여가 확대되는 건강한 사회 문화운동으로 자리하지 못한 이면에는 아직은 성숙하지 못한 우리의 시민사회 의식이 자리하고 있음이 분명하다. 그러나 해결해야 할 과제를 누구나 공감할 수 있는 공간환경의 개선문제로 정리한다면 보다 폭넓은 주민참여를 이루어낼 수 있을 것으로 보인다. 공간환경의 문제는 계층과 지역, 세대와 소득의 차이를 불문하고 모두에게 중요한 생활의 기반일 뿐만 아니라 삶의 질과 직결되는 최대공약수이기 때문이다."[17] 그러나 다른 한편, "마을만들기 사례를 접할 때 가장 중요한 것은 경관과 공간디자인 등 물리적 현상에만 집착할 것이 아니라, 그 내면에 감춰진 이야기를 들여다보고 풀어야 한다는 것이다." "따라서 마을만들기 운동의 맥락에서는 전문가의 공간 디자인이나 전문가와 함께하는 참여적 공간 디자인의 시각에서 공간을 바라보는 것보다, 공간과 관계를 맺는 지속적이고 우호적인 주민 참여 시스템의 문제로 공간 디자인을 바라보는 것이 더 중요하다."[18] 이 같은 두 가지 시각은 우리에게 모두 필요하고 의미 있는 시점들이다. 이러한 우리의 상황을 앞에서 언급한 일본과 비교할 때, 일본은 마을만들기에 대한 원론적인 논의를 넘어 '철거 재개발에서 소소한 정비로의 전환'과 '관 주도에서 주민 참여의 도시계획으로의 전환'이라고 하는 매우 실천적 목표를 추구하고 있는 것을 볼 수 있다.

---

17 박철수, 『아파트의 문화사』, 살림, 2006, p.83.
18 김은희·김경민 저, 『그들이 허문 것이 담장뿐이었을까』, 한울, 2010, pp.6~7.

아파트 마을만들기의 전제와 방향

아파트 마을만들기의 전제

이사 가기보다 고쳐 살기로

집이 재산 증식의 중요수단이 되고 사용가치보다 교환가치가 우세하는 상황에서 잦은 이사는 사람들에게 재테크의 필수적인 행위로 인식되었다. 이에 따라 사람들은 이웃이나 동네환경과의 관계를 만들기는커녕, 자기 집 자체와도 정들기 전에 다른 곳으로 떠나야 하는 상황이 되기 일쑤였다. 이사의 이유는 매우 다양하다. 집을 늘리기 위하여, 자녀 교육을 위해 좋은 학군으로 가기 위하여, 새로운 아파트에 당첨이 되어서……. 대도시에서 이러한 다양한 이유로 이사가 어느 정도 불가결한 측면이 있는 것은 사실이다. 그러나 그런 중에서 이사를 줄이려는 노력은 얼마든지 할 수 있다. 우선, 웬만하면 철거하고 대규모로 개발하는 재개발을 자제해야 한다. 흔히 말하는 재정착율 30% 이하의 문제를 가지고는 지속적인 사람들의 관계를 바탕으로 한 마을공동생활이나 마을만들기는 어려울 수밖에 없다. 아파트 등의 재건축의 경우도 마찬가지이다. 친근한 사람이나 공간환경을 싹쓸이하고, 새로운 사람들이 들어 왔을 때, 새로운 공동체가 형성되기까지에는 많은 시간이 걸리며, 어떤 때는 아예 바람직한 공동체란 형성되기 불가능한 경우도 있다. 좀 더 점진적이고 지속적인 주거지의 갱신방법을 찾을 필요가 있다. 기존의 집을 유지하고 보수관리하는 것을 도와주는 공공의 지원책 등이 유용할 것이다.

도시연대의 '고치며 살자' 워크숍, 2011

이미 도입된 공동주택지원에 관한 조례 등을 사용하여, 아파트 등도 잘 고쳐서 오래 쓰도록 한다면 이사가 적은 마을만들기에 기여할 수 있을 것이다. 이런 측면에서 공동주택의 리모델링 활성화는 긍정적으로 작용할 수 있다. 이는 사람들이 이사 가지 않고 오래 살게 하는 데에도 의미가 있으며, 리모델링이라고 하는 사업을 하는 과정 자체가 주민들의 관심과 참여를 통하여 이루어질 때 마을만들기가 추구하는 공동체적 삶, 참여적 과정 등에 큰 영향을 미칠 수 있다. 그러나 도시계획 쪽의 최근의 조치들은 이런 움직임을 무력화하는 것들이다. 즉, 주거지역의 적용가능 용적률을 더 높여줌으로 인하여[19] 사업성이 개선됨에 따라, 기존의 중층·고층의 아파트단지들이 그동안 리모델링을 모색하던 것에서 선회하여 철거하고 재개발하는 쪽으로 판단하고 있다. 그동안 중·고층 아파트단지들은 현재의 용적률과 조례에서 허용하는 용적률 사이의 차이가 적어, 소위 사업성이 떨어져서 재건축보다는 오히려 리모델링으로 방향을 설정하고 있었다. 좀 더 현재의 건물·단지들을 잘 유지·보수하여 오래 사용하게 하는 정책이 필요하다.

생활구비형에서 생활풍부형으로

그동안의 공동주택건설은 주택수의 증가에 많은 관심이 쏠려서 주택 이외의 부분에는 최소한의 규정만 적용하여 공동주택단지라고 하는 마을을 만들어 왔다. 주택법에 따른 부대복리시설의 설치기준 등이 이런 것들이다. 그러나 사람들은 마치 이 기준이 최고의 수준인양 생각하여 민간아파트사업자들은 이 기준 이상으로 단지의 시설을 구비하려 하지 않았다. 요즘 주택시장의 경쟁이 심해지며

---

19 2009. 4. 22. 도시 및 주거환경정비법 30조 3의(주택재건축사업의 용적률 완화 및 소형주택 건설 등) 신설에 따라 법정상한용적률(국토의 계획 및 이용에 관한 법률 제78조에서 정한 용적률)까지 특별한 이유가 없으면 짓도록 허용하는 것을 중앙정부(국토해양부)는 요구하였다. 이에 따라 각 자치단체가 당해 시·군의 여건을 반영하여 조례로 운영하던(대체로 법적상한용적률보다 낮게) 자치적 신축적 권한은 사라지게 되었다. 서울에서 3종일반주거지역의 경우 도시계획조례로 정한 250% 이하의 용적률을 적용받지 아니하고, 국계법에서 정한 300%를 적용받게 된다.

각 사업자마다 최소한의 부대복리시설을 넘어서는 다양한 시설을 제공하려는 노력들이 있다. 단지 내 물을 이용한 분수, 시냇물의 흐름 등 시설이나 대규모 수목의 식재 등이 좀 더 주민들의 생활을 풍부하게 하려는 노력이라고 할 수 있다. 그러나 실제로 이런 시설들은 입주 후 운영비와 관리의 어려움 등으로 인하여 대체로 잘 이용되지 않는 폐시설이 되곤 한다.

거창하게 설치되었으나 잘 사용되지 않는 단지 내 분수 등 물 관련 시설

처음부터 주민들이 생각하는 다양하고 풍성한 공동생활에 도움이 되는 시설이나 공간, 프로그램 등을 접목시키려는 노력이 필요하다. 다른 한 가지 오해는 아파트단지는 현대적인 주거생활을 위해 필요한 모든 것이 다 잘 갖춰진 곳이라고 입주민들이 스스로 생각하여, 자기들의 주거환경에 대하여 그 이상의 관심이나 투자가 필요 없는 것으로 생각하는 현상이다. 사실 최근에 지어진 고급의 아파트(단지)도 바람직한 공동체 삶의 질이라는 기준에서 보면 구멍투성이라고 할 수 있다. 주민들이 지혜를 모아 그들의 아파트단지를 그들의 요구와 편의에 맞

게 만들어 풍부한 생활 활동이 일어나는 곳으로 만들어 나가는 기회를 제공할 필요가 있다. 기존 아파트단지에서는 현 주민들이 모여서 생각을 다듬어 가는 것이 필요하며, 재개발·재건축아파트단지의 경우는 이미 조합원들이 있으므로 이들이 미리 정보를 입수하고 지혜

지하철 내 아파트 광고. "완벽한 생활"을 강조하고 있다.

를 모아 과도한 단지시설을 설치하는 것을 방지하고, 향후 입주하면서 서서히 단지를 스스로 가꾸어 나가는 방향을 모색하도록 해야 할 것이다. 이는 또한 분양가의 절감에도 기여할 수 있을 것이다.

자기주장형에서 학습공유형으로

아파트 마을만들기는 어느 날 사람들이 모여서 하자고 한다고 해서 쉽게 이루어질 수 있는 것이 아니다. 이를 위해서는 먼저 학습, 워크숍, 견학 등의 공부를 통해서 기본적으로 마을만들기가 무엇이고 왜 필요하며, 어떤 과정을 거치고, 어떤 결과를 예측할 수 있는지에 대한 학습이 필요하다. 이러한 기본적인 학습이 없는 주민들의 모임은 서로 자기 주장만 늘어놓다가 아무 소득 없이 헤어질 수밖에 없을 것이다. 먼저 학습을 통하여 지식과 문제의식을 공유하고 나아가 마을의 과제와 장점이 무엇인지 토론할 수 있어야 마을만들기라는 작업이 가능할 것이며 서서히 리더도 생성될 것이다. 이러한 공부와 관심은 가능하면 거창한 것보다는 가까운 집앞의 생활환경의 문제 등으로부터 출발하는 것이 유용하며, 나아가 마을의 환경개선과 관련된 법률이나 조례 등에 대한 이해를 높이는 것도 필요하다. 이 같은 공부의 과정에서 매우 중요한 자원의 하나는 주민들 속에 있는 관련분야 전문가들이다.[20] 이들은 마을만들기의 준전문가들이라고 부를 수 있으며, 그에 따라 쉽게 마을의 과제를 이해할 수 있는 능력이 있을 뿐만 아니라 다른 이웃주민들에게도 편한 선생님의 역할을 할 수 있을 것이다. 서울 아파트

자기들 동네의 일에 관심을 보이는 주민들

주민들의 대부분이 아마도 그들의 주거단지를 지원하기 위한 '공동주택지원에 관한 조례'가 각 구마다 설치되어 있는지 조차도 모를 것이다. 우선 주민들이 가까이에서 느끼는 불편이나 요구, 그리고 이들을 해결해 나가는데 도움이 되는 지원(사업) 등을 찾아 접근하는 것이 주민들의 관심과 참여를 이끌어 내는 동기가 될 수 있을 것이다.

아파트 마을만들기의 접근방향 및 방식들
커뮤니티와 프라이버시; 공동생활과 개인생활

"이제 도시와 주거군과의 결합이라고 하는 명제에 들어가 보자. 이 명제를 선택 하므로 해서 전체로서의 도시 구조의 분석과 주거의 분석을 동시에 행하는 것으로 된다. 도시 주거는 서로 관련을 가져야 할 것이며, 전체에 대해서도 관계를 가져야 하기 때문이다. 이러한 관련에 의해서 도시를 형성하는 두 요소는 훌륭한 균형을 이룰 것이 틀림없다."[21]

사실 건축적으로 이렇게 도시(커뮤니티)와 주거(프라이버시) 사이의 관계를 만드는 것이 쉽지도 명확하지도 않지만, 실제 생활에서 이런 균형적인 관계가 이루어지는 것은 더욱 어려운 것이 분명하다. 둘 사이는 서로 겹치며, 서로 양보해야 이루어지는 관계인 바, 이는 사람별로, 때에 따라 사정에 따라 요구가 달라지므로 이렇게 변화하는 요구에 맞추는 설계란 쉽지 않을 수밖에 없다.

이창裏窓(뒤로 난 창이란 뜻; rear window)[22]이라는 제목의 미국 뉴욕 맨해튼 그리니치 빌리지를 배경으로하는 영화는 그 구체적 무대가 소위 중정형 블록의 중정을 둘러싼 공동주택들이다. 중정 마당을 매개로 일어나는 시선, 동선, 공간 사용, 소리 등 공동체 생활이 적나라하게 드러난다. 살인을 목격하는 주인공과 스릴 있는 이야기의 전개와 별도로 도시 공동주택 속의 커뮤니티와 프라이버시에 대한 단편들이 잘 드러나고

영화 〈이창〉 속의 주인공 주택과 창 너머 공동의 중정 공간
(http://bin5che.egloos.com/2449230)

있다. 기르던 개가 죽었을 때 한 주민은 '동네 사람들이 서로 도우며 살아야지, 어떻게 이렇게 남의 개를 죽일 수 있느냐'는 절규를 하는가 하면, 주인공(다리를 다쳐 휠체어를 타기에 방안에 갇혀있을 수밖에 없는 사진작가)처럼 중

---

20 건축, 도시계획, 조경 등과 사회학, 지리학 나아가 세무, 법률, 부동산 등을 직업으로 하는 주민들을 들 수 있다.
21 서지 셔마이예프 · 크리스토퍼 알렉산더 저, 박선길 역, 『커뮤니티와 프라이버시』, 산업도서, 1976, p.191; 1963년 NY Garden City 간
22 알프레드 히치콕 감독, 제임스 스튜어트와 그레이스 켈리 주연으로 1954년작(2011년 7월 9일 저녁 EBS 상영)

정과 둘러싼 공동주택들에서 일어나는 일들에 너무 깊이 관심을 가지고 관찰하거나 관여하는 것은 프라이버시를 침해하는 것이 아니냐는 고민과 생각도 있다. 과연 공동주택의 삶에서 옆집이나 이웃, 그리고 동네라는 것을 전혀 관여하지 않고 살 수 있느냐? 또는 어느 정도까지 공동생활이 개인적인 생활에 침투할 수 있도록 허용할 것이냐를 생각하여야 한다.

삶이 겹치게 만들기

아파트먼트Apart-ment가 태생이 서로 떨어져apart 살라고 만들어진 것인데, 여기에 서로 겹쳐서 살라고 주문하는 것이 아이러니일 수 있다. 그러나 도시 속에서 사람은 좋거나 싫거나 서로 생활이 겹칠 수밖에 없는 상황이다. 다만 이런 겹침이 얼마나 선택적일 수 있느냐가 관건일 것이다. 또 하나 간과해서는 안 될 것이 사람마다 공동생활에 대한 관심과 태도가 다르다는 점이다. 이러한 선택가능성과 공동생활을 선도할 수 있는 리더의 존재가 아파트 마을만들기의 주요 열쇠라고 할 수 있다. 이런 전제 아래 삶의 겹침을 만들어 낼 수 있는 매개체는 다양하다. 사실 여기서 매개라는 것은 그것만이 아니라 매개체를 통하여 다양한 공동생활 행위가 확산될 수 있다는 것을 내포하고 있다. 다음은 공동주택단지에서 다양한 매개체의 가능성을 살펴본 것이다.

그룹이 매개체가 되는 마을만들기	아이들, 노인들, 주부들, 청소년들, 남자들, 취미동아리 등
프로그램이 매개체가 되는 마을만들기	단지 축제, 단지 경노행사, 단지 등산대회, 풀 뽑기, 청소하기
시설이 매개체가 되는 마을만들기	1층집과 마당의 꽃, 공원·산책로, 놀이터, 운동시설(실내외), 벤치, 다목적 홀과 방
관리가 매개체가 되는 마을만들기	입주자대표회의, 관리사무소, 공동구매, 프로그램 기획

이런 매개체 및 이의 활용은 상호 겹치는 경우가 많다. 기본적으로 사람들의

공동의(개별의) 활동을 위하여 시설이 필요하고, 또한 어떤 시설의 경우는 프로그램이 간간이 시행될 수도 있으며, 이를 위하여 관리측이 지원하거나 제한하는 경우도 있기 마련이다. 그러기에 어느 것이 우선한다고 하기에 어렵다. 하지만 그래도 가장 우선하는 것은 사람 중심이 아닐까 생각한다. 그 중에도 공동체 행위를 솔선하며 그로 인하여 다른 거주자들의 자발적인 행위들을 이끌어내 줄 수 있는 단지 내 커뮤니티 리더의 역할이 매우 중요할 것이다. 즉, 위와 같은 다양한 매개체가 있다는 것과 이들이 잘 작동할 수 있느냐 하는 것은 다른 차원의 이야기다. 이런 과정과 작동이 바로 마을만들기의 요체가 될 것이다.

경제사회공동체 만들기

이미 아파트 주민들은 관리업무를 위탁하는 것을 통하여 단지관리라는 서비스를 공동구매하고 있다고 할 수 있다. 이 같은 공동구매 등 공동경제행위는 주민들에게 직접적으로 이득을 가져 올 수 있기 때문에 많은 주민의 지지를 받아 낼 수 있는 매개체들이다. 이것은 다양한 분야로 확산가능하다. 이미 여러 곳에서 이루어지고 있는 생활필수품이나 식료품의 공동구매와 각 단지의 여건과 필요에 따라 육아공동체, 공동리조트회원권의 사용과 같은 여가공동체, 마을차나 마을자전거의 도입관리와 같은 교통수단공동체 등 주민들에게 경제적으로 이익이 되며 사회적으로도 기여할 수 있는 행위들을 구상해 볼 수 있다.

물리적 환경 개선의 과정 만들기

아파트에 무슨 물리적 환경 개선을 할 것이 있겠는가 하고 의구해 하는 사람들도 있을 것이다. 노후아파트는 더 노후하도록 두고 조금 고생하다가 재건축해서 확 바꾸어 버려야지 뭘 고치고 자시고 할 것이 있겠는가 하는 생각이다. 그러나 작금의 주택시장은 이런 생각이 꼭 옳지만은 않다는 것을 보여주고 있다. 그리고 이런 분위기의 주택시장은 아무래도 이제 일반적인 것이 되어갈 것으로 예측하는 사람들도 많다. 사실, 오래된 아파트단지에 살아보면 이래저래 불편한 것도 많고, 고쳤으면 하는 것도 많다. 아파트 내부를 고치는 것은 그동안 단지 내의 집수리, 인테리어 업소 등을 통하여 일반화되어 왔다. 그러나 각 집마다 내부 고치는 것을 넘어서는 부분들은 그저 손 놓고 재건축이 되기만을 기다리는 수밖에 없는 것으로 생각되었다. 현재 사는 아파트가 영원토록 사용할 수 있는 것은 아니되, 그 전에라도 집 내부뿐만 아니라, 주거동, 주거동 앞, 단지 내, 단지와 주변과의 관계 등 새로운 여건변화에 따라, 그리고 노후에 따라 고칠 필요가 있는 것은 고쳐가며 가능하면 오래 사는 것이 살기에도 편리하고 경제적으로도 이익이며, 이런 방식이 자연스런 과정일 것이다. 공동생활의 요구변화에 따라 신규단지에서는 일반화되어가는 주민공동의 체육이나 학습, 또는 여가를 위한 공간들도 꼭 신규단지에서 뿐만 아니라 기존의 주거단지에서도 얼마든지 시도해 볼 수 있는 것들이다.

공동주택의 공동체의 조직은 우선 층공동체에서 출발하여 계단실(엘리베이터)공동체(주동현관공동체) 그리고 나아가 주동공동체, 단지공동체 등으로 확장될 수 있다. 그동안 주택법이나 주택건설기준 등에 관한 규정은 주로 단지공동체를 위한 시설 등을 강조하여 왔다. 그러나 그와 함께 좀 더 가까운 이웃들과의 관계를 고려한 주동현관공동체나 층공동체를 위한 시설이나 설계기준 등을 마련하여 자연스럽게 자주 만날 수밖에 없는 사람들의 겹침의 공간이 마련되도록 할 필요가 있다.

이런 모든 물리적 환경 개선 작업에서 중요한 것은 단순히 이들이 제공되는 것이 아니라 이들이 어떤 과정을 거쳐서 제공되느냐 하는 것이다. 중요한 것은 이들이 주민들의 바람과 참여와 관심 속에 제공되도록 하여야 할 것이다.

최근에 지어지는 아파트단지는 이전의 아파트단지에 비하여 각 주동住棟이나 주동현관(계단실공동체)의 영역성이 축소되거나 위축된 느낌을 받는다. 이는 아무래도 지하주차장의 일반화로 인하여 지하주차장에서 직접 주동현관으로 진입하는 경우가 늘어나며 지상의 주동현관의 의미가 줄어든 것과 관련이 있는 것으로 보인다. 나아가 예전의 판상형 배치나 ㄷ자형 배치에서는 나름대로 공간적으로 위요가 되며 주동들의 영역성이 느껴졌으나, 이즘의 갈매기형(또는 Y자형) 배치에서는 그러한 위요형 공간이 사라지며 영역성도 후퇴하는 느낌이다. 그리고 이는 이 공간을 매개로 한 주민들의 공동체적 소속감에도 영향을 미칠 것으로 생각한다.

사이버 마을만들기

그동안 정보화의 진전, 그리고 특히 세계 최고 수준의 대한민국의 정보화 속에서 사이버공간에서의 공동체에 대한 기대는 매우 컸으며, 일부 동호회 등에서는 성공을 거두고 있기도 하다. 그러나 지역을 기반으로 하는 아파트단지라는 공동체에서 사이버공동체의 실현은 기대에 훨씬 못 미치고 있는 것이 많은 연구의 결과이다. 거의 모든 신규 아파트단지에서 단지홈페이지는 건설업체 등에 의하여 자동으로 제공되고 있다. 그러나 실제 입주 후 많은 주민들은 홈페이지가 있는 것조차 모르고 있는 경우가 허다하다. 필자가 현재 살고 있는 아파트도 2010년 2월에 입주를 시작했는데 1년 반이 지난 현재 입주자 이야기터에는 전혀 글이 없고 관리사무실 부분에 일부 공지사항, 뉴스 등이 있는데, 그나마 2010년 11월 이후로는 전혀 운영되고 있지 않다. 이 홈페이지는 민간업자가 제공한 서버에 있다.

이러한 사이버 공동체 비활성화의 현실에 대하여 임석회는 그 문제를 다음의 네 가지로 보고 있다.[23]

첫째, 홈페이지가 대부분 아파트단지 구성원들의 필요성에 대한 자각에서 만들어지지 않았다. 그에 따라 주민의 인지도나 활용도는 낮을 수밖에 없고 관리도 되지 않는다.

둘째, 관리사무소나 입주자 대표회의 등이 홈페이지를 구색 갖추기 정도로 취급하고 적절히 관리하지 않고 있다. 실제로 관리능력이 없을 수도 있다.

셋째, 홈페이지 내용이 천편일률적이며 실제 주민의 요구나 필요에 대응하지

---

23 임석회, "아파트 사이버공동체의 가능성과 한계", 『한국지역지리학회지』 11(6), 2005, pp.585~606.

못하고 있다. 이는 첫째 이유와 관련이 되기도 하며 무료 제공되는 홈페이지에 의존하는 것도 원인이다.

넷째, 주민들도 홈페이지를 무엇에 사용해야 하는지 모르고 있다. 홈페이지가 있는 것조차 모르고 있다.

결국 사이버 마을만들기의 관건은 주민들의 필요성에 좌우될 것이며, 관리를 책임지는 관리주체는 기본적인 단지관리의 정보를 홈페이지에 올리면서,[24] 자연스럽게 주민들의 참여를 유도하여야 할 것이다. 그러나, 홈페이지가 개별적인 정보 구득의 수단으로만 이용되어 오히려 공동생활 참여를 후퇴시키는 역할을 할 수도 있다는 우려도 있다. 윤무현의 연구에 따르면 아파트 홈페이지를 방문할만한 이유로 주민들은 관리비 공시, 공지사항, 민원접수를 중요하게 생각하고 있으며, 동호회나 중고장터 등 참여와 교환형 활동은 그보다 매우 낮은 수준이다.[25]

이같은 경향을 고려할 때 홈페이지는 오프라인off line의 행위를 지원하며, 병행하는 수단으로 사용될 때 아파트 마을만들기의 성공적 매개체가 될 수 있을 것이다. 성공적인 사례로 관악 푸르지오 아파트가 소개되고 있는데, 그 홈페이지는 메뉴의 구성이 입주자들이 관심을 가질만한 항목들로 구성되어 있으며, 입주민마당이나 주민커뮤니티에는 다양한 동호회 등 참여의 기회가 제공되어 있다. 미디어에 소개된 것으로 판단할 때 입주자대표회의와 관리주체가 노인대상 컴퓨터교육 등 많은 행사기획으로 오프라인 활동의 구심 역할을 하고 있으며, 홈페이지(http://kaprugio.com)에 관리비, 공사내역, 입주자대표회의 결과 등을 게시하여 그 이용이 활성화되도록 하고 있다.[26] 그러나 이러한 노력에도 불구하고 홈페

---

24 주택법시행령 제56조(관리현황의 공개)는 입주자대표회의, 관리비 등 부과내역, 입주자 등의 건의사항에 대한 조치 결과 등을 인터넷 홈페이지 또는 게시판에 게시하도록 하고 있다.
25 윤무현, 『아파트 홈페이지가 아파트 생활에 미치는 영향』, 성균관대학교 경영대학원 석사학위 논문, 2005, pp.58~65.

관악 푸르지오 홈페이지 메뉴

이지의 사용과 이용 등이 일부 한정된 주민들만이 이용하는 것을 관리사무소는 우려하며 대책을 고민하고 있다.[27]

제도 및 운영다지기

이미 앞의 글에서 아래와 같은 다양한 공동주택관련 법제도들이 언급되었다.

- 주택법과 주택건설기준 등에 관한 규정(부대 복리시설 설치기준 등)
- 주택법 시행령 제82조의 2(공동주택 우수관리단지 선정)
- 서울의 경우 각 구의 공동주택지원조례
- 서울의 경우 공동주택관리규약 준칙
- 각 아파트 단지별로 OO아파트 공동주택관리규약

이들 제도들은 대체로 규제적 내용을 담고 있다. 그러나 주민들간의 공동체 활동은 규제로 될 수 있는 것이 아니기에 이를 조장하고 장려하려는 지원방안들이 제도 속에도 의도되고 있다.[28] 대표적인 것이 각 구의 공동주택지원조례이며, 공동주택관리규약 내에 있는 공동체 활성화를 위한 자생단체 및 활동지원 부분이다. 여기에서는 이 두 부분에 대하여 살펴보고자 한다.

첫 번째, 구의 공동주택지원조례와 관련한 운영에 대하여 비교적 아파트 주거가 많은 강남지역의 강남·서초구와 강북지역의 노원구에 대하여 2011년 업무계획에 포함된 사업과 예산을 살펴보면 다음과 같다.[29]

---

26 아파트관리신문, 2009년 4월 27일자(www.aptn.co.kr)
27 관리사무소장과의 전화 인터뷰, 2011년 10월 26일.
28 와타나베 순이치는 그의 책에서 법제화·조례화론에 대하여 규제보다 유도적인 시책의 시행으로 시민의식을 고양시켜 조례의 실효성을 갖게 하는 것은 좋은 방법이라고 주장하고 있다. 와타나베 순이치, 앞의 책, p.156.
29 각 구의 홈페이지에 공시된 2011년 업무계획을 참조하여 작성.

서울시 3개구의 공동주택지원사업(지원비용=지원예산/인구x아파트주거비율)

구 분	지원예산액	주요사업	인구 (만인)	아파트 주거비율(%)	지원비용 (원/인)
강남구	20.7억 (시비 2,700만 원포함)	-공용시설물(하수도, 노인정, 어 린이놀이터 등) 관리비 등 지원 -입주자대표회의 및 관리주체의 전문성 향상을 위한 자문, 교육, 지도점검 등	57	61.2	5,934
서초구	10억	-11개 단지 17개 어린이놀이터 시설물 보수 및 교체	44	65.9	3,448
노원구	9.19억 (시비 4,600만 원포함)	-공동체 활성화 지원사업(9개), 공 용시설물 유지관리를 위한 지원 (12개) -공동주택관리자문단 운영 -주민간 소통 커뮤니티 문화 증진 -공동주택관리 분쟁조정 및 민원 상담 창구 운영 -지역난방요금 체계 개선	61	81.4	1,845

이미 2004년에서 2007년까지 서울시 25개구에는 모두 공동주택관리 지원 조례가 제정되었다. 그리고 2009년의 경우 지원예산은 최소 1억원(은평, 종로)에 서 40억원(강남)에 이르고 있으며 10억원 이상의 예산을 지원하는 구도 강남(40 억), 강동(12억), 노원(10억), 동작(10억), 서초(10억), 송파(20억), 양천(22억), 중랑(17억) 등 8개구에 달하고 있다. 2011년은 경제여건 등의 악화로 구 전체의 예산이 축소 되어 공동주택지원사업도 줄어들고 있다.

여기서 주목할 만한 것은 노원구의 정책이다. 노원구는 표에서와 같이 아파 트 거주인구 1인당 지원비용은 가장 적으나 그 프로그램은 매우 다양하고 나아 가 주민들의 재정적, 조직적 참여를 조장하고 있는 점이 눈에 띤다. 다음은 노원 구의 공동주택단지 지원의 자세한 사항이다.

1. 공동주택관리지원사업
- 지원대상: 주택법 제16조 제1항에 의한 공동주택 255개 단지

- 대상사업; 2개 분야 21개 사업; 공동체 활성화 지원사업(9), 공용시설물 유지관리를 위한 지원(12)
- 지원기준; 총사업비의 50~70%

2. 공동주택관리 자문단 운영

- 공동주택관리 자문단 구성; 30명 내외
- 지원내용; 입주자대표회의 의사결정 지원, 의무지원대상 - 2억원 이상 공사, 1억 이상 용역, 장기수선계획시, 선택지원대상 - 1~2억 이내 요청시, 공사분야 및 용역분야

3. 아파트 벽을 허무는 주민간 소통 커뮤니티 문화 추진

- 입주자대표회의 회의과정 공개 및 녹화장비설치 8개소
- 문화프로그램 운영; 장난감도서관, 학습품앗이 등 문화프로그램 시설비 및 운영비
- 커뮤니티 활성화를 위한 홍보자료 발간 및 홍보; 공동주택바로알기 등 홍보물 제작 연 4회
- 커뮤니티 공모사업; 4개소, 이웃간 담장 개방, 주차장 등 부대시설 공동이용 등
- 커뮤니티 전문가 배치; 1명, 커뮤니티 조직구성 및 활동지원, 프로그램 개발 등
- 공동주택 커뮤니티 지수 평가; 대상 - 의무관리 아파트 190개단지, 항목 - 커뮤니티 사업 실적, 분쟁 실태, 자원봉사, 정보 공개 등

4. 공동주택관리 분쟁조정 및 민원상담 창구 운영

- 공동주택관리 분쟁조정위원회 운영; 구성 - 10인 이내(주택관련 전문가)
- 소위원회 운영; 조직, 회계, 시설분야별 각 3인
- 민원조정 상담실 운영; 변호사, 회계사, 세무사 등 전문가가 분쟁 발생 전 사전 자문, 상담, 운영 월 2회(2, 4주 수요일 14~17시)

5. 지역난방요금 체계 개선(비예산사업)

- 지역난방 개선대책 추진단 운영; 관계전문가, 시 · 구의원 등 자문위원
- 추진내용; 타 공급주체보다 고가에 대해 요금인하 요구, 불공정한 열공급 및 분배시스템 개선방안 마련, 임대아파트 거주 주민을 위한 대책 마련, 사회적 약자 등에 대한 요금감면제도 도입 요구, 요금인상 검증위원회 도입, 주민 참여
- 추진방법; 주민 여론수렴, 실태조사 등

노원구의 지원정책에서 두드러지며 시사점이 있는 부분은 다음과 같다.

첫째, 단순한 시설물 유지보수 차원을 넘어 주민들의 공동체 생활을 활성화하거나 단지관리를 도와주는 등 소프트한 프로그램을 지원하고 있는 점이다. 예를 들어 9개의 공동체 활성화 지원사업이나 관리자문단, 분쟁조정 및 민원상담 창구 등을 들 수 있다.

둘째, 주민들의 참여와 책임감을 진작시키는 프로그램의 구성이다. 전액 지원하지 않고 주민의 대응투자를 유도하는 공동주택관리지원사업이나, 공모를 통하여 주민의 참여를 유도하는 커뮤니티 공모사업(이웃간 담장 개방, 주차장 등 부대시설 공동이용 등)들이 사례이다.

셋째, 공동체 생활의 가장 중요 요소인 주민간의 소통과 신뢰를 위한 특별 프로그램을 지원하고 있는 점이다. 입주자대표회의 녹화와 공개, 커뮤니티 전문가의 배치, 커뮤니티 지수평가 등은 새로운 시도로서 향후 그 결과가 주목되는 것들이다.

이상과 같은 노원구의 시도는, 80%가 넘는 구의 아파트 비율 등 현지 여건을 감안한 정책이나 전국이 아파트 주거수 비율이 60%를 넘고, 서울 등 수도권은 주거수에서 공동주택이 거의 80%를 차지하는 등의 추세를 볼 때 모든 자치단체에 많은 시사점을 던져주고 있다. 다만 이와 같은 프로그램의 운영이 결과적으로 어떤 의미와 영향을 주민들에게 그리고 도시관리에 가져올지에 대하여는 좀 더 세심한 연구를 필요로 하고 있다.

다음으로, 앞에 언급한 공공부문의 역할과 함께 각 아파트단지마다의 노력이 관심의 대상인 바 제도적으로는 대체로 공동주택관리규약의 운영을 통하여 드러나게 된다.

규약에 드러나는 공동체 활성화와 직접 관련된 사항은 다음과 같다.[30]

32조 2항의 5. 공동체 활성화를 위한 운영비; 매월 ㅇㅇ만원(자생단체에 지급할 수 있다)

제4장 공동체(커뮤니티) 활성화를 위한 자생단체 및 활동 등에서
33조의 1(공동주택 활성화 단체 구성 및 활동지원),
33조의 2(공동체 활성화 단체의 기능),
33조의 3(소요비용의 지원),
33조의 4(공동체 활성화 단체의 활동제한),
33조의 5(봉사활동을 위한 전담운영자)

이미 앞에서 언급한 대로[31] 단지 내 '잡수입'을 이용하여 주민들의 활동과 이를 돕는 전담운영자 등을 지원할 수 있다. 대체로 경로당 또는 주민운동시설 등의 운영과 관련될 수 있다.

앞의 홈페이지를 통한 사이버 마을만들기에서 언급한 관악 푸르지오는 단지 내 공동체 활성화를 위해서도 다양한 시도를 하고 있는 아파트단지로서 그 경과와 구체적인 사항은 아래와 같다.

2010. 07. 주택법 시행령 개정(입주자대표회의 선정 기준 등 변경)
2010. 11. 관악 푸르지오 관리규약 바꾸기(주택법 시행령 개정 및 관리규약 준칙 개정에 따라, 공동체 활성화 조항 등 추가)
2011. 02. 공동체 활성화 논의 시작; 입주자대표회의
　　　　　- 공동체 활성화 설명회, 취지 소개, 주민의견 받기; 별 큰 반응은 없었다.
　　　　　- 입주자대표회의 커뮤니티 사업; 아파트도서관(운영중), 다목적실(운영중), 보육시설(추진중)
2011. 10. 현재
　　　　　- 노래교실(다목적실에서 운영중); 강사 초빙, 주 1회 2시간, 매주 60~70분 참여, 방음장치와 마이크, 음향기기 설치
　　　　　- 도서관 운영; 도서 구입비 2011년 200만원 지원(도서가 적다는 지적에 따라), 2,500권 장서, 매달 운영비 100만원(사서 인건비)
　　　　　- 잡수입을 통한 지원; 수입원은 광고와 재활용 수거업체와 계약(1억원 이상/년; 입찰), 전출입세대 승강기이용비 등, 전체적으로 잡수입이 2억원 정도/년, 사용하고 남는 잡수입은 장기수선충당금에 투입

이상과 같은 관악 푸르지오의 경험을 볼 때, 단지관리규약 등을 통하여 제도적으로 가능하게 된 공동체 활성화의 지원은 각 단지의 운영 여하에 따라 다양

---

30 서울시 공동주택관리규약 준칙(2010. 9. 6. 개정)의 내용을 기준으로 검토함.
31 앞의 "제도와 행정 속의 아파트단지 공동생활" 참조

한 성과를 거둘 수 있음을 보여준다. 물론, 관악 푸르지오는 2,100세대의 대규모단지이기에 잡수입의 규모가 상대적으로 커서 다양한 프로그램을 운영할 수 있는 여건이 되는 것이 사실이다. 그러나 규모 작은 단지들의 경우는 인근의 타 단지와 연합하여 프로그램을 운영할 수도 있을 것이다. 나아가 단지 내의 이러한 활동에 인근의 단지 밖 주거지의 사람들이 참여할 수 있는 방식을 찾아볼 수 있을 것이다. 예를 들어 자치단체에서 사업비의 일정비율을 보조하는 방식으로 주변 주거지와 통합된 프로그램 운영 등을 구상해 볼 수 있을 것이다. 이같은 단지 내외의 통합프로그램 운영은 단지의 물리적 담장뿐만 아니라 마음속의 담장을 허물 수 있는 좋은 기회를 제공할 수 있을 것이다.

참고문헌

- 김은희 · 김경민 저, 『그들이 허문 것이 담장뿐이었을까』, 한울, 2010.
- 마쓰노 히로시 · 모리 이와오 저, 장준호 · 김선직 역, 『커뮤니티를 위한 마을만들기 개론』, 형설출판사, 2010.
- 박철수, 『아파트의 문화사』, 살림, 2006.
- 셔지 셔마이예프 · 크리스토퍼 알렉산더 저, 박선길 역, 『커뮤니티와 프라이버시』, 산업도서, 1976.
- 신화경 등, "아파트 주민의 공동체 의식과 커뮤니티 시설에 대한 요구 및 만족도에 관한 사례조사연구", 『가정관리학회지』 29(1), 2001.
- 아파트관리신문 2009년 4월 27일자(www.aptn.co.kr)
- 와타나베 순이치 저, 이건호 역, 『시민들이 참여하는 마을만들기』, 목원대학교출판부, 2004.
- 윤무현, 『아파트 홈페이지가 아파트 생활에 미치는 영향』, 성균관대학교 경영대학원 석사학위 논문, 2005.
- 임석회, "아파트 사이버공동체의 가능성과 한계", 『한국지역지리학회지』 11(6), 2005.
- SDI정책리포트, 『공동주택단지의 커뮤니티 활성화 방안』, 서울시정개발연구원, 2011.

필 자 소 개

김기호(Kiho Kim, 金基虎)
keyhow@uos.ac.kr

서울대학교 건축학과와 독일 아헨공대 건축대학(Dr.-Ing.)을 졸업하고, 현재 서울시립대학교 도시공학과 교수이며, 시민단체인 도시연대(걷고싶은도시만들기시민연대) 대표를 맡고 있다. 돈화문로 지구단위계획, 길음 휴먼타운 MP, 서울 사대문안 역사문화도시관리기본계획 등의 실무과제를 수행했고, 『도시사랑 - 도시디자인』(공저, 서울디자인재단, 2010), 『도시설계 - 장소만들기의 여섯 차원』(번역서, 대가, 2009) 등의 책을 출간하였다. 도시설계, 도시역사보존, 경관계획이 주요 관심사이다.

김도년(Donyun Kim, 金度年)
dnkim@yurim.skku.ac.kr

성균관대학교 건축학과 · U-City 대학원 교수이며 도시설계가이다. 상암디지털미디어씨티(DMC)를 계획하였고 지속적인 계획 실행 및 조성과 관리에 참여하고 있다. 주민과 함께 지역 경제 활성화와 도시환경개선을 연계한 도시설계에 관심을 갖고 노유동뿐만 아니라 명동, 종로에도 실천적 적용을 해왔다. 『도시설계 - 장소만들기의 여섯 차원』(번역서, 대가, 2009), 『도시사랑 - 도시디자인』(서울디자인재단, 2010) 등의 책을 출간하였다.

김세용(Seiyong Kim, 金世鏞)
kksy@korea.ac.kr

고려대학교 건축공학과를 졸업한 뒤, 서울대학교와 미국 콜롬비아대학교에서 건축 및 도시설계 석사학위를, 고려대에서 공학박사학위를 받았다. 서울시정개발연구원, 건국대 교수를 거쳐 현재 고려대 교수로 재직중이며, 경실련 도시개혁센터 운영위원장, 한국도시설계학회, 대한국토도시계획학회 이사와 국토해양부 중앙도시계획위원, 서울시 뉴타운 마스터 플래너(Master Planner)로 활동 중이다. 주요 저서로는 『도시설계 - 이론편』, 『도시개발론』, 『생태도시의 이해』, 『도시설계와 도시경관』, 『도시계획의 새로운 패러다임』 등이 있다.

김은희(Eunhee Kim, 金銀姬)
gsg11011@hanmail.net

인하대학교 독문학과를 졸업하고 현재 도시연대(걷고싶은도시만들기시민연대) 사무처장을 맡고 있다. 1993년부터 어린이에게 안전한 통학로만들기를 통해 주민참여에 대한 관심을 갖기 시작했으며 1997년도 인사동 활동을 통해 본격적으로 마을만들기 운동을 모색하게 되었다. 이후 북촌, 부평 문화의 거리, 부천 테마거리, 영구임대아파트 등지에서 마을만들기 운동을 진행했다. 마을만들기 운동은 참견하기이며, 연애하는 마음으로 우리 마을에, 우리 사회에 참견하자는 이야기를 떠들고 다니는 중이다.

박소현(Sohyun Park, 朴素賢)
sohyunp@snu.ac.kr

서울대학교 건축학과 교수로 재직하고 있고, 이전에는 미국 콜로라도대학교 건축도시대학 교수로 일했다. 도시 장소의 복합적 의미를 탐구하고, 보다 나은 질의 생활공간을 만들어 가려는 공동체적 노력에 관심이 있다. 도시 보존, 공동체 설계, 보행친화 근린환경, 건강한 오픈스페이스에 관한 연구를 현재 진행하고 있다. 연세대학교에서 건축 전공으로 학사와 석사, 미국 오레곤대학교에서 역사보존 석사, 그리고 워싱턴대학교에서 도시설계·계획학 박사학위를 받았다.

박재길(Jaegil Park, 朴載吉)
jgpark@krihs.re.kr

서울대학교에서 조경학을 전공하고, 일본 도쿄대학교에서 도시계획으로 박사학위를 받았다. 현재 국토연구원 부원장을 맡고 있고, 건설교통부 '중앙도시계획위원회', '살고 싶은 도시만들기 위원회' 등의 위원을 역임하였다. 도시계획제도, 공간계획의 계획 스타일, 장소 중심의 생활국토 등을 주요 관심사로 하여 연구를 해 왔고, 국가사업의 신도시개발계획, 광역도시계획 등과 관련된 다수 프로젝트를 수행해 오기도 하였다.

안현찬(Hyunchan Ahn, 安賢燦)
kdlpkid@naver.com

서울대학교 건축학과와 협동과정 도시설계학 전공을 졸업하고, 동대학원 박사과정을 수료했다. 2005년 대학원 수업을 통해 성미산마을과 인연을 맺으면서 마을만들기에 관심을 갖게 되었고 그 이후로는 여러 마을만들기 사업과 국내외 학술교류에 참여하는 소중한 기회를 얻어 마을만들기에 대한 이해와 고민을 꾸준히 키워올 수 있었다. 현재는 '우리나라 마을만들기 사업의 특성과 변천'에 관심을 갖고 박사학위 논문을 쓰고 있고, 더 넓게는 젊은 마을만들기 활동가와 연구자들이 보다 활발하게 교류하고 협력하는 것, 이를 통해 마을만들기 연구의 생산적인 쟁점과 과제를 발굴하는 것에도 관심이 많다.

이영범(Youngbum Reigh, 李榮範)
ybreigh@hanmail.net

서울대학교 건축학과와 동 대학원을 마치고 영국 AA School 대학원에서 박사학위(Ph.D)를 취득하였고, 현재 경기대학교 건축대학원 교수로 재직 중이다. 도시연대 커뮤니티 디자인 센터장으로 활동하면서 디자이너 풀을 활용하여 전문가들의 사회적 참여를 활성화하였고, 한평공원 사업을 통해 주민참여를 통한 커뮤니티 디자인을 현장에서 실천하였다. 『도시의 죽음을 기억하라』(2009), 『커뮤니티 디자인을 하다』(2009), 『뉴욕 · 런던 · 서울의 도시재생이야기』(2009), 『사회적 기업을 이용한 주거지재생』(2011) 등의 저서를 출간하였고, 도시재생, 공공성, 주민참여, 커뮤니티 디자인, 마을기업 등에 관심을 갖고 현장과 이론을 넘나들며 활동 중이다.

이윤석(Yunsuk Lee, 李潤錫)
manofstyle@korea.ac.kr

고려대학교에서 건축공학과와 도시계획 및 설계 석사과정을 졸업하고, 현재 국토연구원에서 연구원으로 근무하고 있다. 마을만들기에 대한 학문적 관심은 학부졸업논문과 도시재생 과제를 수행하면서 시작되었다. 2009년 성북구 삼선4구역 마을만들기에 참여하면서 우리의 현실을 두 눈으로 목격하고, 마을만들기 연구회에서 일본의 경험을 공유하면서 어떻게 지속가능한 마을만들기를 구현할 수 있는지에 대해 고민하고 있다. 공공공간, 가로공간, 마을만들기, 도시재생 등이 주요 관심사이다.

장옥연(Okyeon Jang, 張玉蓮)
joy310@hanmail.net

서울시립대학교 도시공학과에서 『소통과 협력을 통한 역사환경 보전 계획과정 연구』(2005)로 박사학위를 받았으며, 현재 (주)온 공간연구소에서 소장으로 일하고 있다. 인사동 지구단위계획, 북촌 장기발전구상 등의 참여형 계획을 수행한 경험이 있으며, 『역사문화환경조성연구』(공저, 국립나주문화재연구소, 2009), 『세계의 도시디자인』(공저, 대한국토도시설계학회, 보성각, 2010) 등을 출간하였다. 도시역사와 보존, 주민참여계획 등이 주요 관심사이다.

허윤주(Yoonju Heo, 許允珠)
nimp0726@hanmail.net

서울시립대학교 도시공학과 대학원에서 박사학위를 받은 후 현재 서울특별시 기획조정실에서 근무하고 있다. 서울시정개발연구원에 재직하면서 『서울, 20세기 100년의 사진기록』(2000), 『서울 20세기 공간변천사』와 『서울 20세기 생활변천사』(2001) 발간에 참여했고, 해양수산개발원에서는 항만배후도시의 개발과 관리에 관한 계획들을 수립한 바 있다. 영등포구의회 전문위원으로 근무하는 동안 지방자치 발전을 위한 연구들을 진행하면서 관심영역이 확대되었다. 1997년 도시연대(걷고싶은도시만들기시민연대)와의 인연을 계기로 인사동, 북촌 등 시민이 참여하는 역사 · 문화환경 보존활동에 관심을 가지게 되었다.

황희연(Heeyun Hwang, 黃熙淵)
hwang@cbu.ac.kr

서울대학교 건축학과를 졸업하고 동대학 대학원에서 박사학위를 취득한 후 충북대학교 도시공학과 교수로 재직중이다. 국토연구원, 미국 프린스턴대학교 등에서 연구활동을 하였다. 국가균형발전위원회 전문위원, 행정중심복합도시건설추진위원회 위원, 지속가능발전위원회 위원, 건설기술 · 건축문화선진화위원회 위원 및 중앙도시계획위원회 위원과, 대한국토 · 도시계획학회 회장을 역임했다. 현재 총리실 신발전위원회 위원, 국토해양부 신도시자문위원, (사)주민참여도시만들기지원센터장, 창원도시재생지원센터장 등으로 활동 중이다. 전공은 도시계획이고 주된 관심분야는 도시재생 · 주민참여 도시계획 · 친환경도시개발이다. 저서로 『도시재생 - 현재와 미래』(공저, 2010) 외 21편이 있으며 국내외 150여 편의 논문을 발표하였다.

한국 마을만들기 연구회

'한국 마을만들기 연구회'는 故 강병기 교수님께서 2006년 11월 일본 와타나베 순이치 교수님의 한국 방문을 계기로 국내 마을만들기 연구자들과 함께 하는 자리를 마련하면서부터 시작되었다. 국토연구원에서 이루어진 이 첫 만남에서 와타나베 교수님을 포함한 일본 측 연구자들은 한국의 마을만들기, 대만의 슈어취영짜오社區營造, 일본의 마치즈쿠리まちづくり 등 아시아 국가의 공동체 계획에 관한 공동연구(Joint Study on Community Development of Asian Countries)와 이를 위한 연구자들의 학술교류 네트워크(ASCOM) 결성을 제안했다. 이전부터 우리의 마을만들기를 학문적으로 정리하고 성찰하고자 했던 한국 측 참석자들은 이 제안을 받아들여 2008년까지 국제비교연구를 함께 수행하고, 이를 계기로 독자적인 마을만들기 연구모임을 만들어 활동하기로 결정했다.

2007년 초에는 연구모임의 기틀을 마련하는 여러 번의 회의가 열렸다. 2월과 4월 회의에서 회원들은 모임의 목적과 활동방향을 공유하고, 주요 활동으로 마을만들기 사례 조사와 종합적인 데이터베이스 구축을 진행하기로 했다. 그리고 5월 회의에서는 8월에 개최될 ASCOM 요코하마 국제회의 참가를 위한 논의가 이루어졌고, 연구모임의 명칭도 이 때 '한국 마을만들기 연구회'로 정해졌다.

2007년 6월 11일 강병기 교수님의 갑작스러운 별세는 너무나 큰 충격이고 상실이었다. 하지만 마지막까지 마을만들기 연구와 실천에 힘쓰셨던 고인께 누가 되지 않도록 연구회 회원들은 연구회의 운영방안을 가다듬고, ASCOM 요코하마 국제회의를 준비하는 데 매진하였다. 또한 요코하마 회의 참가는 회원들이 연구회의 정체성과 활동방향을 보다 명확하게 정립할 필요가 있다고 느끼는 계기가 되었다. 이에 따라 9월 회의에서는 연구회의 독자적인 활동을 늘리고 국제비교연구에도 주도적으로 대응하기로 했으며, 그 결과 우리의 마을만들기에 대한 논의와 연구를 본격화하고 공동연구를 정리하는 2008년 마지막 ASCOM 국제회의를 연구회가 서울에서 주최하기로 결정했다. 그렇게 한국 마을만들기 연구회는 고인을 떠나보내는 큰 어려움을 딛고 차츰 활동을 이어나갈 수 있게 되었다.

그 이후 연구회는 요코하마 회의에서 합의한 공동연구 방식에 따라 주요 사례 정리, 선구자(pathfinder) 인터뷰, 국내 마을만들기 연구 및 문헌 정리의 진행계획을 논의하고 작업에 착수했다. 더불어 연구회의 독자적인 연구 활동을 강화하기 위해 월례 모임을 회원 발표와 세미나 위주로 전환하기로 결정했다. 이에 따라 12월 회의에서는 회원들이 개별적으로 관심 있는 연구주제를 설정하고 발표하는 활동을 시작했는데, 이 것이 이 책의 출발점이 되었다.

연구회 학술 활동을 진행하는 동안에도 ASCOM 국제회의가 1월에는 일본 고베에서, 3월에는 대만 신주에서 개최되어 삼국의 연구자들이 공동연구의 중간성과를 점검하고 공유했다. 한국 마을만들기 연구회는

2008년 1월부터 9월까지 서울 국제회의 준비, 3명의 선구자 인터뷰, 마을만들기 사례 및 문헌 정리 작업을 진행했다. 이러한 긴 시간의 준비와 연구를 바탕으로 2008년 10월에는 드디어 서울시립대에서 ASCOM 서울 국제회의를 개최하게 되었다. 이 자리에서는 그 동안 한국, 대만, 일본의 연구자들이 함께 수행한 마을만들기 비교연구가 발표되었고 연구 내용과 향후 협력 방안에 대한 활발한 논의도 이루어졌다. 또한 논의 내용 중에는 국제비교연구 결과를 삼국이 공동 출판하자는 제안도 있었는데, 12월 회의에서 연구회는 이러한 논의의 연장선상에서 '한국 마을만들기의 경험과 과제' 라는 주제로 별도의 책을 출판하는 것을 다음 해 연구회 활동목표로 정하게 되었다.

하지만, 책을 출판하는 일은 결코 쉽지 않았다. 회원들은 자신의 관심 주제를 숙고하고 발전시킬 시간이 필요했고, 이 시간은 어느새 느슨한 휴지기처럼 되어버렸다. 책 만들기에 대한 논의가 되살아난 것은 2009년 4월 회의였다. 지난 시간에 대한 반성으로 한 달 후인 5월 회의에는 총 9편의 원고 초록이 제출되었고, 전체적인 책의 방향과 구성을 정할 수 있었다. 그러나 2009년 6월 대만 중화대학교 국제학술회의 참가, 9월 일본 마을만들기 연구자들의 한국 방문, 11월 대만 연구자의 한국 방문 등 ASCOM을 통한 지속적인 교류 활동을 소화하면서 연구회는 책 만들기에 온전히 집중하기 어려웠고 이러한 상황에서 시간은 다시 흘러만 갔다.

연구회 회원들이 다시 한 번 책 만들기에 대한 의지를 모은 것은 2011년 4월이었다. 이는 책 만들기 논의가 재개되었던 2009년 4월 회의로부터 2년이 지난 시점이었다. 지금 이 책은 그 동안 반복되었던 시행착오와 잘못을 극복하고 5년여에 걸친 연구회 활동의 의미 있는 결실을 맺기 위해 2011년 5월부터 현재까지 연구회 회원들이 노력하고 집중한 결과라고 할 수 있다. 순탄치 않은 과정이었지만 포기하지 않고 우리의 활동을 책으로 출간했다는 점과 이를 통해 많은 마을만들기 관련자들과 대화하고 토론할 수 있게 되었다는 점에서 적지 않은 자부심과 책임감을 느낀다.

한편, 삼국의 마을만들기 비교연구는 2008년에 종료되었지만 연구자들의 학술교류 네트워크인 ASCOM은 계속 운영되고 있다. 연구회는 책을 집필하는 중에도 2011년 8월 서울대학교에서 ASCOM 국제회의를 주최했고, 일본과 대만 연구자들을 초청하여 공동연구 이후 각국에서 진행된 연구와 실천을 공유하는 자리를 가졌다. 앞으로도 한국 마을만들기 연구회는 우리의 마을만들기를 연구하고, 이를 국내외 관련자들과 나누는 활동을 지속해 나갈 것이다.

한국 마을만들기 연구회 연혁

2006. 11. 10   1차 모임 겸 일본 연구자들과의 회동(국토연구원)
- 와타나베 순이치 교수님 외 2명의 젊은 연구자들이 한국을 방문
- 강병기 대표님 주선으로 한국 측 마을만들기 연구자들과 회동
※ '한국 · 대만 · 일본 마을만들기 비교 연구' 및 학술교류(ASCOM)를 제안 받음

2007. 02. 01   2차 모임(공간 사옥): 모임의 의도와 방향, 마을만들기 사례조사 / DB구축 등 논의

     04. 13   3차 모임(공간 사옥): 사례조사 계획, 참여회원 확대 방안, 1차 국제회의 준비 논의

     05. 14   4차 모임(공간 사옥): ASCOM 연구과제 요코하마 국제회의 참가 준비
※ '한국 마을만들기 연구회' (가)로 모임 명칭 결정

     06. 11   강병기 대표님 별세(別世)

     06. 26   5차 회의(사당역 인근)
- 강병기 대표님 사후 모임 운영 방안
- 요코하마 국제회의 참가 등 논의

08. 18~20   ASCOM 연구과제 요코하마 국제회의 개최(현지에서 연구회 6차 회의 진행)

     09. 11   7차 회의(서울역 KTX 회의실)
- 요코하마 국제회의 참석 결과 보고 및 평가
- 연구회 정체성 및 활동 방향, 2008년 서울 국제회의 개최 준비 등을 논의

     10. 09   8차 회의(용산역 KTX 회의실)
- 연구회 활동 내용 설정(사례정리; 선구자 인터뷰; 국내연구 DB 구축)
- 연구회의 법인화 추진 검토, 서울 국제회의 개최 준비를 논의

     11. 13   9차 회의(용산역 KTX 회의실)
- 서울 국제회의 준비, 고베 국제회의 참가 준비, 법인화 추진 등을 검토
- 모임의 학술적 성격을 강화하기로 결정(세미나 / 발표 위주의 월례모임으로 전환)

     12. 08   10차 회의(서울대학교)
- 고베 및 대만 국제회의 참가 준비 점검 및 검토
- 연구회 향후 활동의 일환으로 '회원별 연구주제' 를 설정하고 발표: 배웅규, 허윤주, 박소현,
  안현찬, 이명식, 김세용, 김은희, 조승연, 김도년, 김기호, 장옥연
※여기서부터 단행본 기획이 시작되었다고 볼 수 있음

2008. 01. 11~13   ASCOM 연구과제 고베 국제회의 개최

     01. 30   1월 정례회의(광화문)
- 고베 국제회의 참석 결과 보고 및 평가
- 서울 국제회의 제안서(과학재단) 내용 검토 및 보완

     02. 20   2월 정례회의(도시연대 사무실)
- 서울 국제회의 제안서 제출 확인, 대만 국제회의 참가 준비

     03. 19   3월 정례회의(강남역)
- 대만 국제회의 참가 준비 및 입장 정리, 서울 국제회의 개최 준비

03. 27~29   ASCOM 연구과제 대만(타이페이, 타오위엔, 신주) 국제회의 개최

     04. 29   4월 정례회의(도시연대)

- 대만 국제회의 참가 결과 보고 및 평가
- 서울 국제회의 준비, 선구자 인터뷰(Pathfinder interview) 기획

06. 03   선구자 인터뷰 #1_류홍번 안산YMCA 사무총장

07. 09   7월 월례회의(도시연대)
- 서울 국제회의 준비(예산확보, 발표자별 연구 진행, 삼국 비교연구 틀 검토 등)
- 선구자 인터뷰 #2 준비

08. 25   8월 정례회의(도시연대)
- 서울 국제회의 총괄 점검(행사 준비, 발표원고 확인, 공동 연구주제 추가 제안 등)

09. 03   선구자 인터뷰 #2_김병수 전주 공공작업소 心心 소장

09. 18   선구자 인터뷰 #3_황희연 충북대학교 도시공학과 교수

10. 09~11   ASCOM 연구과제 서울 국제회의 개최(서울시립대학교)

12. 30   12월 정례회의(서울시립대학교)
- 서울 국제회의, 2008년 연구회 활동 등을 평가
- 2009년 활동방향 논의: 서울 국제회의에 발표된 비교연구 3개국 공동 출판 논의,
  '한국 마을만들기 경험과 과제' (가)의 출판을 2009년 연구회의 활동 목표로 설정
  (필진 추가 모집-중간 워크숍-11월 경 원고 마감-12월 출판으로 일정 계획)
- 세부주제
  • 한국사회 변동과 마을만들기
  • 마을만들기를 바라보는 다양한 측면
  • 마을만들기와 관련된 제도 / 법 / 정책
  • 한국 마을만들기 주요 사례 연구
  • 마을만들기의 과제와 전망
  • 마을만들기 방법론
  • 마을만들기와 교육(학습)
  • 마을만들기의 신화(myth)
  • 한국 마을만들기 연구와 연구자
  • 한국에서의 마을만들기 모티브와 촉발기제
  • 사회학, 인류학 등 유관 학문분야와의 학제간 연구 추진

2009. 04. 06   4월 정례회의(도시연대)
- 책 만들기 작업이 부진한 것에 대한 점검
- 새로운 진행 계획 수립(초록 모집, 단계별 원고 마감, 간사 도입 등)

05. 11   5월 정례회의(도시연대)
- 단행본 원고 초록 취합, 단행본 집필 방향 설정, 원고 분류 및 그룹핑
  • 아파트 단지화 시대의 마을만들기 과제(김기호)
  • 마을만들기와 주민(김세용)
  • 우리나라 마을만들기 운동의 배경(김은희)
  • 우리나라 마을만들기의 실체 규명: 유형1_정부주도 살기좋은 지역만들기 사업(박소현)
  • 마을만들기 당위론과 도시계획과의 관계(박재길)
  • 주거환경 개선을 위한 마을만들기(배웅규)
  • 주민참여가 만드는 갈등과 자율성 구조(이영범)
  • 북촌 마을만들기 10년(정석)
  • 주민참여 도시만들기 지원센터: 청주 마을만들기의 산파(황희연)

06. 05~07   대만 신주 중화대학교 국제학술회의 참가(안현찬, 허윤주)

08. 11   8월 정례회의(도시연대)
- 필진 및 원고 추가, 단행본 작업 진행 계획 재조정
  • 주민참여의 또 다른 엔진, 지역경제 활성화(김도년)
  • 우리나라 마을만들기 운동의 배경(김은희, 허윤주)_공동 작업으로 전환

- 마을만들기와 근대역사환경의 활용(이명식)
- 주민참여를 통해 얻고자 하는 '성과'에 대하여(장옥연)
- 우리나라 마을만들기 연구 및 연구자의 특성(안현찬)

09. 21 9월 정례회의(용산)
- 사례조사 차 한국에 방문한 일본 ASCOM 회원들과 회동
- 단행본 작업 진행을 위한 웹하드 개설 및 원고 독촉

10. 10 ASCOM 연구과제 대만측 연구진인 국립대만대(NTU) 황리링 교수 한국 방문 및 성미산마을 답사

2011. 04. 11 4월 정례회의(도시연대)
- 마을만들기 단행본 출판 작업 재개, 2009년 8월까지 진행된 내용을 환기

05. 16 5월 정례회의(도시연대)
- 필자별 원고 초록 취합(총 8개 초록 취합)

06. 13 6월 정례회의(종각역)
- 2011년 서울 국제회의 준비
- 원고 취합 및 탈고 독려
- 일부 필진의 주제 변경 및 조정
- 마을만들기의 씨앗, 거점열전(안현찬)
- 마을만들기의 과정적 성과와 지향점(장옥연)

07. 04 7월 정례회의(도시연대)
- 서울 국제회의 준비
- 단행본 필진 추가(김연금 박사, 이명규 교수)
- 편집위원회 명의로 원고 작성방향과 지침을 정하여 필진들에게 전달

08. 03 8월 정례회의(도시연대)
- 서울 국제회의 준비, 출판사 물색 및 접촉 시도
- 단행본 원고 1차 마감 및 제출된 원고 검토 및 의견 교류

08. 27~28 한국마을만들기 연구회 주최 '마을만들기 서울 국제회의' 개최(서울대학교)

09. 19 9월 정례회의(도시연대)
- 서울 국제회의 평가 및 정리
- 단행본 원고 검토 및 보완방향 논의

11. 02 11월 정례회의(도시연대)
- 단행본 원고 2차 마감 및 제출된 원고 검토
- '나무도시'로 출판사 확정

2012. 01. 19 1월 정례회의(도시연대)
- 마을만들기 단행본 최종원고 마감, 편집 디자인 검토

02. 06 2월 정례회의(도시연대)
- 원고별 제목 수정, 편집 디자인 재검토, 책 제목 확정, 영문초록 삽입 결정

03. 07 3월 정례회의(도시연대)
- 영문초록 취합, 표지 디자인 결정, 출판사와 정식 계약, 향후 일정 논의

10p _ Ma-eul-man-deul-gi(community design) Is a Movement

by Eunhee Kim(Urban action network)

This article chronicles courses of citizens participation after the Korean War, and then reviews its achievements and limits, defining Ma-eul-man-deul-gi into several categories, such as a self-initiated activity; as a social movement, and as a planning method. When Ma-eul-man-deul-gi is seen as a social movement, it contributes to the healthiness of the city, responding to the distorting phenomena of the society. The history of the planning and the movement interact with each other, and the city is built on such interaction. Therefore, Ma-eul-man-deul-gi movement evolves on constantly, through repeated actions and reactions for the healthiness of the city. Such constant evolution requires open discussions and social consensus. Substantializing Ma-eul-man-deul-gi movement is a timely assignment.

40p _ Why did the Hanyang Residence disappear?
- Urban planning & Ma-eul-man-deul-gi(community design), from confrontation to cooperation

by Yoonju Heo(Government Official, Seoul Metropolitan Government)

In Seoul, low-rise houses are being replaced with high-rise apartment housing day by day. Surprisingly, 71% of Seoul's annual housing supply are condominium. Furthermore, 99% of reconstructed houses are also condominiums. This trend implies that urban planning did not take effective measures to protect healthy low-rise residences and their communities from private developers who solely sought profitability; they would build higher structures after removing old low-rise residences.

This essay shows how urban planning had removed old residences and destroyed their communities, promoting redevelopment projects since the 1960s. Indeed, the essay explains the reasons why urban planning did not deal with the developers profit driven goals, and may have instead aided them, due to the destructive characteristics of redevelopment projects and their processes. It also introduces recent changes in urban planning to preserve healthy low-rise residences and their communities, by supporting voluntary Ma-eul-man-deul-gi movements.

68p _ Ma-eul-man-deul-gi(community design) in City-making

by Jaegil Park(Vice President, Korea Research Institute for Human Settlements)

Ma-eul-man-deul-gi comes to appear with the fundamental change in modern city-making system. All the advanced countries experienced that change in the era of shifting from growing society to mature one. Ma-eul-man-deul-gi belongs to community-based city-making, constituting the whole city-making system together with another two kinds of city-making, administrative-oriented bureaucratic one and market-based one. All the three city-making systems should be managed to be well coordinated and collaborated. Concerning the relationship with statutory urban planning system, Ma-eul-man-deul-gi should be supported with spatial policies and implementation tools of the revised urban planning system, according to the new emerging city-making paradigm.

96p _ What is the Role of Community Plan in 'Ma-eul-man-deul-gi (community design)' Process?

by Okyeon Jang(Ph.D, ON Uraban Design & Research Institute. Inc.)

In many cases, the Community planning becomes a starting point for 'Ma-eul-man-deul-gi'. And, the concept of 'participation' is significant in community planning process. In recent planning trends, the role of participation as means is more emphasized than that of participation as ends. This essay helps to re-assure the purpose and intangible achievements of participatory planning. The planning process should contribute to formation of the empowerment of residents and to help to treat with the the resolution of community conflicts in a sustainable way. The case of Insa-dong District Plan shows the possibilities and the limitations in terms of community empowerment.

116p _ Citizen, Residents and Participation

by Seiyong Kim(Professor, Korea University)

Resident-participation came from enhanced civic awareness through democratization, and contributed to establish local self-governing system in the mid-90s. Energetic activities by various civic groups flow in the process of urban planning in diverse forms. This article examines the direction of resident-participation by focusing on residents' natures and roles, as well as their positive and negative effects. The concept of residents is differentiated from the notion of citizen. This article is to propose indirectly about an advisable direction of resident-participation through real life examples.

136p _ Community Design Overcomes Conflicts by Reconstructing Relationships between Residents

by Youngbum Reigh(Professor, Graduate School of Architecture, Kyonggi University)

One of the problems that the residents' participation results in is the conflict caused by the difference in their opinions. The main reason for such a conflict is fundamentally because there exist numerous opinions voiced by various residents. Despite these conflicts, participation from the residents is the starting point of community design because the fact that there exists a dichotomy between the residents and their opinions can be understood only through their participation. Community design starts from the efforts to find out how to construct a relationship between the residents in order to overcome such a conflict. Resolving the conflict depends on how the relationship between the residents, the relationship between the residents and their living environment, and the relationship between time and the sense of place are designed. The construction of relationships could create a social basis from which the residents can obtain sustainable values and continue to take care of the community for themselves.

162p _ Discovery of Community Post; a Practical Approach for Ma-eul-man-deul-gi(community design) in Korea

by Hyunchan Ahn(Ph.D candidate, Graduate Program in Urban Design, Seoul National University)

Residents` participation is often recognized as a key actor for success as well as a major achievement in Ma-eul-man-deul-gi. Focusing on 'agent(主體)' concepts, we used to establish agent-based approaches to plan, implement and evaluate Ma-eul-man-deul-gi in a more structural way. Recently, however, it turns out that some odd but noteworthy entities, such as cooperative nursery, local library, and welfare center work well, representing a new and different trend in the field. They contribute to community empowerment and to Ma-eul-man-deul-gi projects in many ways. As it`s not easy to explain them clearly in the agent-based approaches, we can define them as a 'Community post(據點)'. The goals of this article are to explore what community post is, based on case studies; to rediscover what is missing in the agent-based approaches; and to suggest a new perspective to the research and practice of Ma-eul-man-deul-gi.

186p _ Mediator of Ma-eul-man-deul-gi(community design) in Cheongju
- A Case Study of the Ma-eul-man-deul-gi Support Center

by Heeyun Hwang(Professor, Chungbuk University)

As a mediator between residents and government administrations, the Ma-eul-man-deul-gi Support Center in Cheongju promotes community building businesses. First, the Center has helps communications between residents and involving government departments. Second, the Center supports residents to participate and implement community building plans by assigning experts to the community. Third, the Center helps residents to form an organization to implement community building businesses and to successfully run and manage the community. Forth, the Center provides regional leadership classes and runs educational programs to nurture community building professionals. The Center plays major roles in community building system in Cheongju. The Center is as successful as to become a national model.

210p _ Economic Revitalization through Participatory Community Design

by Donyun Kim(Professor, Sung Kyun Kwan University)

This essay describes a rare case of community design, which successfully brought economic revitalization. The case site is the Noyu Street in Gwangjin-gu, Seoul. Analyzing the case, this essay describes how the district government and business owners collaborated, and how they resolved conflicts over design decisions. One of attractive but difficult goals of community design is economic revitalization. The Noyu Street case is symbolic, as it proved that good community design is good for local business.

234p _ Happy Korea Ma-eul-man-deul-gi(community design)?
- Reflections on a Government-led Ma-eul-man-deul-gi in Korea
by Sohyun Park(Professor, Seoul National University)

Happy Korea is the name of a government-led Ma-eul-man-deul-gi project, aiming for the revitalization of shrinking regional towns and villages. This kind of government-led Ma-eul-man-deul-gi projects have been flourished in Korea for the past 10 years, spending quite amount of public funds and private labors. Then, what have we learned from these? The goal of this essay is to draw certain meaningful implications from them. Among various Ma-eul-man-deul-gi modes in Korea, the government-led, expert-promoted, and resident-participated Ma-eul-man-deul-gi, like Happy Korea, constitute a unique type of participatory planning practice in the 2000s. Reflections on how Happy Korea worked, or failed to work would be helpful in designing for its next versions, as demand for more community-oriented, participatory approaches are increased in the Korean society.

260p _ Community School and Neighborhood Carpenter in Jangsu maeul, Seongbuk-gu
by Yunsuk Lee(Assistant Research Fellow, Korea Research Institute of Human Settlement)

This essay is based on the belief that the core factors of resident leading Ma-eul-man-deul-gi are sustainability and independence, rather than just participation itself. Thus, the This essay seeks to find clues of resident leading Ma-eul-man-deul-gi through exploring the experiences in Jangsu maeul, Seongbuk-gu. The unique case of Jangsu maeul shows that two elements are critical in building concrete foundations of resident leading Ma-eul-man-deul-gi. Those are community school and neighborhood carpenter. The community school help residents learn their situation and find ways to improve their environment. The neighborhood carpenter takes the role of realizing them with their own hands.

286p _ Ma-eul-man-deul-gi(community design) in Apartment Blocks
by Kiho Kim(Professor, University of Seoul)

Nearly sixty percent of the population in Korea are living in apartment blocks. Apartment homes and apartment complexes are most popular housing types and residential areas in the modern Korean cities. Although they live in a high density apartment blocks, the density of their community life is usually not high. The essay investigates the community life of the apartment blocks in terms of the neighborhood relationship, public administration and urban planning. Analyzing three representative apartment blocks in Seoul, the essay provides meaningful implications of Ma-eul-man-deul-gi attributes in apartment housing cultures of Korea.